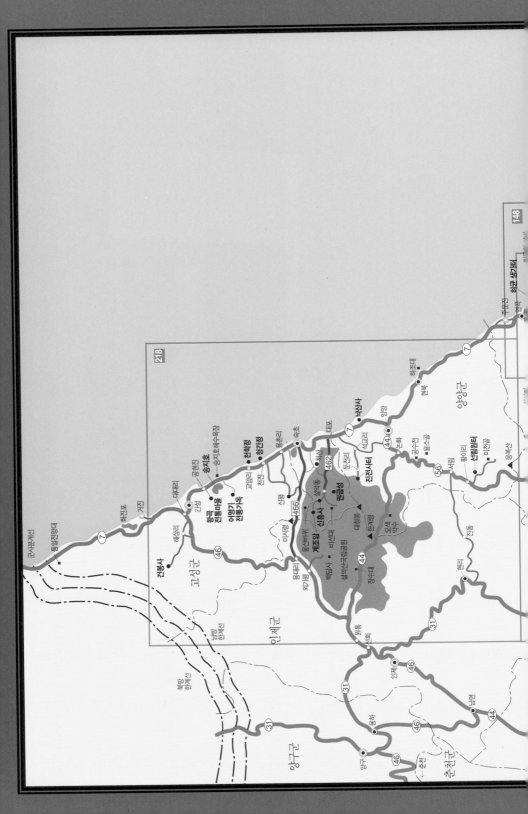

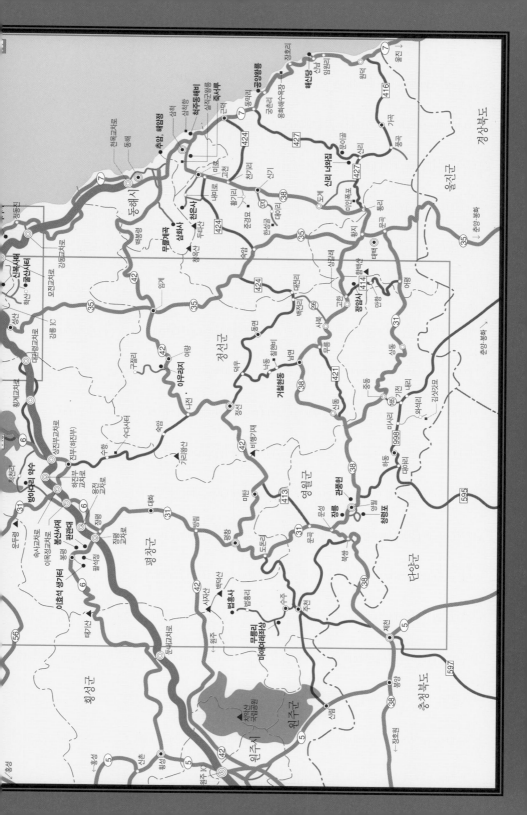

답사여행의 길잡이 3

동해·설악

답사여행의 길잡이 3

동해·설악

한국문화유산답사회 엮음

돌베개

책임편집　김효형
글　　　　박종분
사진　　　김성철

감수　　　유홍준

답사여행의 길잡이 3· 동해·설악

1994년 12월 5일 초판 1쇄 발행
2011년 5월 25일 초판 21쇄 발행

엮은이　　　한국문화유산답사회
펴낸이　　　한철희
펴낸곳　　　도서출판 돌베개
등록　　　　1979년 8월 25일 제406-2003-018호
주소　　　　413-756   경기도 파주시 교하읍
　　　　　　문발리 파주출판도시 532-4
전화　　　　(031)955-5020
팩스　　　　(031)955-5049
홈페이지　　www.dolbegae.com
전자우편　　book@dolbegae.co.kr

편집　　　　　　　유정희
표지·본문 디자인　정용기
조판·지도 제작　　(주)한국커뮤니케이션
인쇄　　　　　　　백산인쇄
제본　　　　　　　백산제책

ⓒ 한국문화유산답사회·도서출판 돌베개, 1994

ISBN　　89-7199-060-0   04980
ISBN　　89-7199-039-2   04980(세트)

값 9,000원

「답사여행의 길잡이」를 펴내며

언제부터인지 여행은 인간의 삶을 이루는 한 부분으로 되어왔다. 여행이 인간의 삶에 주는 일차적 의미는 권태로운 일상으로부터 벗어나는 즐거움에 있을 것이다. 여행이 주는 이러한 즐거움은 감성의 해방에서 비롯된다. 그러나 여행의 의미는 결코 여기에서 머무르는 것이 아니다. 즐거움과 동시에 무언가를 새롭게 느끼고 배우는 지적 충만으로 이어진다는 데 여행의 큰 미덕이 있는 것이다.

한국문화유산답사회는 지난 10년 동안 문화유산의 현장을 찾아 구석구석을 누벼왔다. 이러한 답사를 통해서 돌 하나 풀 한 포기에도 삶의 체취와 역사의 흔적이 그렇게 서려 있음을 보았다. 그것은 놀라움이자 기쁨이었으며, 그 동안 우리것에 무관심했던 데 대한 부끄러움의 확인이기도 하였다.

우리는 아름다운 국토와 뜻 깊은 문화유산이 어우러진 현장에서 맛보는 답사여행의 행복한 체험을 함께 누리기 위해 이 시리즈를 펴낸다. 이 책들은 문화유산 답사여행을 위한 안내서이자 기본 자료집이며 동시에 길잡이이다. 그 속에는 한국문화유산답사회가 그간의 현장답사를 통해서 얻은 산 체험과 지식이 고스란히 담겨 있다. 전국을 행정구역과 문화권에 따라 구분하고 답사코스별로 세분하여 충실한 답사정보와 자상한 여행정보를 체계적으로 정리하였다. 내용은 물론 형식적인 측면에서도 답사여행의 현장에서 활용될 수 있도록 최대한 배려하였다.

근래에 들어 우리의 여행문화도 새롭게 전환하고 있다. 여행이 감성의 과소비가 아니라 삶의 에너지를 재충전하는 계기로 되는 참된 여행문화의 정착이 요구되고 있는 것이다. 이러한 시대적 흐름 속에서 답사여행에 대한 관심이 크게 일고 있다. 이 책이 아름다운 우리땅과 문화유산을 찾아떠나는 여행길을 밝혀줌으로써 참된 여행문화를 이끄는 데 기여한다면 그보다 더 큰 보람은 없을 것 같다.

한국문화유산답사회 대표 유홍준

이 책의 구성과 이용법

1. 「답사여행의 길잡이」 시리즈는 전국을 지역 혹은 문화권으로 갈라 15권으로 묶었다. 각 권에서는 나라에서 지정한 문화재를 모두 소개하기보다는 역사가 담겨 있고 문화적 가치도 있는 유형·무형의 문화유산들을 여행자의 발걸음을 따라가며 소개했다.

2. 이 책 『동해·설악』편은 전체를 4개 부(部)로 나누고 하나의 부에는 2~3개의 코스를 만들어 총 9개 코스 중에 선택하여 여행할 수 있도록 했다. 각 코스는 하루 정도에, 각 부는 1박 2일이나 2박 3일 정도에 돌아볼 수 있다.

3. 책머리에는 「동해·설악 지역 답사여행의 길잡이」를 실어 전체적인 주제와 특색을 파악하도록 했으며, 말미에는 특집 「조선 시대 진경산수와 관동팔경」을 붙여 관동팔경에 대한 이해를 돕고자 했다. 또 각 부와 코스마다 개관을 달아 가고자 하는 곳의 구체상을 머리에 그릴 수 있도록 했다. 본문에는 기초적인 답사 지식, 전설, 인물에 얽힌 이야기, 문양, 그림, 사진 들을 담았다.

4. 본문 옆에는 교통·숙식 등 답사여행에 필요한 기본 정보들이 담겨 있다. 교통 정보는 지도와 함께 보면서 이용하는 것이 좋다. 그 동안의 경험에서 얻은 유익한 답사 정보들에는 따로 표시를 해두어 도움이 될 수 있게 했다.

5. 동해·설악 지역 전체를 보여주는 권지도, 몇 개의 코스를 하나로 엮은 부지도, 각 코스를 자세히 보여주는 코스별 지도를 그려놓았고, 특별히 찾기 어려운 곳에는 상세도를 넣었다. 코스별 지도 아래에는 그 지역을 찾아가는 방법에 대해 간략히 적어놓았으며, 각 답사지 옆에 아주 친절하게 길안내를 해놓았다. 책 말미에는 동해·설악으로 가는 기차·고속버스·시외버스 시각표가 있다.

6. 부록 「동해·설악 지역을 알차게 볼 수 있는 주제별 코스」에는 시대적·문화적 특성을 조망할 수 있는 주제별 코스를 소개해두었다. 각 부가 1박 2일이나 2박 3일 정도의 코스이므로 그 중 하나를 선택해 다녀올 수도 있지만, 이 책에서 권하는 주제별 코스를 이용할 수도 있겠다. 또한 부록 「문화재 안내문 모음」에는 이 책에서 다루지 않은 유물·유적지를 포함하여 동해·설악 지역의 중요 문화재 안내문을 모아놓아 참고 자료로 활용하도록 했다.

7. 지도 보기

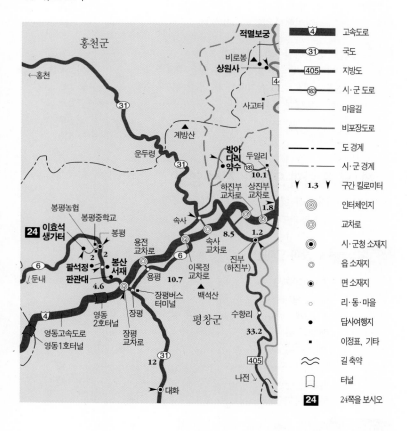

4	고속도로
31	국도
405	지방도
183	시·군 도로
	마을길
	비포장도로
	도 경계
	시·군 경계
▼ 1.3 ▼	구간 킬로미터
◎	인터체인지
◉	교차로
◉	시·군청 소재지
◎	읍 소재지
●	면 소재지
○	리·동·마을
●	답사여행지
■	이정표, 기타
∼	길 축약
⬒	터널
24	24쪽을 보시오

8. 그림 보기

 교통, 숙식 등 여행에 필요한 기초 정보

 알찬 답사, 즐거운 여행을 도와주는 유익한 정보

차례

제1부 평창과 오대산, 정선·영월

내로라 할 만한 산간 내륙의 속살

코스 1　평창과 오대산　호드러진 메밀꽃 따라 오대의 품으로

코스 2　정선　궁벽한 산간의 삶 달래준 아라리

제2부 동해·삼척

너른 바다 깊은 산에 묻어둔 역사와 민속

제3부 강릉

온전히 지켜온 관동문화의 핵심

코스 6 강릉 면면히 일궈온 관동문화의 정수를 찾아서

코스 7 경포호 주변 호수와 누정과 사람의 삶

제4부 양양과 설악, 고성
통일의 희망 일깨우는 격려의 땅

동해·설악 지역 답사여행의 길잡이 유홍준

1

　강원도는 한반도의 등줄기를 이루는 백두대간(태백산맥)의 중심축으로 높은 산, 험한 고개가 바닷가로 바짝 붙어 있어 그 동쪽 관동지방은 해안변으로 어촌이 줄을 잇고, 서쪽 영서지방은 국토의 오장육부에 해당되는 심심산골로 나라의 지하자원이 거의 다 여기에서 획득되고 있다. 때문에 강원도는 우리 나라 어업과 광업의 핵심처이며 등산과 해수욕의 명소들이 즐비한 관광의 보고이기도 하다.

　그러나 강원도는 국토의 한쪽으로 편재되어 있어 문화적으로는 낙후되었고 교통이 발달하지 못한 시절에는 문명의 혜택이 가장 늦게 미치는 곳이기도 하였다. 따라서 강원도는 면적에 비하여 역사적 유물들이 그리 많지 않을 뿐만 아니라 그나마도 때로는 방치되어 전국에서 폐사지가 가장 많은 곳이 되고 말았다.

　이로 인하여 강원도는 문화유산답사에서 크게 주목받지 못해 왔지만, 최근에는 관동과 영서의 순구한 천연의 멋이 답사여행의 깊은 맛이자 별격이 되어 노련한 답사객들이 가슴속에 숨겨두는 문화유산의 비장처로 자리잡았다.

　이 책에서는 강원도라는 행정구역 중에서 관동과 영서 지역만을 안내하고 있다. 원주·횡성 등 중원지방과 맞닿은 지역, 철원·화천 일대의 민통선 언저리, 춘천·인제 등 소양호 주변들은 각각 경기남부편, 경기북부편 등에서 다루어지게 될 것이다.

　관동과 영서의 답사여행은 등산과 해수욕을 겸하는 방식으로 진행될 수도 있다. 그러나 실제로 답사에 임해보면 상당히 긴 여로이기 때문에 등산과 해수욕을 함께 즐길 수는 없게 된다. 산과 바다는 눈으로만 보는 것으로 만족하면서 답사는 답사로 엮어질 때 제격을 갖추게 된다.

2

설악산은 그 화려함과 장중한 멋이 남한에서 제일 가는 명산이라 하겠지만 이 명산에는 그 명성에 값할 만한 명찰이나 문화유적이 드물다. 설악산의 등산 코스에서 만나게 되는 절집이라고 해야 신흥사, 백담사, 오세암, 봉정암 정도 인데, 거기에는 내세울 만한 탑이나 건물이나 불상이 있지 않다. 그러나 등산 코스와는 별도의 길로 떨어져 있는 진전사터와 선림원터는 황량한 폐사지만이 보여줄 수 있는 멋과 정취가 더없이 잘 살아나는 답사의 명소이다.

진전사터는 하대신라라는 변혁기에 새로운 이데올로기를 제시한 위대한 지성, 도의선사의 뜻과 정신이 서려 있는 한국사상사의 기념비적 사찰이 있던 곳이건만, 폐사된 지도 4, 5백 년을 헤아리는 처연한 절터이다. 그러나 진전사 터에서는 요란스런 행락객이나 등산객을 만날 리 없고, 멀리 동해 바다의 수평 선이 내려다보이는 전망이 있어 외설악의 진미를 맛볼 수 있다.

선림원터는 등산객들도 이따금은 찾아가는 미천골 한쪽에 자리 잡고 있는데, 수려하고 그윽한 계곡 맛도 일품이지만 설악산과 오대산 사이에 있어 여기에 이르는 길 자체가 비경을 헤치는 낭만의 여로가 된다. 덩그러니 놓여 있는 삼 층석탑 하나와 깨진 석등만이 우리를 맞아주지만 거기에 옛 절집이 있었고, 한 시대 지성의 발자취가 서려 있으며, 천년을 두고 내려오는 문화유적이 있기에 답사의 목표가 되고 여로의 이정표가 된다. 만약 거기에 폐사지라도 남아 있지 않았다면 답사객의 발길은 닿지 않았을 것이고, 그 땅에 서린 역사와 사상의 의 미는 없었을 것이니, 폐사지라고 해서 결코 가볍게 볼 일이 아닌 것이다. 관동 과 영서에는 이런 폐사지들이 즐비하다는 점에서 우리는 강원도가 수준 높은 고급 답사처라고 말함에 주저스러울 것이 없다.

3

관동 지방의 문화유적은 강릉 일대에 밀집되어 있다. 강릉은 그만큼 유서 깊

은 역사의 도시이다. 그러나 강릉 지역의 문화유적으로 우리에게 잘 알려져 있
는 것은 경포대와 오죽헌 정도이다. 더욱이 강릉에는 지역문화를 살필 수 있는
박물관도 없다. 따라서 강릉은 그 이름의 크기에 값할 유물이 없다고 해도 과
언이 아니다.

그러나 경포대 또는 동해안 어느 곳에 해수욕을 온 분이라면 한나절 시간을
내어 답사해볼 곳이 적지 않다. 강릉 시내의 객사문과 칠사당은 우리 건축의 독
특한 풍모를 보여주며, 신복사터의 탑과 보살상은 고려 시대의 지역양식을 반
영한 명품이며, 굴산사터의 당간지주는 차라리 현대조각의 설치예술이라는 느
낌을 줄 정도로 대담하고 장중한 멋이 있다. 대관령 깊숙이 자리 잡은 보현사
는 산사의 멋이 남아 있는 명찰이다.

관동팔경은 강원도 관동 지방 답사의 빼놓을 수 없는 명소임에 분명하지만
요즘처럼 자동차 문화가 발달한 시절에는 한갓 그 옛날의 낭만으로 돌리는 것
이 나을 수 있다. 왜냐하면 관동팔경의 정자들이란 쉬어가는 휴게소 역할을 할
때 그 멋을 유지할 수 있는 것인데, 휴식은 다른 곳에서 취하고 정자는 유물로
볼 요량이면 크게 감동스러울 것이 없기 때문이다. 따라서 관동팔경의 답사는
그 지역의 다른 답사와 연계해서 잠시 또는 길게 쉬어가는 곳으로 삼을 때 제
멋을 느끼게 된다.

삼척의 죽서루는 무릉계곡이나 신리의 너와집으로 이어지고 고성의 청간정
은 건봉사 가는 길에 들를 수 있다. 원덕에서 가까운 경북 울진의 망양정은 해
수욕장 속에 있어서 한여름엔 들를 엄두도 못 내지만 평해 월송정은 솔밭 속에
뚝 떨어져 있어서 그것만으로도 볼거리가 된다.

4

영서 지방의 대표적인 답사처는 오대산 월정사이다. 월정사는 한국전쟁 때
전소되어 새로 지은 절이지만, 절의 자리매김이 워낙에 뛰어나서 1km가 넘는
전나무 숲길과 함께 우리 나라 산사의 멋을 유감없이 보여주고 있다. 월정사 답

사는 흔히 상원사와 적멸보궁까지 이어지며 오대산 등반길에는 기착점으로 익히 알려져 있다.

그러나 같은 영서 지방이지만 정선의 아우라지와 정암사는 그런 중에도 오지여서 답사객들이 좀처럼 찾아오지 않는 곳으로, 지금도 많은 분들은 사북과 고한의 탄광촌이나 험악한 비행기재를 연상하고 있는 국토의 심장부이다. 최근에는 찻길이 여러 갈래로 잘 닦여 드나듦이 수월해졌고, 탄광촌도 폐광으로 인하여 옛날처럼 탄가루 날리는 것이 덜하다.

아우라지 답사는 정선아라리의 고향을 찾아가는 무형의 문화기행으로 출발하지만, 여량의 아우라지라는 어여쁜 산촌의 강마을과 여기서 백봉령을 넘어 무릉계곡으로 빠지는 길이나 정선 읍내를 돌아 고한의 정암사로 이르는 길은 순진무구한 자연의 멋을 느끼는 답사의 진국이 된다. 정암사에서는 다시 태백시 황지를 지나 신리의 너와집들을 거쳐 삼척으로 넘어가는 코스를 잡을 수 있다. 흔히는 영월로 빠지는 길을 택하고 있다.

영월에는 단종의 능과 단종의 유배처인 청령포가 유적지로 이름 높은데, 실상은 관광지라는 편이 옳을 듯하며 오히려 구산선문의 하나인 법흥사의 답사를 권하고 싶다. 폐사되었던 것을 근래에 다시 일으키면서 주위 경관에 어울리지 않는 건조물들이 들어찼지만 자연의 숲길들은 낭만과 환상의 답사처로 불릴 만하다. 특히 여름과 가을의 법흥사가 운치 있다.

5

강원도를 여행하면서 화진포 쪽으로 길을 잡아 통일전망대를 다녀올 분이라면 고성의 건봉사와 왕곡 전통마을을 들러볼 만하다. 건봉사는 금강산 건봉사라고 불리고 있듯이 금강산 자락의 마지막 등성이에 자리 잡고 있는 왕년의 거찰이다. 한동안 민통선 안쪽에 들어가는 바람에 답사하기 힘든 곳이었지만 이제는 길도 잘 나 있고 숲이 울창하여 천연의 멋을 맛볼 수 있다.

고성은 오늘날 휴전선 가까이 붙어 있는 작은 마을이지만, 옛날에는 금강산 일대에서 가장 큰 고을이어서 지금도 고가들이 곳곳에 남아 있다. 그 중 왕곡 전통마을과 어명기 전통가옥은 관동과 관북 지방의 살림집 구조를 잘 보여주고 있다.

고성에서 양양으로 내려오면 청간정이라는 관동팔경의 명소를 지나 어쩌면 동해안에서 가장 이름 높은 사찰인 낙산사에 닿게 된다. 낙산사는 의상대사의 창건설화가 거창하여 너나없이 알게 되었지만 막상 내세울 만한 유물은 하나도 없다. 원통보전의 별꽃무늬 돌담이 이채롭고 석탑이 특이하다는 정도인데, 해안변 언덕의 산책길과 의상대에서 바라보는 일출의 장관으로 인해 낙산사의 명성은 조금도 위축되지 않는다.

그런 의미에서 관동과 영서의 답사여행은 문화유적 그 자체보다도 그것들이 자리 잡은 자연 경관, 바다와 산에서 큰 뜻과 멋을 간직하게 된다고 할 수 있다.

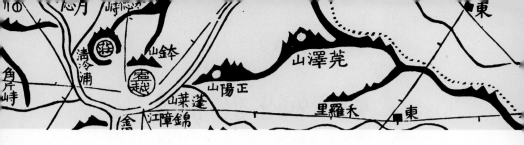

제1부 평창과 오대산, 정선·영월

내로라 할 만한 산간 내륙의 속살

평창과 오대산

정선

영월

1 평창과 오대산, 정선·영월

남으로 쭉 내리 뻗던 태백산맥은 오대산에 이르러 서쪽으로 차령산맥을 가지 치고, 본줄기는 강원도와 경상북도의 경계에 있는 태백산에서 차차로 잦아지기 시작한다. 태백산맥과 차령산맥이 만나 이루는 남쪽의 삼각지대가 평창과 오대산, 정선·영월이다.

　예로부터 찾아들기 어렵고 궁벽하기 이를 데 없는 심심산골로 소문난 지역이었으나, 고원 지대인 평창이 고랭지 농업으로 경제력을 갖추게 되고 영동고속도로가 뚫려 동해로 가는 길목이 되면서, 또 정선과 영월이 우리 나라의 대표적인 탄광지로 개발되면서 산골의 이미지를 한풀 벗었다. 그러나 아직도 산골의 대명사처럼 여겨지는 곳이다.

　특히 평창은 이효석의 「메밀꽃 필 무렵」의 무대가 된 곳으로, 서정적인 정서가 짙게 풍겨난다. 곳곳에 이효석과 그의 작품을 기리는 기념물들이 많아 평창을 메밀꽃의 고장으로 가꾸고자 하는 지역 주민의 향토애가 물씬 느껴진다.

　오대산은 그 너른 산자락으로 강원도에서 가장 큰 사찰이며 유서 깊은 고찰인 월정사와 상원사를 품고 있다. 또 자장율사가 중국에서 가져온 석가모니의 정골사리가 묻힌 적멸보궁이 있어 예로부터 신앙의 중심지가 되어왔다.

　전국이 일일 생활권이 되었지만 아직도 산골로서 고립감이 깊은 땅은 단연 정선이다. 손바닥으로 해를 가릴 만하고 이 산에서 저 산으로 빨랫줄을 드릴 만큼 좁은 땅. 정선 사람들은 궁핍하고 지난한 산간의 삶을 노

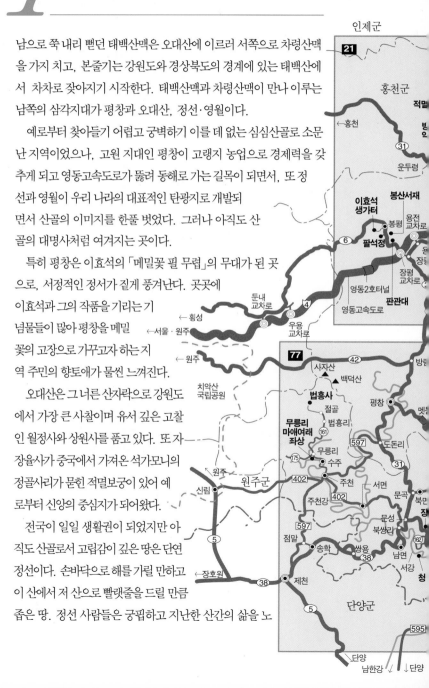

래를 통해 건강한 생명력으로 승화시켜냈다. 그것이 정선아
라리다. 제 가락에 새로운 노랫말을 보태고 있는 미완(未完)
의, 아니 진행형의 노래, 그래서 더욱 소중한 우리의 노래이다.

영월은 단종이 유배되었다가 17세의 나이로 무참히 살해당한
애사(哀史)가 전설로 이어지면서 온통 애조를 띠게 된 역사적 땅
이다. 청령포, 장릉, 자규루 등 역사적 사실을
뒷받침해주는 문화유적이 풍부하게 남아 있다. 중
부 내륙 교통의 거점이라 할 만큼 사통팔달로 교
통이 편리해져 산간 오지라 하기엔 쑥스럽지만, 아
직도 주천강 일대를 비롯하여 높은 산과 깊은 골이
만든 곳곳의 경치가 부끄럽
지 않다.

국토의 70퍼센트
가 산지인 나라에
서, 평창과 정선
과 영월은 그야말
로 심심산
골다운 아
름다움을 보여주
는 소중한 우리땅
이다. 오래 전부터
그곳에까지 가 닿아야
했던 선조들의 삶
과 애환을 짐작
해볼 만한 곳이다.

코스1 평창과 오대산

흐드러진 메밀꽃 따라 오대의 품으로

동서로 정선과 횡성, 남북으로 영월과 홍천으로 둘러싸인 내륙 평창은 "하늘이 낮아 재〔嶺〕 위는 겨우 석 자 높이", "산을 베개하고 골짜기에 깃들인 백성들의 집들이 있는데"라고 할 만큼 지대가 높다. 태기산, 홍정산, 계방산, 오대산, 황병산, 백석산 등 1,000m가 넘는 고산준봉들이 즐비하며, 평균 해발 고도 500m가 넘는 산간으로 교통이 매우 불편하였으나, 1975년 영동고속도로가 개통되면서부터는 동해로 가는 길목이 되어 주말이나 행락철이면 도로가 주차장이 될 정도로 많은 차량이 몰려든다.

평창의 역사는 부족국가 예맥의 태기왕이 이곳에 국가를 건설했다고 하는 전설로부터 시작된다. 삼국, 통일신라, 고려에 이르기까지 강원의 궁벽한 소읍에 불과했으나, 조선 건국 직후인 태조 1년(1392)에 이성계의 5대 조상인 목조의 비 효공왕후의 출생지라는 이유로 군으로 승격된 바 있다. 그러나 줄곧 산골로밖에 여겨지지 않던 평창땅이 사람들에게 널리 알려지게 된 것은 대관령이 고랭지 농업으로 경제성이 높아지고, 1975년 오대산이 국립공원으로 지정되면서, 그리고 도암면 용산리에 용평스키장이 들어서면서부터이다.

영서와 영동을 연결하는 길목인 대관령은 높이 832m로 한계령(1,003m) 다음으로 높다. 영서에서 대관령으로 오르는 길은 서서히 높아지지만 일단 대관령에 올라서면 동해 쪽으로 아흔아홉 굽이가 급하게 떨어진다. 맑은 날에는 강릉 시내와 푸른 바다가 한눈에 내려다뵌다.

하나 그것은 평창군 동쪽의 일이고, 여기서 우리가 주목하는 것은 서쪽, 곧 장평, 봉평, 진부, 대화 일대이다. 바로 우리 나라 단편소설의 백미라는 「메밀꽃 필 무렵」의 무대이다. 논에는 누렇게 벼가 익어가고, 밭에는 옥수수와 콩, 고추가 주렁주렁하며, 메밀꽃과 코스모스가 어울려 피는 이곳의 가을 풍경은 누구나 마음속에 담고 있는 고향 같은 정겨움이 있다.

평창땅에는 이효석을 기념하는 갖가지 기념물, 율곡 이이가 잉태되었다는 판관대와 그를 기리는 봉산서재, 조선 전기의 명필 양사언이 여드레 동안 머물며 경치를 즐겼다는 팔석정이 있다.

인제군

삼산리 — 연곡

소금강(청학동)

무릉계

홍천군

오대산
국립공원

적멸보궁

비로봉
상원사

북대사

노인봉

송천약수

홍천

5
446

진고개

오대산
국립공원

사고터

3.5
6

부도밭
월정사

계방산

1.1

매표소

강릉

대관령교차로

2.5

황운상회

운두령

방아
다리
약수

두일리

병배리

대관령

183

10.1

하진부
교차로

상진부
교차로

2.3

3.8

456

봉평농협

봉평중학교

봉산서재

이효석
생가터

봉평

속사

1.8

유천
교차로

싸리재
교차로

횡계
교차로

24

봉

2

봉산
서재

용전
교차로

속사
교차로

8.5

간평리
오일뱅크

2

팔석정
판관대

4.4

6

용평

진부
(하진부)

1.2

가우동삼거리

이목정
교차로

이효석 생가터

둔내

10.7

장평버스
터미널

백석산

봉산서재

영동
2호터널

장평

장평
교차로

수항리

수다사터

팔석정

4

영동고속도로
영동1호터널

31

평창군

33.2

정선군

유천리

월정사

297

상원사

405

12

대화

나전

오대천

적멸보궁

방아다리 약수

이효석의 소설 「메밀꽃 필 무렵」의 무대인 봉평과 오대산의 문화유산은
영동고속도로를 이용하여 쉽게 찾아갈 수 있다.
이효석 문학의 산실인 봉평 일대는 영동고속도로 장평교차로에서
6번 국도를 따라 둔내 쪽으로 6.4km 가면 되며, 오대산은 영동고속도로
상진부교차로로 나온 후 6번 국도를 타고 오대산국립공원 월정사지구로
찾아가면 된다.
평창, 홍천, 정선, 강릉 등지에서 국도나 지방도를 이용하는 것도 가능하며
버스도 자주 다닌다. 오대산국립공원과 진부 일대에는 숙식시설이 잘 갖추어져
있으나 봉평 일대에는 숙식할 곳이 드물다.

월정사 석조보살좌상

「메밀꽃 필 무렵」의 무대인 평창은 누구나 마음속에 담고 있는 고향 같은 정겨움을 준다. 아름다운 산수와 더불어 유서 깊은 사찰을 품고 있는 오대산은 문화재가 다양하다.

설악산과 더불어 태백산맥에 속하는 고산준령으로 강원을 대표하는 산인 오대산은 기실 홍천군과 강릉시에까지 그 자락을 넓게 드리우고 있으나, 산의 거의 반 이상 되는 부분이 평창군의 동북쪽을 듬직하게 눌러주고 있어 '평창 오대산'으로 더 알려져 있다. 강릉시 쪽의 소금강지구(113.7km^2)를 포함해 총면적 298.5km^{2}로 우리 나라 국립공원 중에는 일곱번째로 크다.

설악산이 갖은 기암절벽으로 산세가 험한 데 비해, 오대산은 1,000m가 넘는 준봉들이 많은데, 그럼에도 불구하고 높고 평평한 고원 지대의 특성을 갖는다. 그래서 설악산은 조금만 들어서도 깊은 산중인 듯하고, 오대산은 아무리 깊숙한 걸음을 한다 해도 깊은 산속이라는 느낌을 받기는 힘들다.

오대산 골짜기를 흐르는 내린천과 월정천이 합류하여 오대천을 이루면서 조양강을 거쳐 남한강으로 흘러든다. 실제 한강의 발원지는 강원도 태백시 창죽동 금대산 북쪽 경사면 바로 아래 옹달샘이지만, 『세종실록지리지』와 『신증동국여지승람』에는 "오대산 서대 수정암의 '우통수〔于洞水〕가 물의 빛깔이나 맛이 특이하고 다른 물보다 무거우며, 한강의 시원이 된다"고 적혀 있다. 어찌되었든 오대산의 물은 한강을 이루는 중요한 물줄기이다.

또한 오대산은 우리 나라의 대표적 천연 수림 지대로 동식물상이 다양하고 풍부하다. 특히 월정사로부터 상원사 적멸보궁을 잇는 10km의 계곡은 수백 년 묵은 전나무와 소나무, 그리고 잡목들이 다양하게 우거져 있다.

이처럼 아름다운 산수와 더불어 유서 깊은 절인 월정사와 상원사, 적멸보궁이 있으며, 문화재가 다양하고 관련 설화 또한 많다. 특히 자장율사로부터 비롯된 오대산의 불교 성지화, 곧 오대산 신앙과 관련된 이야기는 주목할 만하다.

향 수

정지용

넓은 벌 동쪽 끝으로
옛이야기 지줄대는 실개천이 회돌아 나가고,
얼룩백이 황소가
해설피 금빛 게으른 울음을 우는 곳,

—— 그곳이 참하 꿈엔들 잊힐리야.

질화로에 재가 식어지면
뷔인 밭에 밤바람 소리 말을 달리고,
엷은 졸음에 겨운 늙으신 아버지가
짚벼개를 돋아 고이시는 곳,

—— 그곳이 참하 꿈엔들 잊힐리야.

흙에서 자란 내 마음
파아란 하늘 빛이 그립어
함부로 쏜 활살을 찾으려
풀섶 이슬에 함추름 휘적시든 곳,

—— 그곳이 참하 꿈엔들 잊힐리야.

傳說바다에 춤추는 밤물결 같은
검은 귀밑머리 날리는 어린 누의와
아무러치도 않고 여쁠 것도 없는
사철 발벗은 안해가
따가운 해ㅅ살을 등에 지고 이삭 줏던 곳,

—— 그곳이 참하 꿈엔들 잊힐리야.

하늘에는 석근 별
알 수도 없는 모래성으로 발을 옮기고,
서리 까마귀 우지짖고 지나가는 초라한 집웅,
흐릿한 불빛에 돌아 앉어 도란도란거리는 곳,

—— 그곳이 참하 꿈엔들 잊힐리야.

이효석 생가터

평창군 봉평면 창동리 남안동에 있다. 영동고속도로 장평교차로에서 6번 국도를 따라 둔내 쪽으로 약 6.4km 가면 봉평 농협이 나온다. 이곳에서 왼쪽으로 난 마을길을 따라 50m쯤 가서 좌회전해 2km 가량 가면 봉평중학교와 남안교를 지나 이효석 생가터에 이른다.

승용차는 생가터 앞까지 들어갈 수 있으나 대형버스는 봉평면에 주차해야 한다. 면소재지에 식당은 여러 군데 있으나 잠잘 만한 곳으로는 여인숙이 두어 개 있을 뿐이다.

장평에서 봉평으로 갈 때는 고속도로 진입로를 따라가다가 다리를 건너자마자 좌회전해서 곧바로 고속도로 밑으로 난 터널로 들어가야 한다. 잘못해서 고속도로로 들어가지 않도록 주의해야 한다. 장평과 봉평을 오가는 시내버스는 자주 있으며, 장평은 강원도 여러 지역과 시외버스가 잘 연결되어 있다.

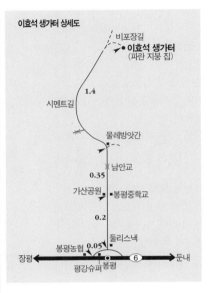

이효석 생가터 상세도

비포장길
● 이효석 생가터
(파란 지붕 집)

시멘트길
1.4

물레방앗간

0.35
가산공원
남안교
● 봉평중학교

0.2

둘리스낵
봉평농협 0.05
장평 ◄———— ⑥ ————► 둔내
평강슈퍼 봉평

"일제의 불운한 시대를 문학으로 이겨나가신 천재! 강원도의 자랑 이효석 선생님의 생가를 찾아 삼가 선생님의 명복과 후손의 번창을 빕니다", "우리 민족을 가장 잘 알고 표현한 민족 작가였다고 생각합니다. 천재 작가의 작품을 재조명해야 합니다"(이효석 생가터에 있는 방문록 중에서).

이효석과 그 작품에 대한 평가는 비평가 또는 독자 개개인의 몫일 터이지만, 어찌되었든 이효석의 「메밀꽃 필 무렵」은 우리 자연의 아름다움과 민족의 삶, 그리고 정서의 원형을 생각하게 하는 작품이다. 마음속에 아련히 새겨진 고향 같은, 그래서 더 먼 곳처럼 느껴지는 장평·대화·봉평을 사람들은 이효석 또는

봉평마을 입구
마을 입구에 메밀꽃길을 만들어 봉평이 이효석 문학의 무대임을 알려주고 있다.

「메밀꽃 필 무렵」과 연관 지어 기억하고 또 찾곤 한다.

　　그러나 이곳에서 흐드러진 메밀꽃을 보기란 여간 힘든 게 아니다. 수익성이 낮아 메밀을 별로 심지 않기 때문이다. 다만 길가에 기념 식수처럼 두어 줄 심어놓았을 뿐이다. 이효석 생가터라고 해도 이제는 남의 집이 되어버린 평범한 농가가 있을 뿐이다. 봉평중학교 맞은편 가산공원에 서 있는 이효석의 흉상도, 남안교 건너 이효석 문학의 터임을 알리는 기념비와 물레방아도 최근에 세워진 조형물이다.

　　그렇다면 단지 돌에 새겨져 있는 '이효석'이라는 이름 석 자를 보러 그렇게 먼 걸음을 해야 할까? 경제적이지 못한 판단일지 모르지만 그래도 「메밀꽃 필 무렵」을 마음으로 읽고 싶은 이라면 꼭 그렇게 해야 한다. 그게 바로 문학 기행의 맛이다.

　　봉평면에서 남안교를 건너 시멘트길을 따라 계속 오르면, 뒤로는 산을 지고 있고 앞으로는 산골치고는 꽤 널따란 논을 껴안고 있는 집 한 채가 나온다. 사슴 울타리가 있는 남색 슬레이트 지붕집이다. 거기에 1991년 10월 문화의 달에 문화부가 세운 '가산 이효석 생가의 터' 표지석이 있다.

소설 「메밀꽃 필 무렵」의 주요 무대인 봉평, 대화, 진부 등에는 지금도 장이 선다. 규모도 줄고 옛모습도 많이 잃어 소설과 같은 분위기를 찾아볼 수는 없지만, 강원도 산골 장터의 면모를 엿볼 수 있는 몇 안되는 곳 중의 하나이다.
봉평장 : 2·7일장, 산나물, 약초류, 곡물류
대화장 : 4·9일장, 산나물, 약초류, 고추, 마늘, 곡물류
진부장 : 3·8일장, 산나물, 약초류, 버섯, 곡물류

이효석 생가터
지금은 남의 집이 되어버린 데다 가옥의
구조도 바뀌었지만, 이효석을 기억하
는 많은 사람들의 발길이 끊이지 않는다.

이효석이 평창에서 보통학교에 다니기 전 유년 시절에 살았다는 생가터에서 눈여겨 볼 만한 것은 방문록이다. 그의 작품이 주는 정서에 감동을 받은 독자의 감상문, 문학하는 이의 동지애와도 같은 축문, 그의 작품에 아쉬움을 나타내거나 비판하는 논조의 비평들이 있는데, 아무려나 진솔한 감동을 주지 않는 글줄이 없다.

비록 이효석의 숨결이 남아 있지 않은 생가터라고는 하지만 이효석을 아끼는 독자들의 관심이 더 생생하게 전해지고 있고, 기념 사업으로 만들어놓은 비석일망정 거기에는 '이효석이 태어난 우리 고장 봉평'을 기억하려는 봉평 사람들의 향토애가 깊게 아로새겨져 있다. 시시때때로 예고 없이 찾아드는 방문객에게 주차 문제말고는 불평 없이 반겨주는 홍재철 씨 일가의 전(前) 집주인에 대한 예우도 고맙게 생각된다.

이효석 생가터로 오기 전, 그러니까 남안교를 건너면 바로 '이효석 문학의 터'임을 알리는 기념비와 물레방앗간이 있다. 1991년 문화부에서 이효석의 출생지인 남안동을 문화마을로 지정하며 세운 기념물들이다. 물레방앗간에는 디딜방아와 독이 몇 개 있고, 방앗간 오른쪽으로 물레방아가 돌고 있다. 유서 깊은 곳이라는 느낌이 나도록 밤색 계통의 수성 안료를 칠해놓았다. 물레방앗간 앞쪽으로 성씨 처녀인 듯한 여인상을 조각한 '이효석 문학의 터' 기념비에는 이런 글이 새겨져 있다.

'밤중을 지난 무렵인지 죽은 듯이 고요한 속에서 짐승 같은 달의 숨소리가 손에 잡힐 듯이 들리며, 콩 포기와 옥수수 잎새가 한층 달에 푸르

가산 이효석

'1930년대 우리 문단에서 가장 참신한 언어 감각과 기교를 겸비한 작가'라는 평을 받고 있는 이효석(1907~1942년)은 평창군 봉평면 창동리 남안동에서 태어났다. 1930년 경성대 영문학부를 졸업하였으며, 초년 작가 시절(1928~1932년) 소위 동반작가로서 「노령근해」와 같은 정치적 경향이 짙은 작품을 발표하였으나, 생활고로 총독부 경무국 검열계에 취직한다.

주위의 지탄과 자괴감에 2년을 넘기지 못하고 직장을 그만둔 그는 1931년 결혼한 뒤 경성농업학교 영어 교사로 부임하여 비교적 안정된 생활을 찾았다. 초기 경향문학적 요소를 탈피하여 다양한 서정의 세계(1933~1937년)로 들어서서 「메밀꽃 필 무렵」, 「돼지」, 「산」, 「들」 같은 작품을 써냈다. 그의 진면목이라 할 수 있는 순수문학에서 실력을 맘껏 발휘한 시기이다.

1938년 이후에는 허무주의적 요소가 가득 담긴 「개살구」, 「장미 병들다」, 「화분」 등을 썼다. 1940년 아내와 둘째 아이를 잃고 극심한 실의에 빠져 만주 등지를 돌아다니다가 건강을 잃은 그는 끝내 뇌막염으로 병석에 눕고 36세에 죽음을 맞이했다.

고향의 산천을 무대로 향토적 정서가 짙게 표현된 그의 대표작 「메밀꽃 필 무렵」(1936년 발표)을 쓰게 된 동기와 배경을 유종호 교수는 다음과 같이 적고 있다.

"……사숙을 다니던 유년 시절의 봉평에는 장날마다 꼭 무명필 나부랭이로 드팀전(갖가지 피륙을 팔던 가게)을 벌이고 있는 한 곰보 영감이 있었다. 나이가 쉰쯤 되었을까, 눈곱이 닥작닥작 끼고 얼굴이 온통 얽어서 보기 흉한 영감이었다. 고향은 청주(淸州)라고도 하고 용인(龍仁)이라는 사람들도 있었으나 확실치는 않았고, 그 성(姓)을 확실히 알아둔 사람도 지금은 없다. 이 '곰보 영감'이라고 불리던 영감과 한패가 되어 장돌이 노릇을 하는 사람에 기골이 좋은 조봉근(趙鳳根)이란 사람이 있었다.

한편 방 두 개에 부엌 하나로 술도 팔고 음식도 팔면서 장돌이에게 잠도 재워주는 집이 있었다. '충줏집'이라고 불리던 이 집 여주인은 송(宋)씨로서 얼굴도 예쁜 편이었고 마음씨도 고왔다. 효석은 사숙의 글동무들과 함께 싸온 점심밥을 이 충줏집에 맡겨두고 먹곤 하였다.

효석의 집안과는 한마을에 살면서 아주 가까이 지내던 성공여(成公汝)라는 사람이 있었다. 성씨 집에는 스무 살쯤 된 옥분이라는 딸이 있었는데 봉평서는 제일 가는 일색이었다.

뒷날 집안 형편이 기울어 이웃 고을인 충북 제천(堤川)으로 이사를 갔다. 영(嶺)에서 뜨는 달과 잔약한 메밀꽃과 머루 다래 같은 산과(山果)와 청밀(淸蜜)을 고향의 아름다운 추억으로 간직하고 있던 효석은 서른 살 나던 해, 어릴 때 알았던 '곰보 영감'과 조봉근과 충줏집과 성옥분의 심상(心像)에 상상의 허구를 곁들여 명작 「메밀꽃 필 무렵」을 써서 고향에 대한 최대의 헌사(獻詞)를 바친 셈이다.……" (유종호, 「적요(寂寥)의 아웃사이더」, 『한국의 인물상』 5, 신구출판사, 1965)

이효석 일가의 유품
홍재철 일가가 집을 살 때 이효석 부친으로부터 물려받았다는 벼루통과 벼루집.

이효석 문학 기념비와 물레방앗간
1991년 문화부에서 이효석의 출생지인 남안동을 문화마을로 지정하면서 세운 기념물이다.

게 젖었다. 산허리는 온통 메밀밭이어서 피기 시작한 꽃이 소금을 뿌린 듯이 흐뭇한 달빛에 숨이 막힐 지경이다. 붉은 대궁이 향기같이 애잔하고 나귀의 걸음도 시원하다"(「메밀꽃 필 무렵」 중에서).

봉평중학교 맞은편의 가산공원에도 1993년 평창군에서 세운 이효석의 흉상과 「이효석과 그 문학」(김우종)이라는 글이 씌어진 기념석이 있다.

이효석의 「메밀꽃 필 무렵」을 고증하듯 이처럼 많은 기념물이 있지만 이곳 답사의 매력은 뭐니 뭐니 해도 봉평의 산수다. 허생원이 바지를 걷고 나귀를 끌며 건너갔을 내와, 달밤에 나귀를 몰고 다닌 바로 그 메밀밭 오솔길이 바로 거기에 그대로 있기에 작품의 감동이 더욱더 짙어지는 것이다.

이효석은 「메밀꽃 필 무렵」처럼 서정성 깊은 글만을 쓴 것은 아니었다. 1930년 경성제대 졸업 때까지만 해도 「도시와 유령」, 「노령근해」 같은 좌파 경향의 단편소설을 발표하며 경향문학의 동반작가로 지칭되었다. 그러나 이 작품들은 좌파 이데올로기를 현실에 꿰맞추는 데 급급했을 뿐 완성도 높은 소설로 평가받기에는 함량 미달이었다. 이후 「낙엽을 태우며」 같은 탐미주의적인 작품도 발표했지만, 그 역시 한국문학사의 한 자리를 당당히 차지하기에는 미흡한 점이 없지 않다.

경성제대 출신의 엘리트로 온갖 까탈스러운 호사를 누리며 이국 취향의 동경과 모더니즘적 세련미를 추구하던 그가, 현실에 뿌리를 두지 못하고 관념과 탐미적인 데로 떠돈 끝에 도달한 곳은 '고향'이었다.

메밀꽃 피는 고향. 결국 그는 이념과 탐미에 빠진 초기의 작품들이 아니라 30세 이후 '고향'이라는 주제에서 찾은 빼어난 시정과 맑은 문체로 한국문학사에 남게 되었다.

봉평 장터에서는 '올챙국수' 또는 '강냉이국수'라 불리는 산간지방의 토속음식을 팔고 있다. 옥수수를 갈아서 만든 것인데, 면발이 고운 것이 특징이다. 또한 장터 끝에 있는 진미식당(T.033-335-0242)에서는 직접 메밀을 갈아 반죽해 만든 메밀국수를 팔고 있는데 평창군에서 제일 메밀국수를 잘하는 집이라고 소문이 있다.

메밀

지방에 따라 뫼밀, 모밀이라고도 부르며, 흰색 또는 연홍색의 작은 꽃이 피는 일년생 초본식물이다. 높이 50cm~1m 정도까지 자라고 줄기가 연약하며 붉은색이 나고 바람에 약하다. 잎은 삼각형 또는 심장 모양으로 끝이 뾰족하다. 6mm 정도의 흰색 또는 연홍색 꽃이 9월 전후에 핀다. 꽃잎은 다섯 개.

꽃이 지면 쌀알 같은 흑갈색 열매가 맺는데, 이것을 가루 내어 메밀국수를 만들거나 묵을 쑤어 먹는다.

메밀꽃 줄기가 붉은 이유는 죽은 호랑이의 피 때문이라는 전설이 있다.

옛날에 장에서 돌아오던 어머니를 잡아먹은 호랑이가 그 어머니의 옷을 도로 주워 입고 아이들이 있는 집으로 와서 아이들마저 잡아먹으려고 했다. 꾀를 낸 누이는 소변을 보러 가겠다고, 남동생은 물을 먹으러 가겠다고 하여 도망 나와 뒤뜰 큰 버드나무 위로 올라갔다.

쫓아온 호랑이가 나무에 오르려 하니까 누이는 또 다시 꾀를 내어 참기름을 바르고 올라왔다고 하였다. 호랑이가 참기름을 손에 바르고 나무에 오르니 자꾸 굴러 떨어지기만 하였다. 제가 쫓기고 있는 것을 잠시 잊은 남동생은 호랑이를 가엾게 여겨 그만 "도끼로 쿵쿵 찍으면서 올라오면 되는데" 하고 말해버렸다.

이제 영락없이 호랑이에게 잡히게 된 오누이가 하느님께 빌었더니 하늘에서 동아줄 하나가 내려왔다. 동아줄을 타고 하늘로 올라가는 오누이를 보고 호랑이도 하느님께 동아줄을 내려달라고 말했다. 그러자 하늘에서 동아줄 하나가 내려왔는데, 그건 썩은 것이었다. 썩은 동아줄에 호랑이가 매달리자 툭 끊어졌다. 동아줄에 매달려 있던 호랑이가 메밀밭에 떨어져 죽는 바람에 메밀 줄기가 붉게 되었다고 한다.

한 스님이 달밤에 메밀꽃이 하얗게 피어 있는 것을 보고 그만 물인 줄로 착각하고 벌거벗고 건넜다는 이야기도 있다.

봉산서재

이효석 생가터를 목적지로 삼아 장평터미널에서 6번 국도를 타고 봉평으로 들어서는 길에 봉산서재와 판관대, 그리고 팔석정을 찾아볼 만하다.

봉평면 창동리 길가에는 까만 비석 몸돌에 자연석 지붕돌을 얹어놓은 판관대라는 기념비가 서 있다. 판관대는 율곡 이이가 잉태된 곳으로, 조선 중종 때 수운판관을 지낸 이이의 아버지 이원수의 직책에서 이름을 따 '이판관의 집터'라는 뜻으로 그렇게 부르게 된 것이 아닌가 싶다.

판관대터와 봉산서재는 평창군 봉평면 창동리, 장평에서 봉평 가는 길 도중에 있다.
장평교차로에서 봉평 쪽으로 1.7km 정도 가면 장평기도원 바로 못미처 길 오른쪽으로 판관대터 기념비가 보인다. 봉산서재는 판관대터에서 봉평 쪽으로 2.7km 더 가면 보이는 오른쪽 작은 마을 끝 낮은 언덕 위에 있다.

따로 주차시설이 없어 대형버스는 길 한 쪽에 주차해야 하나 승용차는 봉산서재 앞까지 들어갈 수 있다. 교통편과 숙식은 이효석 생가터와 같다.

율곡의 부모가 당시 무슨 연고로 이곳에서 살았는지는 확실치 않으나, 율곡이 지은 사임당의 행장으로 보아 사임당이 얼마 동안은 판관대라 부르는 이곳에서 살았던 것으로 여겨진다.

오죽헌이 율곡의 탄생지임은 이미 알려진 사실인데, 흔치 않게 잉태지가 유적으로 남게 된 데에는 율곡의 높은 지명도말고도 범상치 않은 잉태설화가 따로 있기 때문이다.

봉산서재는 이 고을 유생들이 봉산(이 마을의 뒷산, 덕봉이라고도 함)에서 율곡이 잉태된 것을 기념하기 위해 1906년 건립하였는데, 그 배경은 이러하다.

1890년대 조선을 놓고 열강들의 패권 쟁탈전이 벌어지자 홍재홍 등 이곳의 유생들은 계를 조직하여 나라가 어려운 지경일수록 애국심과 윤리와 도덕성을 지킬 것을 강건히 다짐하였다. 그러기 위해서는 자신들의 고향이 율곡과 같은 성현이 잉태된 곳임을 상기해 자긍심을 높일 필요가 있었다. 그리하여 고종에게 상소를 하여 1905년 판관대를 중심으로 10리 땅을 하사받고, 유생들이 성금을 모아 1906년 이이의 영정을 모신 봉산서재를 지었으며, 봄 가을로 제사도 지냈다. 이렇게 애써 지어진 기념관임에도 불구하고 현재는 그와 같은 윤리와 도덕이 불필요한 듯 관리를 하지 않아 매우 볼썽 사납게 되었다. 지금의 건물은 한국전쟁 때 파괴된 것을 1968년 지방민들이 다시 지은 것이다.

봉산서재
동산 위에 높직하게 올라앉아 있는 봉산
서재 앞으로 멀리 홍정천이 흐른다.

기실 봉산서재에서 주목할 만한 유물이나 건물은 없지만, 동산 위에 높직하게 서 있는 봉산서재의 주변 산수가 아름답다. 산과 물이 서로 감고 돈다고 하는 산태극 수태극 형상으로, 서재 뒤로는 낮은 산들이 둘러 앉아 있고, 앞으로는 서쪽 멀리 홍정산에서 발원한 홍정천이 흐른다. 봉산서재로 들어서는 계단 입구의 훌쩍 키 큰 소나무도 퍽 인상적이다.

봉산서재 안쪽 정면에 율곡의 영정이, 측면에 이원수의 영정이 모셔져 있다.

판관대
이율곡의 잉태설화를 간직한 옛 집터에 1988년 기념비를 세웠다.

율곡 이이 잉태에 얽힌 전설

율곡의 아버지 이원수가 인천에서 수운판관으로 재직할 때 사임당을 비롯한 식솔들은 산수가 수려한 판관대에 터를 잡고 살고 있었다. 하루는 이원수가 여가를 틈타 인천에서 봉평으로 오던 중이었다. 날이 저물어 평창군 대화면의 한 주막에서 여장을 풀게 되었는데, 그 주막의 여주인은 그날 밤 용이 가득히 안겨오는 기이한 꿈을 꾸었다. 주모는 그것을 하늘이 점지해주는 비범한 인물을 낳을 잉태 꿈으로 생각하였다. 그날 주막의 손님은 이원수뿐이었다. 주모는 이원수의 얼굴에 서린 기색이 예사롭지 않음을 보고, 하룻밤 모시려고 하였으나 이원수의 거절이 완강하여 뜻을 이루지 못하였다.

그 무렵 사임당 신씨는 강릉의 친척집에 잠시 머물고 있었는데, 역시 용이 품에 안겨드는 꿈을 꾸었다. 언니의 간곡한 만류를 뿌리치고 140리 길을 걸어 집에 돌아왔다. 대화면에서 주모의 간곡한 청을 뿌리친 이원수도 그날 밤이 깊어 도착하였다. 바로 이날 밤 율곡이 잉태된 것이다.

며칠 집에 머문 이원수는 인천으로 돌아가는 길에 그 주막에 들러 이제 주모의 청을 들어주겠다고 하였다. 그러나 이번에는 주모가 거절하였다. "하룻밤 모시기로 했던 것은 신이 점지한 영재를 얻기 위함이었습니다. 지금 어르신의 얼굴에는 전날의 비범한 기가 없으니 그 뜻을 받아들일 수 없습니다. 이번 길에 댁에서는 귀한 인물을 얻으셨을 것입니다. 허나 후환을 조심하셔야 합니다."

이원수는 주모의 말을 듣고 깜짝 놀랐다. 주모에게 혹 그 화를 막을 방도가 있느냐 물었더니, 주모가 이르기를 밤나무 1천 그루를 심으라는 것이었다.

이원수는 아들 생각에 주모가 시키는 대로 하였다. 몇 해가 흐른 뒤 어느 날, 험상궂은 중이 시주를 청하며 어린 율곡을 보고자 하였다. 그러나 이원수는 주모의 예언을 떠올리며 완강히 거절하였다. 그러자 중은 밤나무 1천 그루를 시주하면 아들을 데려가지 않겠다고 하였다. 이원수는 '옳다' 하며 쾌히 승낙하고 뒤뜰에 심은 밤나무를 모두 시주하였다. 그러나 밤나무는 한 그루가 모자랐다. 한 그루가 자라지 못하고 썩어버렸던 것이다.

이원수가 사색이 되어 떨고 있는데, 숲 속에서 나무 한 그루가 "나도 밤나무!" 하며 크게 소리쳤다. 그 외침을 들은 중은 호랑이로 변해 멀리 도망치고 말았다. 그래서 나도밤나무라는 재미있는 이름의 나무가 생겼다고 한다.

팔석정

봉산서재를 조금 지나면 길 왼쪽으로 '효덕사 2km'라는 표지판이 보인다. 찻길에서 보면 무심히 지나갈 만큼 평범한 경치이지만, 표지판을 따라 그 길로 들어서면 잠깐 사이에 수량도 적지 않고 기암괴석도 썩 좋은 냇가가 나타난다. 이렇듯 전망 좋은 자리라면 정자라도 하나 있었을 법한데, 정자는 없고 음식점 하나만 덩그러니 그 좋은 자리를 독차지하고 있다.

이곳이 조선 전기에 시와 글씨로 유명했던 양사언이 강릉 부사로 부임할 당시, 봉평면 평촌리(당시에는 강릉부에 속함)에 이르러 아담하면서도 수려한 경치를 보고는 정무도 잊은 채 여드레 동안 신선처럼 지내다 갔다는 팔석정이다.

양사언이 그 여드레를 기념하여 '팔일정'(八日亭)이란 정자를 세우고 매년 봄, 여름, 가을 세 차례씩 찾아와서 선비들과 시상(詩想)을 즐겼다고 하나 지금 그 정자의 자취는 없다. 이후 그가 고성 부사로 부임하게 되자 이별을 아쉬워하며 정자 주변의 바위 여덟 군데에 각각 봉래(蓬萊), 방장(方丈), 영주(瀛州), 석대투간(石臺投竿), 석지청련(石池靑蓮), 석실한수(石室閑睡), 석평위기(石坪圍棋), 석구도기(石臼

팔석정
아기자기한 기암괴석 사이를 흘러내리는 물줄기와 부근의 푸른 노송들이 어울려 절묘한 선경을 이룬다.

搗器)라 새겨놓았다. 그 글자들은 지금도 여전하다.

아기자기한 기암과 절벽 사이를 흘러내리는 홍정천 물줄기와 부근의 푸른 노송이 어울려 절묘한 선경을 이룬다. 탁족을 하며 양사언의 글씨를 찾는 재미도 쏠쏠하다.

양사언 글씨
팔석정 곳곳 바위면에 새겨놓은 여러 글씨 중의 하나. '석실한수'(石室閑睡)라는 글씨가 새겨져 있다.

봉래 양사언

양사언(1517~1584년)은 조선 전기의 문인이며 서예가이다. 명종 1년(1546) 문과에 급제한 후 함흥, 평창, 강릉, 회양, 안변, 철원 등 강원 지방의 여덟 고을에서 수령을 지냈다. 자연을 즐겨 회양 군수로 있을 때는 금강산을 자주 찾아 경치를 감상하였다. 봉래, 곧 금강산은 자신의 호이기도 하다. 만폭동 바위에는 지금도 그가 써놓은 '봉래풍악원화동천'(蓬萊楓岳元化洞天)이라는 글씨가 남아 있다고 한다. 40년 동안이나 관직에 있었어도 일체 부정을 저지른 바 없고 유족에게 재산도 남기지 않을 만큼 청빈하였으나, 지릉이라는 곳에서 일어난 화재에 책임을 지고 해서로 귀양 갔다가 2년 뒤 풀려 돌아오는 길에 죽었다.

해서와 초서에 능한 그는 안평대군, 김구, 한호와 함께 조선 전기 4대 명필로 일컬어진다. 특히 웅혼한 초서체의 글씨를 잘 썼고, 한시는 작위성 없이 천의무봉하다는 평판을 받았다. 여인의 아름다움을 읊은 「미인별곡」이라는 가사가 대표적이고, 문집으로 『봉래집』이 있다. 그의 시조 한 수는 지금도 널리 애송되고 있다.

태산이 높다 하되 하늘 아래 뫼이로다
오르고 또 오르면 못 오를 리 없건마는
사람이 제 아니 오르고 뫼만 높다 하더라

월정사

진부에서 차를 달려 평창군 월정거리에 들어서면 월정으로 시작되는 갖가지 이름들을 볼 수 있다. 월정주유소, 월정초교…… . '월정사'(月精寺)의 전주곡 같다. 월정거리에서 6km 정도 들어가면 일주문이 나선다. 오대산을 여는 월정사가 시작되는 곳이다. 마음 매무새를 단정히 하고 일주문으로 들어선다.

평창군 진부면 동산리에 있다. 진부에서 6번 국도를 따라 오대산 국립공원 쪽으로 9.1km(상진부교차로에서는 7.9km) 가면 황운상회 앞 삼거리가 나온다. 여기서 왼쪽으로 나 있는 446번 지방도를 따라 2.5km 더 가면

1920년대의 월정사

옛 월정사는 한국전쟁 때 모두 불타버렸고, 현재의 월정사는 그후 다시 지어진 것인데, 위의 사진처럼 고요하면서도 당당한 본래의 느낌을 많이 잃어버렸다.

월정사 입구 오대산국립공원 매표소가 나오고, 월정사까지는 1.1km 더 들어가야 한다.
월정사관광단지와 절 주변에는 대형주차장이 있고 숙식할 곳도 많다. 진부에서 월정사까지는 버스가 하루 11회 운행되고 있으며, 도로표지판도 잘되어 있어 찾아가기가 무척 쉽다.
6번 국도를 계속 따라가면 진고개를 넘어 청학동 소금강으로 갈 수 있다.

입장료
어른 3,100(2,900)·군인과 청소년 1,300(1,100)·어린이 700(550)원, 괄호 안은 30인 이상 단체

일주문에서 대웅전이 있는 곳까지는 1km가 조금 넘게 전나무 숲길이 이어진다. 장쾌하게 쭉쭉 뻗은 전나무는 짙은 그늘을 드리우지만 볕이 잘 들어 음습하지는 않다. 숲 속 깊은 데로 빨려 들어가는 듯 청량한 기분으로 산중의 고요를 맛보게 되는데, 드라이브코스로도 매우 좋다. 숲 왼쪽으로는 월정계곡이 따라붙는다.

전나무 숲길이 끝나면서 왼쪽으로 큰 주차장이 나서고 맞은편에 월정사 도량이 자리 잡고 있다. 건물들의 외양은 단청을 막 끝낸 듯 말끔하지만 겉보기와 달리 월정사는 역사가 매우 오랜 절이다.

선덕여왕 12년(643) 당나라에서 수도를 마친 뒤 부처님의 석존사리를 모시고 돌아온 자장율사는 오대산 비로봉 아래에 석가모니의 정골사리를 봉안하고 적멸보궁을 창건했다. 2년 뒤 동대 만월산 아래에다 월정사를 세우고 경내에 팔각구층석탑을 건립하여 그 안에 진신사리를 봉안했다. 이후 월정사는 조선 철종 7년(1856)에 크게 중건되었고, 한국

전쟁 뒤 다시 건립되었다. 전쟁으로 피해를 입지 않은 사찰이 거의 없었지만 월정사의 피해는 특히나 처참했다. 모든 건물이 다 타버린 것은 물론이고 양양의 선림원터에서 출토된 후 이곳으로 옮겨진 범종이 완전히 녹아버렸다. 이 범종은 804년 제작된 것으로 제작 연대가 확실하고 상원사 동종과 성덕대왕신종(일명 에밀레종)에 견줄 만큼 뛰어난 예술성을 지닌 작품이었다. 정말 애석하기 짝이 없다.

월정사 부도밭과 전나무 숲
석종형 부도들이 하늘을 찌를 듯한 전나무 숲을 배경으로 저마다의 개성을 내보이고 있다.

적광전 앞 넓은 뜰 중앙에 서 있는 팔각구층석탑은 월정사에서 가장 손꼽히는 문화재이다. 탑 앞에는 석조보살좌상이 두 손을 모아 쥐고 공양하는 자세로 무릎을 꿇고 있다. 적광전 앞뜰의 팔각구층석탑을 중심으로 심검당(尋劍堂), 삼성각, 대강당, 승가학원, 범종각, 용금루(湧金樓), 요사 들이 모여 있다.

적광전에는 비로자나불을 모시는 것이 통례이나 여기서는 석굴암 대

오대산의 다섯 봉우리와 암자

주봉인 비로봉(1,563m), 호령봉, 상왕봉, 두로봉, 동대산 등 다섯 봉우리가 편편한 누대를 이루고 있어 오대산이라 부른다. 그 봉우리들에는 중대 사자암(적멸보궁), 북대 미륵암, 서대 수정암, 동대 관음암, 남대 지장암의 다섯 암자가 있다. 그러나 오대산 각 대와 다섯 봉우리의 현재 이름은 옛 그대로가 아니다.

오대산 다섯 봉우리의 옛 이름과 현재 이름
만월봉(동대)→동대산

기린봉(남대)→두로봉
장령봉(서대)→상왕봉
상왕봉(북대)→비로봉
지로봉(중대)→호령봉

오대산 다섯 암자의 옛 이름과 현재 이름
관음암(동대)→관음암
지장암(남대)→지장암
미타암(서대)→수정암
나한당(북대)→미륵암
보천방(중대)→사자암

월정사 부도밭의 어느 부도비
뒤를 돌아다보고 있는 거북이의 머리가
마치 사람의 얼굴 같다.

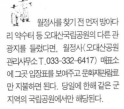

월정사를 찾기 전 먼저 방아다
리 약수터 등 오대산국립공원의 다른 관
광지를 들렀면, 월정사(오대산공원
관리사무소 T.033-332-6417) 매표소
에 그곳 입장표를 보여주고 문화재관람료
만 지불하면 된다. 당일에 한해 같은 군
지역의 국립공원에서만 해당된다.

팔각구층석탑의 지붕돌과 풍경
지붕돌 추녀 끝마다 풍경이 달려 있어 바
람이 스치고 지나가면 맑은 소리가 경내
에 울린다.

불의 형태를 그대로 본뜬 석가여래를 모시고 있다. 각 건물의 주련과 현
판은 모두 방한암 스님의 제자인 탄허 스님이 쓴 글씨이다.

　대웅전 뒤 높은 동산에 올라가면 월정사 경내가 한눈에 내려다보이는
데, 커다란 규모의 건물들이 많이 들어설 만한 넓은 터는 아니어서 전체
적으로 비좁게 느껴진다.

　월정사 다음 일정은 당연히 상원사. 상원사로 올라가는 길목, 월정사
에서 500m 떨어진 곳에 부도밭이 있다. 대개 차 안에서 흘낏 보기만 하
고 그냥 지나치는 곳이다. 그러나 부도밭을 둘러싸고 있는 울창한 전나
무의 부름을 듣는 운 좋은 이라면 반드시 차에서 내려야 할 것이다.

　강원도 문화재자료 제42호인 이 부도밭은 찻길 오른쪽에 있다. 평평
하고 넓은 터에 24기의 부도가 세 줄로 나란히 서 있는데, 모두 석종형
이다. 그러나 같은 종 모양이라도 뚱뚱하고, 홀쭉하고, 키가 훌쩍 큰 것
(제일 큰 것은 사람 키를 넘는다) 등 크기는 물론 부도 외곽을 장식하고
있는 조각 문양들이 모두 조금씩 다르다.

　부도는 스님의 사리나 유물을 묻는 탑의 일종이다. 스님들은 모두 깨
달음이란 한 길을 향해 가지만 수행 방법에는 나름대로 개성이 있을 것
이다. 아마 그 개성이 부도에 표현된 것이 아닐까.

　부도밭 제일 앞쪽 키 큰 부도비 옆에 비신과 이수는 없어지고 귀부만
남은 부도비가 있는데, 자기가 지고 있는 비석을 쳐다보고 있는 모양으
로 그 얼굴이 꼭 사람 같다. 게다가 귀까지 두드러지게 만들어놓았다. 석
공은 고개 돌린 거북이를 본 적이 없는 모양이다. 알고 있는 만큼만 표
현할 수밖에 없었을 석공의 순박한 마음이 전해져온다.

팔각구층석탑

적광전 앞뜰 금당 중앙에서 약간 비켜난 자리에 서 있다. 자장율사가 건
립하였다고 전하지만, 고려 양식의 팔각구층석탑을 방형 중심의 삼층 또
는 오층이 대부분이었던 신라 시대의 석탑으로 보기에는 아무래도 좀 무
리가 있다.

　자장율사가 월정사를 세웠다는 「월정사 중건 사적비」(이휘진, 1752
년)의 기록에도 불구하고 고려 시대의 탑으로 추정하는 이유는, 고려 시

팔각구층석탑 고구려 양식을 계승한 고려 시대의 다각다층석탑이다.

고려 시대의 다각다층석탑

고려의 다각다층석탑은 평면 형태가 팔각 또는 육각
이고, 층수는 5층·7층·9층·13층으로 층수가 많은
것이 특징이다. 모를 많이 주고 층수를 많게 함으로
써 방형석탑에 비해 수직성이 강조되고 있다.

　다각다층탑은 평양을 중심으로 해서 북쪽으로는
묘향산, 남동쪽으로는 강원도 평창 지방에 주로 분
포한다. 원래 고구려 때 팔각다층목탑을 평양 지방
에서 많이 만들었으며, 고구려의 건축술을 적극적
으로 계승한 고려 역시 평양 지방을 중심으로 다각
다층탑을 많이 조성했다.

　묘향산의 팔각십삼층석탑(고려 말), 평창 월정사
팔각구층석탑, 평양의 영명사 팔각오층석탑 및 홍
법사 육각칠층석탑, 그리고 평양 일대에 있었던 원
광사 팔각칠층석탑, 광법사 팔각오층석탑 등이 대
표적이다.

보현사 팔각십삼층석탑

대에 와서야 다각다층석탑이 보편적으로 제작되었으며, 하층 기단에 안
상(眼象)과 연화문이 조각되어 있고, 상층 기단과 몸돌에 괴임돌이 끼
워져 있기 때문이다.

　만주를 비롯한 북방의 고구려 양식에 팔각당형이 많으므로 그것을 계
승한 것이 아닌가 하는 견해도 있으며, 탑의 양식으로 보아 제작 연대를
아무리 올려잡아도 10세기 이전까지는 거슬러 올라가지 않을 것 같다.

　한국전쟁 때 석재가 파손되고 기운 것을 1970년과 1971년에 해체·복
원했다. 복원 당시 부처님 사리와 유물이 출토되었으나 연대를 확인할
수 있을 만한 유물은 발견되지 않았다.

　각층의 체감률은 작지만 기단부가 안정된 편이어서 경쾌하게 하늘로
솟은 듯하다. 상하 2층의 기단부는 4장으로 짜여진 지대석 위에 놓여 있
다. 하층 기단부의 면석 각면에는 안상이 2구씩 음각되어 있고, 갑석은

연화문으로 장식되었다. 그 위에 괴임석이 한 단 있어서 상층 기단부를 받치고 있다. 상층 기단부 중석에는 우주가 모각되어 있다.

기단은 마치 부처의 대좌처럼 장식을 하여 만들었는데, 이것은 앞에 있는 석조보살좌상이 탑을 향해 공양하는 모습으로 조각된 것과 연관 지어볼 때 팔각구층탑의 탑신부를 부처와 동등하게 여겼다는 인상을 준다.

탑신부는 팔각의 몸돌과 지붕돌이 각기 다른 돌로 이루어져 있고, 각 부재의 크기에 따라 1석 또는 2~3석으로 짜여진 것도 있다. 상층 기단과 1층 몸돌 사이에 괴임석이 하나 더 얹혀 있고, 1층 몸돌에는 각면마다 우주가 정연하다. 1층 몸돌 8면 중 4면에 교대로 네모난 감실이 파여 있는데, 남쪽 면의 감실이 가장 크며 문을 달았던 흔적도 있다. 2층 이상의 몸돌에도 우주가 있으나 감실은 없다.

지붕돌은 추녀가 수평이며, 지붕돌 받침은 모두 3단이나 각형(角形)과 호형(弧形)이 섞여 있는 점이 특이하다. 처마면 밑에 낙수 홈이 음각돼 있다. 각층의 지붕돌 모서리에는 몇 군데를 빼고는 모두 풍경이 달려 있다. 반전이 경쾌한 추녀는 풍경과 잘 어울린다.

흐트러짐이 없는 완전한 모습의 상륜부는 노반, 복발, 앙화, 보륜까지만 석재이고, 그 이상은 금동으로 장식하였는데 무척 화려하다. 이처럼 화려한 상륜부 장식은 석탑 전체를 장식적으로 보이게 하는 요소이기도 하다.

탑의 높이는 약 15.2m로, 다각다층석탑으로는 가장 높다. 아래 위로 알맞은 균형을 보이고 있으며 각부에서 착실하고 안정감 있는 조각 수법을 보이고 있어 고려 시대 다각다층석탑의 대표가 될 만하다. 국보 제48호이다.

석조보살좌상

팔각구층석탑을 향해 정중하게 오른쪽 무릎을 꿇고 왼쪽 무릎을 세운 자세로 두 손을 가슴에 끌어다모아 무엇인가를 들고 있는 모습인데, 연꽃 등을 봉양하고 있었을 것으로 짐작된다. 왼쪽 팔꿈치는 왼쪽 무릎에, 오른쪽 팔꿈치는 동자상에 얹고 있다. 동자상은 웃고 있는 모습이라고는 하나 마멸이 심해 동자상인지조차 알아보기 힘들다.

오대산의 천연기념물

동물:산양, 수달, 하늘다람쥐, 원앙이(오리과), 수리부엉이, 열목어
식물:금강초롱, 빼꾹나리, 당귀, 타래난초, 동의나물, 복수초(미나리아재비과)

 진부(하진부)에는 전국적으로 유명한 산채 전문 식당인 부일식당(T.033-335-7232)이 있다. 오대산에서 직접 채취한 수십 가지의 산나물과 잡곡밥이 이 집의 특징이다.
진부정류소 부근의 금호여관(T.033-335-9505)은 깨끗하고 편히 쉴 수 있는 곳이다.

오대산국립공원은 오대산 지구와 소금강 지구로 나뉜다.
비로봉 정상에서 볼 때 북대 너머의 청학산 쪽 소금강 지구는 바위산으로서 금강산에 견줄 만한 절경이며, 비로봉에서 평창 쪽으로 내려가는 오대산 지구는 부드러운 흙산으로 산수가 아름답고 문화유적이 많다.

 턱이 길고 둥글며 눈두덩이 두껍고 입가에는 살짝 미소를 짓고 있어 부드럽고 복스럽게 느껴진다. 머리 위의 보관에는 구멍이 세 군데 보이는데, 화려한 천의 장식으로 보아 보관에도 그 못지않은 장식이 있었을 것으로 여겨진다.

 보살상이 앉아 있는 좌대는 두 겹짜리 연꽃잎이 피어나는 모양의 연화대좌이다. 보살이 앉아 있는 위치는 한가운데가 아니라 오른쪽으로 치우쳐 있으며, 그 중심도 오른쪽으로 기울어 있다. 왼쪽 무릎을 세우고 정중하게 앉아 있는 형태를 보아 의도적인 것이 아닌가 싶다.

 법화경에 나오는 '약왕(藥王)보살상'이라고 하는 견해가 있으나 그 명칭에 대해서는 단정하기 어렵다. 전하는 이야기로는 자장율사가 팔각구층석탑을 조성할 때 함께 세웠다고 하나, 탑과 함께 고려 초기의 작품으로 추정된다.

사고터(영감사)

월정사 부도밭에서 약 2km 오르면 영감사라는 표지판이 나타난다. 여기서 약 1km 거리에 잡초가 무성한 빈터가 있다. 돌축대 앞에 '오대산 사고지(史庫址) 사적 제37호'라고 쓴 비석이 서 있다.

조선 선조 38년(1605) 임진왜란으로 인한 피해를 막기 위해 조정에서는 『조선왕조실록』을 여러 곳에 나누어 보관하였다. 삼재(三災)를 피할 수 있다는 명당인 이곳 오대산을 비롯해 묘향산, 태백산, 강화도 등에 사고(역사에 관한 기록 및 서적을 간직하는 창고)를 지었던 것이다. 임란의 병화를 피해 잘 운영되어왔으나, 결국에는 임진란을 일으킨 자들의 후예들에 의해 도둑을 맞게 된다. 바로 일제 때의 일이다. 오대산 사고에서 도둑 맞은 『조선왕조실록』은 동경대 도서관에 보관돼 있다가 1923년 관동대

지진 때 모두 불타버리고 말았다.

그나마 오대산 사고(선원보각)도 한국전쟁 때 불타버렸다. 사고터는 원래 영감사라는 절이었는데, 1961년에 한 비구니가 사고터 옆에 절을 짓고 사고사로 하였다가 옛 이름인 영감사로 고쳐 불렀다고 한다. 현재 영감사에는 원통전과 요사채가 있다.

한때 사명대사가 거처하기도 했다.

오대산 사고터
한국전쟁 때 국군이 작전상 불태워버린 후 빈터로 남아 있다가 1961년 사고터 옆으로 새 사찰(영감사)이 들어섰다.

자장율사

자장의 속명은 김선종(金善宗). 선덕여왕의 친족인 무림공의 아들로 일찍이 불가에 귀의하였다. 그의 아버지는 늦도록 자식이 없어 노심초사 끝에 천수천안(千手千眼) 관세음보살상 앞에 나가 '만약 자식을 낳으면 진리의 바다[法海]로 갈 수 있는 징검다리가 되게 하겠다'는 약조를 하였다. 그 뒤 어머니가 별이 떨어져 품안으로 들어오는 꿈을 꾸고서 자장을 얻었다. 바로 석가탄신일인 4월 8일이었다. 그러나 일찍이 부모를 여읜 그는 스스로 영광사를 만들어 출가했다.

자장이 출가하기 전, '태보'(台輔)라는 벼슬자리가 비어 있었는데 자장의 문벌이 그에 해당되므로 소환을 받았으나 자장은 번번이 거절하였다. 왕이 크

게 노해 취임을 않거든 참형하라 하였다. 이 말을 듣고도 자장은 '내 차라리 하루 계(戒)를 지키다가 죽을지언정 백년을 파계하고 살기를 원치 않는다'하며 완강히 거절하였다. 이 굳은 결의에 결국 왕도 한 걸음 물러나 그의 출가를 허락하였다.

선덕여왕 3년(636)에 당에 들어가 구법수도한 자장율사는 중국 오대산(청량산)에서 문수보살을 친견한 뒤 깨달음을 얻어 석가모니 진신사리와 장경(藏經) 일부를 가지고 돌아왔다.

자장이 서해로 배를 타고 돌아오는데, 한 신인(神人)이 나타나 "신라 황룡사의 호법룡은 내 아들이다. 본국으로 돌아가 그 절에다 구층탑을 건립하면 이웃 나라가 항복하고……"하며 일러주는 것이었다. 황룡사에 구층탑을 세워 호국 의지를 보인 자장은 이후 불교의 홍보를 통한 국민 교화와 불교 기반

확립에 힘을 기울였다.

국가와 불교를 위해 애써 노력한 자장은 만년에 이르러 서울(경주)을 떠나 강릉에 수다사(水多寺)를 짓고 오대산에 월정사를 세우기도 했다.

이어 문수보살의 계시로 갈반지(태백산)에 석남원(정암사)을 세웠다. 그러나 보잘것없는 늙은이로 변해 찾아온 문수보살을 알아보지 못하고, 자신의 아상(我相)에 낙망해 3년 뒤를 기약하고 몸은 남겨 둔 채 정신만 산으로 들어갔으나, 몸뚱이가 다비되는 바람에 현실로 돌아오지 못했다는 이야기가 전한다. 설화의 내용이 어디까지 사실인지 알 수 없으며, 자장의 입적 연대 또한 알려진 바 없다

현재 국립중앙박물관에 소장돼 있는 한송사터 석조보살좌상, 그리고 신복사터 석불좌상이 이 석조보살좌상과 매우 흡사한 양식을 보이고 있다.

머리에 보관을 쓴 공양보살상들은 라마교에서 흔히 보이는 양식인데, 강원도 일대에서 집중적으로 발견되는 것은 매우 기이한 일이다. 그러나 라마교 양식이 혼합된 불교가 강원도 일대에 수입되었는지는 밝혀지지 않고 있다. 신복사터 석불좌상의 조각 기법은 활달하고 자연스러우며, 입가에 감도는 고졸한 미소도 월정사 석조보살좌상을 앞지른다.

높이가 약 1.5m이며, 보물 제138호로 지정돼 있다.

상원사

평창군 진부면 동산리에 있다. 월정사에서 446번 지방도를 타고 오대산 안쪽으로 8.5km 더 들어가면 상원사에 이른다. 월정사를 조금 지나면서부터는 비포장도로이다. 절 입구에는 넓은 주차장이 있고 가게도 있으나 숙식할 곳은 없다.
월정사와 상원사 사이에 있는 오대산장이나 청학산장에서 숙박이 가능하며, 오대산 야영장에서 야영하는 것도 하나의 방법이다.
진부에서 상원사까지는 버스가 하루 8회 다닌다(상원사─월정사─진부: 09:30,

월정사에서 산속으로 더 깊숙히 올라 비로봉 동남 기슭에 자리 잡은 상원사는 현재 월정사의 말사로 있으나, 국내에서 유일하게 문수보살상을 모시고 있는 문수신앙의 중심지이다.

기록에 의하면 보천, 효명 두 신라 왕자가 중대 지로봉에서 1만 문수보살을 친견하였다고 하며, 왕위에 오른 효명태자(성덕왕)가 재위 4년만인 705년 지금의 상원사터에 진여원(眞如院)을 창건함과 동시에 문수보살상을 봉안하였고, 이어 725년 동종을 주조하였다.

조선의 7대 임금인 세조가 이곳에서 기도하던 중 문수보살을 만나 불치의 병을 고쳤다는 이야기는 매우 유명하다. 세조는 친히 권선문을 작

성하고 진여원을 확장하였으며, 이름을 '상원사'(上院寺)라 바꾸고 원찰(願刹)로 정하여 문수동자상을 봉안했다.

이후 몇 차례 중창되다가 1907년 수월화상이 방장으로 있을 때 크게 선풍을 떨쳤으며, 1951년 입적한 방한암 스님이 30여 년 동안 이곳에서 지냈다. 방한암스님이 한국전쟁 때 병화로부터 상원사를 지켜낸 일화 또한 매우 유명하다. 방한암의 제자인 탄허스님도 강원도 일대에 이름난 분이다.

상원사에서 제일 먼저 보게 되는 것은 '관대걸이'이다. 상원사 입구 매점 옆, 철책으로 둘러싸인 버섯 모양의 비석이 그것이다. 상원사에 참배차 행차하던 세조가 목욕할 때 의관을 걸었던 곳으로 '갓거리'(갓걸이)라고도 부른다.

시멘트로 포장된 삭막한 절 들목이 다소 정겨워지는 것은 관대걸이에서부터 시작되는 숲길과 나무 이름 안내 때문이다.

"……관대걸이라 하며, 주변 나무는 소나무과의 낙엽침엽교목, 일명 잎깔나무라고 부르며 백두산 중턱에 서식하고 있는 수목으로서 수령을 약 100년으로 보고 있다.……" 관대걸이 뒤쪽에 서 있는, 눈에 띄게 큰 나무에 대한 안내문이다. 그런 친절은 길 양옆에 서 있는 갖가지 나무에게로 이어진다. 당느릅나무, 까치박달나무, 물푸레나무, 산벚나무, 산서어나무, 계수나무, 함박꽃나무, 잣나무, 옴나무 등등. 오대산은 역시 우리 나라에서 몇 손가락 안에 꼽히는 천연 수림 지역이구나 하는 감탄보다도, 나무도 이름이 있는 생명으로 여기는 분네들의 정성이 더 크게 느껴진다.

축대 위에 우뚝 자리 잡고 있는 상원사는 우람하게 올려다보이는데, 오른쪽 동산 양지 바른 곳에 부도 몇 기가 나란히 서 있다. 방한암스님, 탄허스님, 그리고 방한암스님을 모셨던 의찬스님의 부도이다. 속세의 인연을 끊는 것이 불가의 법도라고 하지만 생전 함께 지내셨을 세 분 스님의 기념비들이 가족 묘소같이 따뜻하게 느껴진다. 아쉬운 것은 근현대 불교계를 빛낸 선승들의 부도가 크기만 컸지 조악한 조각 솜씨로 지어져 스님들의 풍모가 드러나지 못하고 있다는 점이다.

절로 들어서면 왼편으로 우리 나라에서 가장 오래 된 동종이 있다. 국

10:30, 11:30, 12:30, 14:00, 15:20, 16:20, 17:20).

관대걸이
세조가 상원사에 참배하러 오면서 목욕을 할 때 여기에다 의관을 걸었다고 하며, 갓거리라고도 부른다.

오대산 등산코스
관대걸이→상원사→적멸보궁→비로봉→상왕봉→북대사→상원사 (12.5km, 약 5시간 코스)
연화교→동대사→두루봉→상왕봉→비로봉→호령봉→연화교(30km, 약 12시간 코스)
진고개→노인봉→만물상→소금강 (14km 약 8시간 코스)

오대산 신앙

오대산은 신라 시대 불교 성지로 크게 추앙받았다. 오대산을 진성(眞聖)이 거주하는 곳으로 여긴 최초의 인물은 자장율사이다.

당나라에 가서 불법을 닦고 온 자장율사는 중국 오대산에서 노승으로 나타난 문수보살을 친견하고 "그대 나라의 동북쪽 명주땅 오대산에 1만의 문수보살이 늘 머물고 있으니 뵙도록 하라"는 깨우침을 받고 돌아온다. 그러나 자장은 끝내 문수보살을 만나지 못한다.

문수보살이 머문다는 중국의 오대산(청량산)은 보현보살이 상주한다는 아미산, 관음보살이 상주한다는 보타낙가산과 더불어 중국 3대 영산 중의 하나이다. 중국의 오대산 신앙은 자장율사에 의해 우리 나라에 소개돼 강원도 오대산이 성지로 받들어지고, 이후 신라의 보천태자에 이르러서는 오대의 각 대마다 다섯 성(聖)이 거주하고 있다는 오류성중(五類聖衆)으로 더욱 신비화되고 장엄해진다.

신라 효소왕 때인 658년 신문왕의 아들인 보천과 효명 두 태자는 속세의 뜻을 버리고 오대산에 들어가 각기 암자를 짓고 수행하다가 오대로 참배를 하러 올라갔다. 이때 동대에서는 1만 관세음보살이, 남대에서는 1만 지장보살이, 서대에서는 1만 대세지보살이, 북대에서는 1만 미륵보살이, 중대에서는 1만 문수보살이 나타났기에 이 5만 진신에게 일일이 참례를 하였다고 한다.

이처럼 자장율사가 중국 오대산에서 문수보살을 친견했다는 이야기나, 귀국 후 문수보살을 만나지는 못했지만 친견하려고 애썼던 이야기들을 통해 당시 신라의 불도들이 신라가 곧 불국토라는 화엄불국사상을 정착시키려 노력했음을 알게 된다. 당시 삼국 통일의 꿈을 갖고 있던 신라는 취약 지역인 북방으로 진출하면서 전략적인 근거지가 필요했을 터인데, 자장이 들여온 오대산 신앙은 그런 측면에서 국토 경영의 성격 또한 지니고 있었던 것이다.

영산전 앞 석탑의 몸돌 부분
영산전 앞에는 심하게 파손되어 그 크기도 알 수 없는 작은 석탑 하나가 있다. 지붕돌에는 연화문이 조각되어 있고, 몸돌 곳곳에는 귀여운 모습의 부처님이 조각되어 있다.

립경주박물관에 있는 성덕대왕신종보다 45년이나 더 앞서 있으며, 몸통에 새겨진 비천상은 날아오를 듯 경쾌하다. 조각이 매우 빼어나 들고 있는 악기인 공후와 생에서 아름다운 천계(天界)의 소리가 울려나오는 듯하다. 그러나 감옥처럼 지어진 보호각 때문에 아름다운 동종의 처지가 매우 불쌍하게 느껴진다. 바로 옆에는 똑같은 크기와 모양으로 종을 만들어 걸어놓았다.

절 중심에 위치해 있는 청량선원에는 문수동자상이 모셔져 있다. 세조와 관련이 깊은 문수동자상임은 물론이다. 전설도 재미있지만 단아하면서도 늘씬하고, 화려하면서도 우아한 문수동자상은 조선 초기 조각의 걸작이라 할 만하다. 선원 정면 계단 왼쪽에는 세조의 목숨을 구해주었다는 고양이를 기려 만든 고양이 석상이 앉아 있다. 청량선원이라는 이

름은 오대산을 청량산이라고도 부르는 데서 연유한다.

비로봉 아래에 있는 적멸보궁에 진신사리를 모시고 있기에 대웅전은
따로 없고 대신 영산전이 있다. 영산전 앞에 유래나 건립 연대를 알 수
없는 석탑이 서 있는데, 상당히 오래 된 것으로 온전한 탑은 아니지만(몸
돌, 지붕돌, 기단 어느 부분 하나도 제대로 남아 있지 않다), 몸돌 4면
에 각기 셋 또는 넷씩 부처가 조각되어 있고, 기단부 위치에 놓여진 지
붕돌에도 연화문이 새겨져 있어 매우 화려하게 느껴진다. 하얀 몸체가
햇빛을 받을 때면 조각이 더욱 도드라져 부처의 표정이 살아난다.

영산전 앞에서 바라보는 산중 풍경은 깊은 산줄기가 모두 이곳에서
비롯되고 또 이곳으로 모이는 듯 신비하고, 쨍쨍한 햇볕을 받으며 당당
하게 자리 잡고 있는 언덕의 부도밭이 눈부시다. 경내의 기념품 판매점
은 아직도 너와지붕을 이고 있어 강원도 산골 냄새를 짙게 풍긴다.

상원사 동종

신라 성덕왕 24년(725)에 만든 우리 나라에서 가장 오래 된 동종이다.

성덕대왕신종보다 45년이나 앞선다. 높이 1.67m. 종 입구가 91cm이
다. 몸체에 있는 당초문이나 비천상 조각이 빼어난 것은 물론이거니와
종소리가 어디 비할 데 없이 낭랑하다. 그러나 현장에서 종소리를 듣기
는 어렵다. 종을 보호하기 위해 타종을 금하고 있기 때문이다.

　종신의 상대와 하대에는 화려한 당초문이 새겨져 있고, 종신에 조각
된 비천상은 악기(공후와 생)를 연주하며 곧 하늘로 솟아오를 듯 경쾌
하다. 아니 이미 천계를 날고 있는 듯 천의 자락 휘날리는 모습이 당당
하고 건강하다.

상원사 동종의 각부 명칭

음관
용뉴
상대
종유
유곽
비천상
당좌
하대

상원사 동종의 비천상
천상에서부터 악기를 연주하며 내려왔다
가 다시 솟구치는 모습이 박진감 있고 경
쾌해 보인다.

비천상 사이에 당좌가 두 곳 있는데, 당좌는 8엽의 연판으로 장식하고 다시 연주문대와 당초문을 돌렸다.

종신 위에는 원통형의 음관과 용뉴가 있다. 음관은 위아래를 셋으로 나누어 갖가지 연화와 당초문을 장식하였다. 용은 음관에 몸을 붙인 형

상원사 동종

어느 해 겨울 눈이 강산처럼 쌓인 달 밝은 하룻밤을 오대산 상원사에서 지낸 일이 있었다. 새 소리 물 소리도 그치고 바람도 일지 않는 한밤 내내 나는 산 소리도 바람 소리도 아닌 고요의 소리에 귓전을 씻으면서 새벽 종소리를 기다렸다. 웅장한 소리 같으면서도 맑고 고운 첫 울림이 오대산 깊은 골짜기와 숲 속의 적막을 깨뜨리자 길고 긴 여운이 뒤를 이었다. 어찌 생각하면 슬픈 것 같기도 하고 어찌 생각하면 간절한 마음 같기도 한 너무나 고운 소리였다. 이렇게 청정한 종소리를 아침 저녁으로 들으면서 이 절의 스님들은 선(禪)의 아름다움과 즐거움을 가다듬고 또 어지러워지려는 마음속을 씻어내는지도 모른다. (최순우, 「상원사 동종」, 『최순우 전집』 2, 학고재, 1992)

상인데. 머리를 크게 만들었으며 발톱이나 비늘 등의 조각이 살아 움직이는 것처럼 매우 힘차다.

위쪽에 4개의 유곽이 있으며, 하나의 유곽 안에는 9개의 종유가 있다. 종유 좌우에는 종의 이름과 조성 연대를 적어놓았다.

원래 어느 절에 있던 종인지는 알 수 없으나, 세조가 상원사에 바치려고 전국을 수소문하여 가장 아름다운 소리를 내는 종을 골라내었는데, 그것이 바로 안동 누문에 있던 종이었다. 이것을 1469년 현재의 상원사로 옮겼다고 한다. 신기한 일은 안동 누문에 걸려 있던 종이 꼼짝도 하지 않아 종유 하나를 떼어내니 비로소 움직였다는 것이다. 전설을 입증하듯 지금도 유곽 안에 종유 하나가 없다.

이 종은 조각 장식이 매우 아름다운 것은 물론, 종소리도 매우 좋아 통일신라 시대의 우수 작품으로 꼽힌다. 국보 제36호로 지정돼 있다.

한국전쟁 때 불에 타 녹아 없어질 뻔한 위기를 겪었으나 30년 동안 상원사 문밖 출입을 않고 수행 정진하던 방한암스님의 굳은 의지에 힘입어 월정사에 있던 선림원터 동종과 같은 불행은 면하게 되었다.

문수동자상

세조가 직접 보았다고 하는 문수동자의 모습을 조각한 목조좌상으로 상원사에서 가장 중요한 예불의 대상이 되고 있다. 어린아이 같은 앳된 얼굴에 중국 인형처럼 머리카락을 둥글게 말아 묶어 머리 양쪽에 고정시킨 모양을 하고 있다. 가슴의 목걸이 장식이 화려하다.

1984년 7월 21일 문화재로 지정하기 위해 기초 조사를 하던 중 문수동자상 속에서 부처의 진신사리, 세조의 둘째 딸 의숙공주가 왕세자의 만수무강과 아버지의 쾌유를 빈 기원문, 세조가 입었던 옷으로 보이는 저고리 두 점, 그리고 다라니 및 불경 13권이 발견되었다. 의숙공주의 기원문에 "이 복장 유물들을 세조 12년(1466) 2월에 사리와 함께 봉안하였다"는 내용이 적혀 있다.

문수동자상은 국보 제221호이며, 문수동자상 복장 유물은 보물 제793호로 지정돼 있다. 세조 어의를 비롯한 각종 복장 유물은 청량선원내의 유리 보호각 안에 진열돼 있다.

상원사 중창권선문

세조 10년(1464)에 그가 상원사를 중창하기 위해 쓴 친필 어첩 두 권
을 말한다. 한 권에는 상원사를 중창하게 된 연유를 밝히고 있는데, 한
문과 함께 훈민정음체로 된 한글 번역문이 실려 있다. 다른 한 권에는 세
조와 의숙공주의 친필 및 옥새인이 남아 있고, 효령대군과 정인지, 한명
회 등 여러 대신들의 친필도 있다.

　한글로 된 기록 중 판각이나 활자본이 아닌 먹과 붓으로 쓴 기록으로
서 가장 오래 된 문서이며, 초기 한글 서체를 연구하는 데 귀중한 자료

상원사 중창권선문
세조가 상원사를 중창하기 위해 쓴 친필 어첩 두 권으로, 초기 한글 서체를 연구하는 데 매우 귀중한 자료가 되고 있다.

가 되고 있다. 또한 왕가에서 직접 사찰에 보낸 중요 문서이기도 하다. 보물 제140호로 지정돼 있으며 월정사에서 보관하고 있다.

상원사에 얽힌 세조 일화

세조, 문수보살을 친견하다

세조는 영험하기로 이름난 상원사에 기도를 드리고자 오대산을 찾아와 먼저 월정사를 참배하고 상원사로 향했다. 도중에 더위를 식히고자 신하들을 물리치고 청량한 계곡물에 몸을 담갔다. 그때 마침 동자승이 지나가기에 등을 씻어달라는 부탁을 하였다. 시원스레 등을 씻는 동자승에게 세조는 "임금의 옥체를 씻었다고 말하지 말라" 하였다. 그러자 동자는 한 술 더 떠서 "대왕도 문수보살을 보았다고 말하지 말라" 하고서는 홀연히 사라졌다. 혼미해진 정신을 가다듬은 세조가 몸을 살피자 종기가 씻은 듯 나았다.

세조의 목숨을 구한 고양이

상원사에서 병을 고친 세조는 이듬해 다시 상원사를 참배하였다. 예배를 하러 법당에 들어가는데, 별안간 고양이 한 마리가 튀어나와 세조의 옷을 잡아당기면서 못 들어가게 막았다. 퍼뜩 이상한 예감이 든 세조는 법당 안을 샅샅이 뒤지게 했다. 과연 불상을 모신 탁자 밑에 칼을 품은 자객이 숨어 있었다. 자객을 끌어내 참수한 세조는 자신의 목숨을 건진 고양이에게 전답을 하사하였다. 상원사 뜰에 있는 고양이 석상은 이와 같은 고사와 관련된 것이다.

고양이 석상
세조는 자객으로부터 자신의 목숨을 구해준 고양이를 위해 석상을 만들고 전답까지 내렸다고 한다.

방한암스님

경허, 만공, 수월과 함께 근세에 선풍을 크게 이룬 방한암스님(1876~1951년)이 상원사를 지킨 일화는 널리 알려져 있다.

한국전쟁이 치열할 즈음 산속의 절이 군사 거점이 된다 하여 월정사와 상원사의 소각 명령을 받은 군인들이 월정사를 불태우고 상원사에 이르니 노스님이 혼자서 절을 지키고 있었다. 불을 놓을 터이니 비키시라 하자 방한암스님이 "그렇다면 이 법당과 함께 불에 타서 소신(燒身) 공양을 하겠노라"며 움직이지 않았다. 스님의 굳은 의지에 군인들도 감화를 받고 한걸음 물러났지만, 상부의 명령이었기에 불복종할 수는 없어 절의 문짝만 떼어내 불살라 절이 불에 타는 것처럼 보이게 했다는 것이다.

일본이 태평양전쟁을 일으켰을 때에는 스님을 존경하던 조선 총독이 찾아와 전쟁의 승패를 물었는데 "정의로운 자가 이길 것"이라 의연히 답하기도 하였다.

방한암스님은 1876년 강원도 화천에서 태어났다. 본명은 중원(重遠). 스물둘 되던 해 금강산 유람중에 출가 결심을 하였다. 기암절벽의 경승과 운치 속에서 강렬한 종교적 감흥을 받고 입산한 뒤, 보조국사의 『수심결』(修心訣)을 읽고 큰 깨달음을 얻었다.

"만일 마음 밖에 부처가 있고 자성(自性) 밖에 법이 있다는 생각에 집착하여 불도를 구하고자 한다면, 티끌처럼 많은 겁을 몸을 태워 기도하는 고행을 하고 팔만대장경을 모조리 독송한다 하더라도, 이는 마치 모래를 쪄서 밥을 지으려는 것과 같아 오히려 수고로움만 더할 뿐이다."

스물넷 되던 해에는 경북 성주 청암사 수도암에서 우리 나라 불교계의 중흥조(中興祖)라고 불리는 경허스님을 만났다. "무릇 형상이 있는 것이 모두 허망한 것이니, 만일 형상이 있는 것이 형상 있는 것이 아님을 알면 곧 여래를 볼지라" 하는 경허스님의 말씀을 듣고 방한암스님은 다시 깨우침을 얻어, 듣는 것이나 보는 것이 모두 자기 자신이 아님이 없었다.

쉰 살이 되던 해 봉은사의 주지를 지낼 때에는 "차라리 천고(千古)에 자취를 감추는 학이 될지언정 상춘(常春)에 말 잘하는 앵무새의 재주는 배우지 않겠노라"는 말을 남기고 오대산을 찾았다. 그 뒤 76세의 나이로 입적할 때까지 27년 동안 오대산 동구 밖을 떠나지 않았다.

이렇듯 이 땅의 뛰어난 선사였던 방한암스님이 야마가와 주켄(山川重遠)이라는 이름으로 창씨 개명을 하였던 것은 매우 불행한 일이 아닐 수 없다. 1941년 총독부가 조선불교 조계종 총본사 설립을 공식 인가한 뒤 방한암스님이 초대 종정으로 취임하였는데, 『신불교』 제31집에 사진과 함께 그 이름이 대외적으로 공포된 것이다. 27년 동안이나 동구 밖으로 나가지도 않았던 그가 직접 창씨 개명을 했다던가 또는 친일성의 글을 직접 발표했는지는 의문이지만, 비록 그것이 휘하의 인물에 의해 저질러진 일이라 할지라도 그 오명을 지울 수는 없게 되었다.

오대산 중대 사자암에는 방한암스님이 꽂아놓은 지팡이가 있다. "이 지팡이가 사는 날 내가 다시 살아오리라" 하였는데, 지금은 그 지팡이에 가지가 돋고 잎이 피어 훌륭한 단풍나무로 자라고 있다.

상원사 부도밭 상원사 아래 양지 바른 곳에 방한암스님의 부도 및 그의 제자 탄허와 의찬 스님의 부도가 있다.

적멸보궁

평창군 진부면 동산리에 있다. 상원사 경내 기념품 판매소 뒤로 난 길을 따라 1.4km를 걸어 올라가야 한다. 적멸보궁에서 조금 더 오르면 오대산 정상 비로봉까지도 갈 수 있다. 교통편 및 숙식은 상원사와 같다.

상원사에서 적멸보궁 오르는 길로 접어들면 1.4km라는 안내판이 나선다. 해발 1,190m, 40여 분이 걸리는 산행이다. 그러나 실제보다 훨씬 더 멀게 느껴진다. 돌계단과 흙길이 번갈아가며 나타나고 산사면을 오르는지라 왼쪽으로만 시야가 트인다. 길 양옆으로는 낮게 앉은 산죽과 이름표를 단 갖가지 나무들이 있어 길을 갈수록 훨씬 마음이 풍성해진다. 그렇게 오르는 산길은 힘들래야 힘들 수가 없다.

　적멸보궁에 오르기 전 중대 사자암이 먼저 나선다. 적멸보궁은 선덕여왕 12년(643)에 지어졌고 중대 사자암은 2년 뒤 월정사와 함께 창건되었다. 방한암선사가 사용하던 지팡이가 단풍나무로 무성히 자라고 있으며, 2000년까지 계획된 중창 불사가 한창이다. 가뿐 숨을 여기서 가다듬고 다시 적멸보궁으로 향한다.

　여기서부터는 부드러운 흙길이 이어지고 이따금 나무 등걸 의자가 놓여 있어 깊은 산골이 아니라 동네 뒷산 약수터에 가는 걸음처럼 마음이

오대산 적멸보궁
오대산의 중심이 되는 비로봉의 중턱, 시야가 탁 트인 명당터에 적멸보궁을 세웠다.

한결 가볍다. 길 왼쪽으로 나무 뚜껑이 덮여 있는 '용안수'라는 조그만 우물이 있다. 적멸보궁이 풍수지리상 용머리에 위치하고, 이 우물은 그 왼쪽에 있다고 하여 용안수라 하였다. 이 물은 계곡을 따라 내려가 오대천을 만나고 한강에 닿게 된다.

사리탑비
적멸보궁 뒤에는 진신사리를 모셨다는 증표로 작은 탑 모양을 새긴 비석을 세웠다.

상원사 적멸보궁은 우리 나라 5대 적멸보궁의 하나로 자장율사가 당나라에서 가져온 부처님의 정골사리를 모신 곳이다. 정면 3칸 측면 2칸의 전각이 서 있는데, 전각 안의 좌대에는 붉은색 방석만이 놓여 있을 뿐 불상이 없다. 전각 뒤쪽 작은 언덕에 부처의 정골사리를 모셨기 때문이다. 부처의 진신이 계신데 불상을 모셔둘 까닭이 없는 것이다. 건물 뒤쪽 석단을 쌓은 자리에는 50cm 정도 크기의 작은 탑이 새겨진 비석이 서 있다. 이것은 진신사리가 있다는 '세존진신탑묘'이다.

우리 나라에는 불사리를 모신 적멸보궁이 여러 곳 있지만, 양산 통도사, 오대산 상원사, 태백산 정암사, 영월 법흥사, 설악산 봉정암의 적멸보궁을 가리켜 5대 적멸보궁이라 부른다.

오대산 중심 줄기인 비로봉 아래 용머리에 해당하는 이 자리는 조선 영조 때 어사 박문수가 명당이라 감탄해 마지않은 터이다. 팔도를 관찰하던 중 일찍이 오대산에 올라온 박문수는 이곳을 보고 "승도들이 좋은 기와집에서 일도 않고 남의 공양만 편히 받아 먹고 사는 이유를 이제야 알겠다"고 했다. 이런 둘도 없는 명당에 조상을 모셨으니 후손이 잘되지 않을 수 없다는 이야기겠다. 승도들의 조상 묘라면 적멸보궁이 아니겠는가.

적멸보궁은 산중 고원에 자리 잡고 있어 하늘 가까이 다가선 느낌이 짙다. 바람에 밀리는 구름이 햇빛에 자리를 내주며 볕과 그늘을 번갈아 만드는 변화가 재미나다. 북쪽으로 더 높은 비로봉이 보일 뿐 시야는 탁 트여 사방으로 부드러운 육산이 잦아지는 모습을 볼 수 있다.

방아다리 약수

평창군 진부면 척천리에 있다. 진부에서 6번 국도를 타고 오대산 국립공원 쪽으로 3km(상진부교차로에서는 1.8km) 가면 가우동삼거리에 닿게 된다. 삼거리 가게 앞에서 좌회전해 183번 군도로를 따라 10.1km 가면 약수터 입구다.
두일리 두일국교 지나 약수터에 이르는 3.8km 구간은 비포장도로이다. 진부에서 방아다리까지는 왕복 4회 버스가 다닌다(진부→방아다리 약수: 08:40, 11:00, 13:00, 16:10, 방아다리 약수→진부: 09:40, 11:40, 14:00, 16:40).
입구에는 대형버스도 주차할 수 있는 공간이 있으며, 약수터 주변에는 방아다리 약수산장이 있다. 그밖에 숙식할 곳은 없다.

입장료
어른 1,600(1,400)·군인과 청소년 600(500)·어린이 300(250)원, 괄호 안은 30인 이상 단체
방아다리 약수 관리사무소 T. 033-336-3145

진부에서 월정사 쪽으로 방향을 잡고 가다보면 방아다리 약수를 알리는 표지판이 나온다. 여기서 월정사 길을 버리고 방아다리 약수 쪽으로 들어서면 높고 평평한 오대산의 능선이 펼쳐진다. 길 양쪽으로는 집이 한 채씩 드문드문 나타난다. 그리고 집 앞에는 대개 돌 무더기가 군데군데 놓인 너른 밭이 보인다. 강원 지방에서 쉽게 눈에 띄는 풍경인데, 화전의 흔적이다. 운이 닿으면 옅은 분홍색 꽃을 흐드러지게 피우는 산벚꽃나무 아래서 소 쟁기를 끄는 노인네의 모습을 풍경화처럼 만날 수도 있다.

오대산국립공원의 남쪽 끝에 자리 잡은 방아다리 약수는 조선 숙종 때 발견되었으며 속병에 특효가 있는 것으로 이름 나 있다. 철분과 탄산이 주성분인 물맛은 붉은 녹을 사이다에 탄 것처럼 입에 와닿는 맛이 찝찔하다. 샘 안에서는 보글보글 물방울이 오르고, 샘 주변의 돌들은 붉은 녹물이 짙게 배어 있다. 그만큼 탄산과 철분이 많다는 증표인 셈이다.

방아다리 약수가 다른 약수터와 구별되는 특징은 용당과 산신각을 세워놓았다는 점이다. 각각 용신과 산신의 초상이 모셔진 당우는 매우 작고 앙증맞다. 화려한 단청이 없이 자연스러운 나무의 색과 결이 그대로 드러나는 당우가 더 신성이 짙고 영험해 뵌다.

매표소에서 약수까지 이어지는 약 300m의 전나무 숲길은 오염되지 않은 신선한 공기가 특유의 청정한 냄새를 풍긴다. 방아다리 약수가 있는 주변 산림은 식당과 숙박 시설, 매점, 기도실 등 기타 시설물이 있는 산림욕장이기도 하다. 산림욕장은 녹음이 짙어 한여름에도 서늘한 기운이 감돈다.

공기 좋고 물이 좋아 건강을 생각하는 사람에게는 더할 나위 없이 좋은 답사코스이다. 하나 일요일과 휴일은 피하는 것이 좋다. 매표소 아

방아다리 약수터
전나무가 우거진 약수터 옆으로 옹당과
산신각이 있다.

방아다리 약수터로 가는 길
에는 물통을 파는 가게들이 많은데, 간혹
인체에 유해한 플라스틱통도 있으므로 살
때는 물통 전용인지를 확인해보아야 한다.
약수터 안에 있는 방아다리산장(033-
335-7480)에서는 안전한 물통을 판
매하며 숙식을 할 수도 있다. 약수터 가
는 도중에 있는 두일교 옆 두일막국수집
(033-335-8414)은 지나면서 들러볼
만한 맛집이다.

저씨 말씀에 의하면 사오백 명이 물통을 들고 몰려 줄싸움을 할 정도라
고 한다.

　방아다리라는 이름은 이곳이 어느 화전민이 디딜방아를 놓고 살던 곳
이었는데, 곡식을 찧던 어느 날 암반이 파인 곳에서 약수가 솟아오르기
시작해 붙여졌다고 한다.

코스 2 정선

궁벽한 산간의 삶 달래준 아라리

태백산맥 가운데에 자리 잡고 있는 정선은 사방으로 산이 겹겹 넘쳐난다. 중봉산, 문래산, 가리왕산, 청옥산, 예미산, 백운산, 함백산, 노추산, 석병산, 박지산, 민둔산, 고양산 등 1,000m가 넘는 산만도 수두룩하다. 여러 산에서 흘러 내린 수많은 갈래의 물줄기가 조양강을 이루고, 조양강은 다시 서쪽으로 흘러 남한강의 상류 줄기가 된다.

이렇듯 산과 물이 풍부한 정선의 자연 환경은 일찍부터 정선만의 독특한 삶과 문화를 만들어내는 바탕이 되었다. 정선읍, 신동읍, 사북읍, 고한읍과 북면, 북평면, 임계면, 동면, 남면 등 9개 읍면이 있고, 우리 나라에서 가장 넓은 땅을 가진 군(1,200km²)이지만, 인구는 서울의 웬만한 동 하나에도 미치지 못하는 8만 명 정도이다. 겹겹이 펼쳐지는 첩첩산중이 외지인에게는 천혜의 자연 경관으로 비쳐지지만, 그만큼 살기 쉽지 않은 곳이라는 이야기도 된다.

고려 때 문장가 곽충룡은 첩첩산중 정선땅을 일러 "일백 번 굽이쳐 흐르는 냇물이요, 천층(千層)으로 층계가 된 절벽이로다" 하였고, 정선에 벼슬 살러 오던 성현이란 이는 정선땅의 험함을 "피곤한 말이 실같이 가는 길을 뚫고 가기를 근심하니 어지러운 산봉우리들이 높고 깎아지른 듯하여 겹으로 된 성(城)과 같다"고 표현했다.

정선의 역사는 구석기 시대까지 거슬러 올라간다. 고구려 때에는 남쪽의 변방 잉매현이었고, 삼국 통일 뒤 정선이라는 이름으로 명주군에 소속되었다. 고려 때 삼봉, 주진, 도원, 침봉 등으로 여러 차례 이름이 바뀐 내력이 있고, 조선 초기 창업을 반대한 고려의 충신들이 숨어든 오지였다. 조선에 이르러 정선이라는 이름을 되찾았으며, 경복궁을 지을 때는 태백산맥 깊은 곳의 목재를 남한강 물길 따라 서울로 운반하던 뗏목터로 이름을 떨쳤다. 이는 정선의 자랑거리인 아라리의 내력과 큰 관련이 있다.

해방 뒤에는 1948년 함백광업소가 신동에 들어선 것을 시작으로 해서 탄광 개발이 이루어지게 되었다. 남북 분단으로 더 이상 북한의 지하 자원을 쓸 수 없게 되자 이곳이 주목받게 된 것이다. 1957년 제천과 영월을 잇는 철도가 정선까지 이어

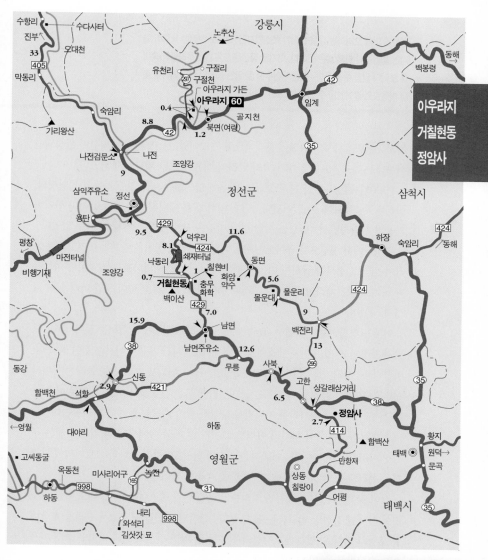

이우라지 나룻배

영동고속도로 하진부교차로에서 405번 지방도를 이용해 정선으로 갈 수 있으며,
평창에서 42번 국도를 타고 비행기재 밑으로 난 마전터널을 지나 정선으로
갈 수도 있다. 영월, 태백, 동해 등지에서는 국도와 지방도를 타고 갈 수 있다.
고속버스와 시외버스가 서울, 강릉, 태백, 영월, 진부 등 여러 지역과 연결되어
있으며, 태백·정선선 기차도 여러 차례 다닌다. 정선 읍내에는 숙박할 곳이 많이
있으나 여량이나 고한, 사북에는 드문 편이다.

정선에 이제 오지라는 말을 붙이기 쑥스럽지만, 그래도 여간한 노력이 아니면 발걸음이 쉽지 않은 곳이다. 하지만 정선을 모르고서 우리땅의 속내를 보았다 말할 수 있을까? 정선의 산수를 잘 알면 정선의 삶과 가락을 좀더 마음으로 끌어안을 수 있을 터이다.

지자 1959년 사북의 탄전이 본격적으로 개발되었고, 1974년 태백선이 완성되면서부터는 사북, 고한 일대가 우리 나라의 대표적 석탄 채광지가 되었다.

1980년에는 부당한 근로 조건과 대우에 항의하는 탄광 노동자들의 집단쟁의, 이른바 '사북사태'가 일어났다. 이후 여러 대체 에너지원의 개발로 석탄 산업이 기울기 시작하면서, 탄광 도시 정선의 발전은 크게 뒷걸음 치지 않을 수 없었다.

평창군에서 정선으로 들어오는 유일한 관문이었던 정선읍 광하리 마전고개는 굴곡이 심하고 경사가 급하여 마치 비행기에서 아래를 내려다보는 것같이 까마득하다 하여 비행기재라고 불렸다. 그러나 비행기재 밑으로 터널이 생긴 이래 길이 끊기게 되었다.

이제는 평창군 하진부에서 405번 지방도를 타고 정선에 들어서는 것이 좋다. 도로가 포장된 지 얼마 안돼 깨끗하고 무엇보다도 1시간 가량 이어지는 길이 썩 좋다. 마평리, 수항리, 화의리, 막동리, 숙암리……, 어디를 지나도 눈 돌리는 곳마다 천변경승이다. 맑은 물이 흐르는 오대천변에 붉은 진달래가 피고 그 위로 아주 오래 전부터 그렇게 제자리를 지켜왔을 울창한 숲이 계곡길을 계속 따라붙는다.

박재된 문화유산이 아니라 아직도 그치지 않고 삶 속에서 흥과 위로가 되는 구성진 아라리의 고향 여량, 아름다운 산수와 탄광. 탄광촌 고한의 끄트머리에 자리잡은 신라의 고찰 정암사는 그 척박함을 녹녹히 끌어안는다.

길이 잘 닦여 있어 이제는 오지라는 말을 붙이기 쑥스럽지만, 그래도 여간한 노력이 아니면 정선땅 발걸음은 쉽지 않다. 하지만 정선을 모르고서 우리땅의 속내를 보았다 말할 수 있을까? 정선의 산수를 잘 알면 정선의 삶과 가락을 좀더 마음으로 끌어안을 수 있을 터이다.

아우라지 술집

이동순

그해 여름 아우라지 술집 토방에서
우리는 경월(鏡月)소주를 마셨다 구운 피라미를
씹으며 내다보는 창 밖에 종일 장마비는 내리고
깜깜한 어둠에 잠긴 조양강에서
남북 물줄기들이 서로 어울리는 소리가 들려왔다
수염이 생선가시같이 억센
뱃사공 영감의 구성진 정선아라리를 들으며
우리는 물길 따라 무수히 흘러간
그의 고단한 생애를 되질해내고 있었다

── 사발그릇 깨어지면 두세 쪽이 나지만
── 삼팔선 깨어지면 한덩어리로 뭉치지요

한순간 노랫소리가 아주 고요히
강나루 쪽으로 반짝이며 떠가는 것을 우리는 보았다
흐릿한 십촉 전등 아래 깊어가는 밤
쓴 소주에 취한 눈을 반쯤 감으면
물 아우라지고
우리 나라도 얼떨결에 아우라져버리는
강원도 여량(餘糧)땅 아우라지 술집

아우라지

정선군 북면 여량리에 있다. 정선읍에서 여량까지는 42번 국도를 따라 약 19km 정도 가야 한다.

진부(하진부교차로)에서는 405번 지방도를 타고 가야 하는데, 정선 쪽으로 33km 정도 가면 정선선 철길 밑을 지나 나전검문소가 나온다. 여기서 좌회전해 42번 국도를 따라 약 10km 가량 가면 북면 여량리이다.

여량 못미처 다리 앞 삼거리에서 297번 군도로를 타고 좌회전해 약 400m쯤 간 후, 다시 오른쪽 시멘트길로 400m쯤 가면 아우라지강 건너 여량을 건너다볼 수 있다.

여량에는 식당이 여러 개 있으나, 잠잘 곳은 옥산장과 역 앞 여인숙 두어 군데 정도뿐이다.

여량에서 정선까지는 버스가 하루 12회 1시간 간격으로 다니며, 강릉까지도 마찬가지다(정선→서울: 8:10, 10:10, 15:10, 17:10). 증산, 고한 등에서 정선선 기차를 타고 여량으로 올 수도 있다.

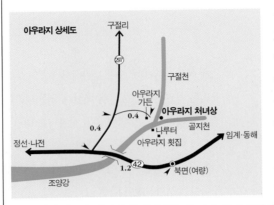

아우라지 상세도

구절리
297
구절천
아우라지 가든
0.4
아우라지 처녀상
0.4
골지천
나루터
아우라지 횟집
임계·동해
정선·나전
1.2
42
북면(여량)
조양강

북면 여량리. 토질이 비옥하여 농작물이 풍작을 이루니 식량이 남아돌아 여량(餘糧)이라는 이름이 붙었다고 한다. 그나마 여량은 첩첩산골인 정선땅 중에서 하늘을 가장 많이 바라볼 수 있는 평지이다. 이곳에는 산이 곱고 물이 맑은 '아우라지'가 있어 예로부터 천렵과 소풍을 즐기려는 사람들이 많이 모여들었다. 아우라지는 두 갈래 물이 한데 모여 어우러지는 나루라는 뜻이다. 전국에 이런 지명이 몇몇 있으나, 정선의 아우라지가 대표적이다.

정선 아우라지에서는 북쪽의 구절리에서 흘러오는 구절천과 남동쪽의 임계에서 흘러오는 골지천이 만난다. 구절천은 돌이 많아 거칠게 흐르고 골지천은 잔잔하다. 작은 내인 두 물줄기가 한데 어우러져 조양강,

오대천
하진부에서 나전 가는 길 내내 따라오는 오대천은 어디를 가나 눈 돌리는 곳마다 천변경승이다.

여량과 골지천
임계 쪽에서 흘러내리는 골지천은 여량
을 부드럽게 감싸 돌면서 구절천과 만나
조양강을 이룬다.

오대천을 만들고 좀더 굵어진 물줄기는 서남쪽의 영월군으로 빠져나가
남한강의 상류를 이룬다. 여량 사람들은 구절천을 양수(陽水), 골지천
을 음수(陰水)로 여기는데, 여름 장마 때 양수가 많으면 대홍수가 나고
음수가 많으면 장마가 그친다고 믿고 있다.

겉보기에 물이 얕고 잔잔하지만, 나무 다리를 밟거나 나룻배를 타고
물 가운데로 나가면 속이 들여다뵐 만큼 맑고 깊숙하다. 강폭은 그리 넓
지 않으나 강변 돌밭이 꽤 넓다. 장마 때는 물이 강변의 아우라지 횟집
있는 데까지 불어난다. 물이 줄어드는 겨울에는 어른 팔뚝만한 통나무
를 얼기설기 매어 나무 다리를 놓는데, 물이 불어나 다리가 떠내려가면
아우라지 뱃사공이 뱃삯을 받고 사람을 실어 나른다. 삿대를 저어가는
배가 아니라 강물 위에 매어놓은 줄을 당기는 배다.

이 나룻배는 아우라지 이쪽과 저쪽을 연결하는 중요한 교통 수단이었
으나, 정선선 철도(증산-구절)가 개통되고, 42번 국도며 구절리와 여
량리를 잇는 도로가 차례로 개설되면서 나루 기능이 많이 사라졌다. 그
래도 도로로 우회하는 것보다는 나룻배나 나무 다리를 이용하는 게 더

진부와 정선을 잇는 405번 지
방도는 가장 빠르게 정선으로 들어오는
길이며 아름다운 길이다.
마평리, 수항리, 숙암리 등 오대천변을
사이에 두고 펼쳐지는 천변경승은 사철
아름답지만, 특히 초봄 새순이 돋을 때와
가을 단풍으로 물들 때는 가히 절경을 이
룬다.

여량 가는 길에 내려다본 조양강
골지천과 구절천이 아우라지에서 만나 강을 이루고 정선·영월의 산굽이를 돌고 돌아 남한강과 합쳐진다.

가깝기 때문에 구절리와 여량리를 오가는 사람들은 아직도 나룻배를 많이 타고 있다.

정선아라리

구절천과 골지천이 만나는 합수머리의 언덕빼기 소나무 숲 속에 댕기머리를 곱게 드리운 채 하염없이 강을 바라보고 서 있는 아우라지 처녀상이 있다.

동상 뒤쪽에 서 있는 아우라지비에는 다음과 같은 노랫말이 새겨져 있다.

> 아우라지 뱃사공아 배 좀 건네주게
> 싸리골 올동박이 다 떨어진다
> 떨어진 동박은 낙엽에나 쌓이지
> 잠시 잠깐 님 그리워 나는 못살겠네

정선아라리 중에서 대표적인 이 가사에 얽힌 사연은 매우 유명하다.

1910년대였다. 사랑하는 사이였던 여량리의 한 처녀와 구절리 너머 유천리에 사는 한 총각이 동네 사람들의 눈을 피해 싸리골에 동백을 따러 가기로 했다. 그런데 밤 사이에 비가 내려 물이 불어나 나룻배가 떠내려 갔다. 그래서 안타까움으로 서로 바라만 보게 된 두 사람의 심정을 당시 아우라지 뱃사공이 정선아라리로 불러냈다. 그이가 장구를 잘 치는 지씨 아저씨, 일명 지장구라는 사람이다. 지장구는 실제 인물이다. 그리고 노랫말 속에 나오는 올동백 따러 가기로 했던 아가씨가 바로 아우라지 처녀상의 주인공이다.

한편 초례를 치른 여량의 한 처녀가 강을 건너 시집으로 가는 날, 하객과 친척들이 많은 짐을 나룻배에 싣고 강을 건너다 무게 중심을 잃고 뒤집혀 많은 사람들이 목숨을 잃었는데, 그 뒤로 해마다 두세 명씩 이 물에서 목숨을 잃었다고 한다. 그런데 신기하게도 이 처녀상이 세워진 이후로는 그런 불상사가 없어졌다고 한다.

정선아라리의 발생은 600년 전 조선 초기까지 거슬러 올라간다. 당시 고려 왕조를 섬기던 선비들 가운데 조선의 창업을 반대하여 송도에

아우라지 처녀상
1987년 아우라지강 언덕 양지 바른 곳에 정선아리랑을 기념하여 아리랑비와 함께 처녀상을 세워놓았다.

아우라지 나룻배
지금도 나룻배는 여량과 구절리를 잇는 중요한 교통수단이다.

북면 여량리에는 숙박할 곳이 많지 않으나 옥산여관(033-562-0739)은 정선땅에서 하루를 묵는다면 꼭 권할 만한 곳이다. 이 여관 주인아주머니의 구수한 입담과 아우라지 주변에서 모은 수석들, 그리고 무엇보다도 정선의 인심을 느껴볼 수 있다.

특히 주인아주머니께 부탁하면 정선아리랑 기능 보유자인 김남기(033-562-4396) 씨와 함께할 수 있는 자리도 주선해주신다.

여량 읍내의 달동네식당(033-562-0560)은 값싸고 맛있게 먹을 만한 곳이다.

은신하다가 정선(지금의 남면 낙동리 거칠현동)으로 숨어든 이들이 있었다. 그들이 일생 동안 지난날의 임금에게 충절을 맹세하며 산나물을 뜯어먹고 살면서 느꼈던 심정, 그리고 가족과 고향에 대한 그리움 등을 한시로 읊었는데, 정선아라리는 이것이 후대로 오면서 민간에 뿌리 내린 것이라는 설명이다.

눈이 올라나 비가 올라나 억수 장마가 질라나
만수산 검은 구름이 막 모여든다
명사십리가 아니라면 해당화는 왜 피며
모(暮) 춘삼월이 아니라면 두견새는 왜 우나

물론 만수산은 송도의 만수산을 가리킨다. 비가 올지 억수 장마가 질지 모르는 날씨, 그것은 고려 말의 운명이 바뀌기를 기원하는 것이며, '왜 피며, 왜 우나'는 자신들의 처지를 되물어보는 염세의 심정을 나타낸 것이다.

그러나 현재까지 채집된 500여 수의 가사 중에 고려 유신(遺臣)의 사연이 담긴 가사는 많지 않고, 산수, 이별과 애정, 우수와 인생무상, 근면 등을 소재로 자연과 인생을 비유한 것이 많다.

체념 뒤에 우러나온 여유, 또는 깊은 슬픔을 운명으로 받아들인 삶에

아우라지의 나무 다리
아우라지에 물이 줄어드는 늦가을부터 초봄까지는 나무 다리를 놓고 건너다닌다.

대한 달관이 처연하게 느껴지는 정선아라리 가락은 소리가 그쳐도 이처럼 사연이 깃들인 노랫말 때문에 여운이 길게 남는다.

조선 말 경복궁을 지을 때는 정선 사람들이 남한강 천리 물길을 따라 한양까지 목재를 날랐는데, 벌이가 썩 좋았다고 한다. 이 고장에서는 '뗏목을 타고 번 돈'이라는 뜻으로 '떼돈 벌었다'라는 말을 이해하고 있다. 그러나 떼돈을 벌었다 해도 목돈을 쥐는 이는 드물었다. 오며가며 주색에 다 털리고, 다시 빈손으로 뗏목을 타고……. 술 잘 마시고 돈 잘 쓸 때는 세상이 모두 자기 것 같고 애인과 친구도 많더니, 돈 없는 신세가 되고 보니 그렇게 다정하게 굴던 사람들이 변해 자기를 냉대함을 뒤늦게 깨닫고 부른 노래도 전한다.

> 신발 벗고 못 갈 곳은 참밤나무 밑이요
> 돈 없이 못 갈 곳은 행화촌(杏花村)이로다
> 술 잘 먹고 돈 잘 쓸 때는 금수강산이러니
> 술 못 먹고 돈 떨어지니 적막강산일세

아우라지 사람들은 그때그때의 감정을 속임 없이 전래의 가락에 맞추어 부르기도 했다.

"정선 읍내 물레방아는 사시장철 물살을 안고 빙글뱅글 도는데, 우리 집의 서방님은 날 안고 돌 줄 왜 모르나"같이 과년한 처녀가 나이 어린 신랑과 결혼하여 부부의 정을 알지 못하고 지냄을 서러워하는 노래가 있는가 하면, "우리 어머니 나를 길러서 한양 서울 준댔죠, 한양 서울 못 줄망정 골라골라 주세요"처럼 좋은 신랑 골라 시집 보내달라는 딸의 노래도 있다.

정선아리랑은 본래 '아나리'라고 불렸는데, 세월이 흐르면서 '아리랑'으로 바뀌었다고 한다. '아나리'란 누가 나의 처지와 심정을 '알리'에서 연유한다고 한다. 진도아리랑, 밀양아리랑 등 우리 나라 팔도 아리랑 중 오직 정선아리랑만이 중요 무형문화재로 지정되어 있다.

생강나무

정선 지방에서는 생강나무를 동백이라고 부른다. 그러니까 "아우라지 뱃사공아 배 좀 건네주게. 싸리골 올동백이 다 떨어진다"에 나오는 싸리골 올동백(또는 올동박)은 남쪽에서 볼 수 있는 붉은 꽃 피는 동백이 아니라, 2월부터 4월 초순 이전에 아주 작고 노란 꽃을 피우는 생강나무이다.

생김새는 산수유와 비슷하여 착각하기 쉬우며, 9월에 맺는 7~8mm의 검은색 열매는 짜서 기름을 내어 머리에 바른다. 숲 속 약간 건조한 양지 쪽에서 3~5m까지 자라며 어린 가지나 잎을 꺾으면 생강 냄새가 나는 특징이 있다.

생강나무

정선읍에서 가까운 가리왕산에는 자연휴양림(033-563-1566)이 조성돼 있다. 하루에 수용할 수 있는 인원이 500여 명 정도이며 자연관찰원, 잔디광장, 산림욕장 등 다양한 휴양시설을 갖추고 있다.

정선의 산수를 노래한 가사, 부부간의 정을 읊은 것도 부지기수이다. "정선의 구명(옛이름)은 무릉도원 아니냐. 무릉도원은 어데 가고서 산만 충충하네", "네 팔자나 내 팔자나 이불 담요 깔겠나. 마틀마틀 장석자리에 깊은 정 들자", "산천이 고와서 되돌아봤나. 임자 당신이 보고 싶어서 뒤를 돌아봤지."

그 밖에도 산속에 묻혀 사는 설움, 세상을 등진 한, 정선 고을의 아름다움, 사는 일의 덧없음, 부정하고도 내밀한 사랑 등 노골적인 내용도 많은데, 추하거나 천박하지 않고 건강한 생명력으로 느껴지는 것이 큰 매력이다.

또한 노래를 부를 때는 여럿이 함께 부르는 것이 아니라 돌려가면서 부른다. 그리고 노래꾼이 부르고 따로 감상하는 것이 아니라 누구나 일하면서 직접 부르며, 전해 내려오는 가락에 자신의 심사를 노랫말로 읊어 직접 창작해내는 노래이기도 하다. 짧은 노랫말로 표현해내기 힘든 심회는 사설처럼 빠른 말로 엮어 내려가기도 한다. 이를 엮음아라리라 한다.

정선아라리는 정선 지방의 독특한 삶, 또는 보편적인 삶의 정서를 담은 아리랑이다. 밀양아리랑, 진도아리랑처럼 각 지역에서 저마다 발달한 다양한 민중 가요의 하나인 것을, 다만 사투리처럼 아라리로 부르고 있다.

정선 사람치고 아라리 한가락 못하는 이가 없다고 한다. 놀이의 역할을 하는 노래가 아니라 삶 속에서 숨처럼 뱉어내는 소리이기 때문이다. 수백 년을 아어온 가락에 정선 사람들은 아직도 새롭게 노랫말을 보태고 있다. 그래서 정선아라리는 옛날 노래이지만 아직도 완성되지 않은 노래이며, 끝내 완성되지 않을 오늘의 노래인 것이다. 정선아라리는 강원도 지방무형문화재 제1호로 지정돼 있다.

거칠현동

정선읍의 동남쪽인 남면 낙동리 429번 도로 옆에 거칠현동 표지석이 서 있다. 여기서 계곡을 따라 1km 정도 들어가면 언덕 위로 1m가 채 안 되는 '칠현비' (七賢碑)가 서 있다.

조선 초 끝끝내 고려 왕조를 섬긴 선비들 가운데 전오륜, 김충한, 고천우, 이수생, 신안, 변귀수, 김위 등이 불사이군의 절개를 고수하며 개성에서 내려와 산나물을 뜯어먹고 살며 이곳에 은거하였는데, 칠현비는 그 일곱 신하의 충절을 기리기 위해 1985년 세운 기념비이며 마을의 이름도 '일곱 신하가 은거했다' 는 거칠현동이다.

정선군 남면 낙동리에 있다. 정선읍에서 429번 지방도를 따라 사북·고한 방향으로 17.6km 가량 가면 남면 낙동리에 이른다. 여기서 가던 방향으로 0.7km 더가면 왼쪽으로 거칠현동이 나오고, 충무화학 표지석을 따라 계곡으로 1km 가량 올라가면 채석장 안에 칠현비가 있다.
대형버스는 마을 입구에 주차해야 하나 승용차는 칠현비로 앞까지 갈 수 있다. 채석장 안에 있기 때문에 비를 찾기가 쉽지 않으니 마을 사람들에게 물어보길 권한다.
정선에서 고한행 버스를 타고 거칠현동에서 내려 찾아갈 수도 있다(정선→고한 : 07:40, 10:30, 11:30, 12:40, 14:40, 16:00, 17:30). 숙식할 곳은 없다.

칠현비
고려의 일곱 충신들이 조선 왕조 때 이곳에 은거했는데, 이비는 그들의 충절을 기리기 위해 세워졌다. 이곳이 정선아리랑의 발상지라고도 한다.

화암팔경

기암절벽과 물과 신화가 한데 얽혀 태고의 신비를 그대로 간직하고 있는, 정선군 동면 화암리의 아름다운 경치 여덟 곳을 화암팔경이라 한다.

화암약수:1910년 무렵 가난하지만 마음이 어진 문명부라는 이가 발견했다는 약수. 피부병과 위장병에 특히 효과가 있다고 한다. 상중하 세 곳에 샘이 있는데 샘 주위가 뻘건 녹물로 물들어 있다. 그만큼 철분이 많다. 물이 솟아날 때마다 보글보글 소리가 요란하며 기포가 올라온다. 1977년 국민관광단지로 개발되었다.

거북바위:남쪽으로 기어가는 거북 모양의 바위, 봄의 철쭉, 가을 단풍이 장관을 이룬다.

용마소:반석 아래로 맑은 물이 흐르는 휴식처.

종유굴:1934년 발견된 길이 476m, 높이 45m, 넓이 250평의 굴.

화표주:뾰족하게 깎아 세운 듯 우뚝 솟은 기둥 바위.

설암(소금강):냇가에 하늘 높이 솟은 기암괴석의 절벽이 기묘하고 장엄한 금강산을 닮았다.

몰운대:층암절벽으로 된 광활한 반석, 백여 명이 야유회를 즐길 만큼 크며 몰운대 밑 계곡에는 맑고 깨끗한 냇물이 흐른다.

광대곡:하늘과 구름과 땅이 맞붙는 신비의 계곡. 천연의 선경을 그대로 간직하고 있다.

몰운대
넓은 바위와 늙은 소나무, 그리고 맑은 시냇물이 어울려 뛰어난 풍광을 연출한다.

이 일곱 충신들이 고려 왕조에 대한 충성을 다짐하며 자신의 비통함을 한시로 지어 불렀는데 한시를 이해 못하는 지방 사람들에게 와서 뜻이 쉽게 풀어지고 감정이 살려진 것이 오늘에 전해지는 아라리라는 것이다. 따라서 이곳을 정선아라리의 발상지라고도 한다.

그러나 이는 정선아라리의 발생에 좀더 권위적인 대의명분을 붙이고 싶어하는 이들의 심증일 뿐, 정선아라리의 긴 역사와 보편성을 생각하면 오히려 정선에 숨어든 고려 충신들이 이 지방의 음조, 곧 정선아라리의 음조를 익혀 자신의 심사를 가사로 붙인 것이 아닐까 하는 반대 상황에 대한 의구심이 생긴다.

칠현비 부근에 돌을 깨는 채석장이 있는데, 그 작업의 뒤추스름이 허술해 부숴진 절벽과 바위 부스러기 등이 매우 어지럽게 널려 있다.

정암사

무릉도원이라 하였던 정선. 그런 옛말이 아니라도 정선땅의 아름다움은 곳곳에서 눈으로 직접 확인된다. 첩첩 산이 성벽처럼 둘러 있고 산이 높은 만큼 물은 깊고 맑다. 가을 산에 단풍으로 불이 붙기라도 하면, 그야말로 자연의 조화가 부려놓은 그 아름다움에 넋을 잃지 않을 수 없다.

그런 산천을 보며 정암사가 있는 사북과 고한을 찾아 들어서면 검게 그리고 낮게 펼쳐지는 색다른 광경에 눈이 휘둥그래지지 않을 수 없다. 외줄을 타듯 사북과 고한의 중심을 가로지르는 도로와 그 옆에 오도가도 못하고 서 있는 집이니 가게니 하는 건물과 나무와 물이 온통 검댕을 뒤집어쓰고 있는 광경이 숨막히게 조여든다. 멋대로 산수에 흠뻑 취해 있던 기분이 한순간에 달아나고 만다. 석탄 산업이 사양길로 접어들면서 사북과 고한의 탄광촌 풍경은 더욱 을씨년스러워졌다.

정선군 고한읍 고한리에 있다. 38번 국도를 타고 고한에서 태백 쪽으로 조금 가면 상갈래삼거리가 나오는데, 왼쪽 길로 가면 태백이고 414번 지방도를 따라 우회전해 2.7km 가량 가면 정암사다.

절 입구에는 대형버스도 충분히 주차할 수 있는 주차장이 있다. 절 앞에는 숙식할 곳이 없으나 고한 읍내에는 식당과 여관이 조금 있다. 고한에서 정암사를 지나는 버스는 하루 7회 다닌다(고한읍→정암사: 07:00, 10:10, 12:30, 14:30, 16:30, 18:30, 20:30).

정암사 전경
고한의 좁은 골짜기에 들어앉은 정갈하고 고요한 산사이다.

집이고 사람이고 나무고 땅에 발을 딛는 모든 사물이 아슬아슬하게 땅바닥에 붙어 있는 탄광촌. 치열한 싸움을 치른 전쟁터의 뒤끝을 보는 듯 탄광촌 삶의 지난함에 고개가 떨구어진다. 그 길 끄트머리, 섧고 사무침에 몸둘 바 몰라 하는 중생을 건져 올려줄 구원의 지팡이 같은 곳이 있

정암사 창건에 얽힌 이야기

당나라에서 귀국하여 불교의 융성에 힘쓰던 자장율사는 28대 진덕왕 때 대국통(大國統)의 자리에서 물러나 강릉에 수다사를 세우고 살았다. 하루는 꿈에 한 스님이 나타나 "내일 너를 대송정(大松汀)에서 보리라" 하였다. 놀라 깨어난 자장이 대송정에 이르니 문수보살이 나타나 "태백의 갈반지(葛磻地)에서 만나자" 하고 사라졌다. 그 말을 따라 태백산에 들어가 갈반지를 찾아 헤매던 자장은 큰 구렁이들이 나무 아래 서로 얽혀 또아리를 틀고 있는 것을 보고, 갈반지라 여겨 '석남원'(石南院, 곧 정암사)을 지었다.

자장은 석남원에 머물며 문수보살이 나타나기를 몹시 기다렸다. 어느 날 다 떨어진 가사를 걸친 한 늙은이가 죽은 개를 삼태기에 싸 들고 "자장을 보러 왔다" 하였다. 스님의 이름을 함부로 부르는 것이 귀에 거슬렸던 자장의 시중이 호통을 치니, 그 늙은이는 천연덕스럽게 "자장에게 전해라. 그래야 갈 것이다"라고만 대꾸했다.

자장은 이 말을 전해 들었으나 대수롭지 않게 여기고 늙은이를 쫓아버리게 했다. 그러자 그 늙은이는 "아상(我相, 자신이 남보다 우월하다고 생각하거나 남을 업신여기는 교만한 마음)이 있는 자가 어찌 나를 볼 수 있으리오" 하고 탄식하는 것이었다. 그러면서 곧 삼태기를 뒤집으니 죽은 강아지가 푸른

사자로 변하였다. 늙은이는 그 사자를 타고 빛을 뿌리며 하늘로 솟구쳐 올라갔다. 바로 그 늙은이가 문수보살이었던 것이다.

이야기를 전해 들은 자장이 그 뒤를 곧바로 쫓았으나, 이미 문수보살은 떠나가버린 뒤였다. 이후 자장은 몸을 남겨두고 떠나며 "석 달 뒤 다시 돌아오마. 몸뚱이를 태워버리지 말고 기다려라" 하고 당부하였다. 그러나 한 달이 채 지나지 않아 한 스님이 와서 오래도록 다비하지 않음을 크게 나무라고 자장의 몸뚱이를 태워버렸다. 석 달 뒤 자장이 돌아왔으나 이미 몸은 없어진 뒤였다. 자장은 "의탁할 몸이 없으니 끝이로구나! 어찌하겠는가? 나의 유골을 석혈(石穴)에 안치하라"는 부탁을 하고 사라져버렸다.

한편, 자장이 사북리의 산 꼭대기에 불사리탑을 세우려 하였으나 세울 때마다 계속 쓰러짐에, 간절히 기도하였더니 하룻밤 사이에 칡 세 줄기가 눈 위로 뻗어 지금의 수마노탑, 적멸보궁, 사찰터에 멈추었으므로 그 자리에 탑과 법당과 본당을 짓고, 갈래사(葛來寺)라 하였다고도 전한다. 지금도 고한에는 갈래국민학교가 있고 상갈래, 하갈래라는 지명이 있다.

정암사는 숙종 39년(1713)에 중수되었으나 낙뢰로 부숴져 6년 뒤 다시 중건되었고, 1771년과 1872년에, 그리고 지난 1972년 다시 중건되어 오늘에 이르고 있다.

다. 탄가루가 사방으로 날아다니는 가운데 이토록 정갈하고 고요한 산사가 있음에 다시 놀란다.

신라의 큰스님이었던 자장율사가 선덕여왕 14년(645) 깊고 높고 웅장한 태백산 서쪽 기슭에 창건하였다고 하며, '숲과 골짜기는 해를 가리고 멀리 세속의 티끌이 끊어져 정결하기 짝이 없다' 하여 정암사(淨岩寺)라는 이름을 붙였다고 한다. 오대산 상원사, 양산 통도사, 영월 법흥사, 설악산 봉정암과 더불어 석가의 정골사리를 모시고 있는 5대 적멸보궁의 하나이며, 창건 설화로 자장율사와 문수보살의 이야기가 전하지만 그 밖의 내력은 거의 전해지지 않고 있다.

일주문을 들어서면 왼쪽에 요사채들이 있으며, 오른쪽에는 고색창연한 적멸보궁이 단아하게 서 있다. 수마노탑은 적멸보궁 뒤쪽 높은 산기슭에 있다. 적멸보궁은 창건 당시 자장율사가 석가모니불의 사리를 수마노탑에 봉안하고 이를 지키기 위해 건립한 것으로 수마노탑에 불사리가 봉안돼 있기 때문에 법당에는 불상을 모시지 않고 있다.

적멸보궁의 앞뜰을 감싸고 있는 돌담이 정다워 눈여겨볼 만하고, 종루와 무량수전, 자장각, 삼성각 들이 경내에 흩어져 있다. 적멸보궁의 입구에는 선장단(禪杖壇)이라는 고목이 있다. 자장율사가 짚고 다니던 지팡이를 꽂아놓은 것인데 수백 년 동안 푸르렀으나 지금은 고사목으로 남아 있다. 이 나무에 잎이 피면 자장율사가 다시 태어난다는 이야기도 전해진다.

정암사가 얼마나 정갈하고 청정한 곳인지는 이곳이 열목어 서식지라는 데서 짐작할 수 있다. 산 위에서부터 경내로 흘러내리는 계곡에 열목어가 살고 있는데, 열목어는 물이 맑고 찬 곳에서만 자라는 천연기념물이다. 온통 검은 물 투성이인 고한 일대도 탄광만 개발되지 않았다면 태백산 줄기의 맑은 물이 흘러 열목어의 천국이 되었을 것이다.

수마노탑

정암사의 가장 높은 곳, 적멸보궁 뒤쪽으로 급경사를 이룬 산비탈에 축대를 쌓아 만든 대지 위에 서 있어 경내 또는 절 입구 등 어디에서도 쉽게 눈에 띈다.

태백산 정암사를 함백산 정암사라고도 부른다. 함백산(1,573m)은 태백산의 일부로 정암사를 둘러싸고 있다.
한편, 자장율사가 정암사를 창건하기 전에 세웠다는 강릉 수다사는 현재 원형을 찾아보기 힘든 석탑 1기와 건물 초석만이 남아 있는 폐사터이다. 행정구역상 평창군 진부면 수항리에 있는데, 옛날에는 이곳까지 강릉땅이었다고 한다.

마노석은 보석의 하나로 원석의 모양이 말의 뇌수를 닮았다고 하여 '마노'라는 이름이 붙여졌다. 마노석은 수정류와 같은 석영 광물로 전세계적으로 널리 분포되어 있는데, 우리 나라에서는 칠보 가운데 하나로 치며 이것을 지니면 재앙을 예방한다 하여 더욱 소중히 여기고 있다.

수마노탑
마노석을 벽돌처럼 쌓아 만든 전형적인
모전석탑이다.

보신·보양 약초로 유명한 황
기는 정선의 특산물이다. 황기는 한여름
땀을 많이 흘릴 때는 지한(止汗) 작용을
해주고, 적게 흘릴 때는 발한(發汗)
작용을 해준다고 한다.
정선장(2·7일)이나 여량장(1·6일)에
서 조금씩 들고 나와 파는 할머니들에게
살 수도 있고 정선농협 농산물 직판장
(T.033-563-2575)에서도 구할 수
있다.

　자장율사가 당나라에서 돌아올 때 가지고 온 마노석으로 만든 탑이라
하여 마노탑이라고 한다. 마노 앞의 수(水) 자는 자장의 불심에 감화된
서해 용왕이 마노석을 동해 울진포를 지나 이곳까지 무사히 실어다주었
기에 '물길을 따라온 돌'이라 하여 덧붙여진 것이다. 전란이 없고 날씨
가 고르며 나라와 백성이 복되게 살기를 기원하며 세워졌다.
　전체 높이가 9m에 이르는 칠층모전석탑으로, 탑 전체가 길이 30~
40cm, 두께 5~7cm 크기의 회색 마노석으로 정교하게 쌓아졌다. 언
뜻 보면 벽돌을 쌓아올린 듯하다.

1층은 마노석을 15단으로 쌓아 높이 103cm, 한 변이 178cm 되게 만들었으며, 층수가 한 단계 높아질수록 그 크기는 줄어들고 있다. 탑의 1층 남쪽면 중앙에는 1매의 판석으로 짜여진 문비가 있으며, 문비에는 철제 문고리도 장식돼 있다.

지붕돌은 낙수면에 층단이 있는 전탑의 양식을 따랐으며, 추녀 폭은 전탑임에도 불구하고 넓은 편이다. 지붕돌 층급받침은 1층에서는 7단으로 되어 있으나 위층으로 올라갈수록 한 단씩 줄어 7층에서는 1단이 되었고, 낙수면의 층단도 1층에서는 9단이지만 층을 거듭할수록 한 단씩 줄어 7층에서는 3단이 되었다.

상륜부는 화강암으로 조성된 노반 위에 갖가지 청동제 장식이 완전하게 얹혀 있다. 윗부분에는 네 가닥으로 돌출된 끝에 풍경이 달려 있다. 몇 군데를 빼고는 각 지붕돌의 네 모서리에 풍경이 가지런히 매달려 있다. 바람이 불어 날아들면 풍경이 청량한 소리를 내며 고요한 산사를 휘감아돌아 몹시 소슬하게 느껴진다. 깊은 성찰을 주는 짙은 소리이다.

전체적으로 그다지 거대한 편은 아니지만 형태가 정제되어 있고, 수법이 정교하다. 탑 앞에 배례석이 놓여 있는데, 여기에 새겨진 연화무늬나 안상무늬는 고려 시대의 특징을 나타낸다. 정암사 창건 당시에 자장율사가 건립하였다고 전하지만 탑의 양식으로 보아 고려 시대의 탑으로 추정된다.

정암사 비명에 의하면 18세기 이후 몇 차례에 걸쳐 중수되었으며, 지난 1972년 해체·복원된 이래 지반이 기울고 있어 전면 보수가 다시 심각하게 논의되고 있다고 한다. 1972년 해체 당시 탑지석(塔誌石)과 사리 장엄구가 발견되었다.

본래는 자장이 당나라에서 구해온 석가의 신물(信物, 사리·치아·염주·불장주[佛掌珠]·패엽경[貝葉經] 등)을 '세 줄기의 칡이 서린 곳'에 나누어 각각 금탑, 은탑, 수마노탑을 모셨다고 하는데, 후세 중생들의 탐욕을 우려한 자장율사가 불심이 없는 중생들은 금탑과 은탑을 육안으로는 볼 수 없게 숨겨버렸다고 한다. 정암사 북쪽으로 금대봉이 있고 남쪽으로 은대봉이 있으니 그간의 어디에 금탑과 은탑이 있을 것이라고도 전한다.

만항재 정상에서 바라본 태백산맥과 주목나무 군락

정암사 입구 왼쪽 길을 따라 약 5.5km 더 올라가면 별밤이 가장 아름다운 곳, 만항재(1,330m)가 나온다. 만항재를 넘으면 태백으로 길이 이어진다. 기왕 정암사까지 걸음을 했다면 반드시 만항재까지 더 올라가볼 일이다.

만항재는 지대가 높아 전망이 좋다. 만항재로 가는 길에는 1994년부터 분교가 된 만항초교가 볕 바른 곳에 을씨년스럽게 서 있는 모습, 길 옆 산자락에 다다다닥 아슬아슬하게 붙어 있는 낮은 집들을 볼 수 있다.

옛 화전민 마을과 탄광촌이 서로 낯설게 어깨동무하고 있는 그 공간을 비집고, 목장과 골프 연습장도 들어서 있다. 만항재와 정암사 사이에 '살아 천년 죽어 천년'이라는 주목 군락지가 있다.

열목어

물이 맑고 찬 곳에서만 산다. 여름에 수온이 섭씨 20도 이상 올라가는 곳에서는 살지 못한다. 그런 조건을 갖추려면 일단 나무가 우거져 수면이 태양의 직사광선을 받지 않아야 한다. 그러니 열목어가 사는 곳이라면 거기가 심산유곡임을 눈치챌 수 있을 것이다.

열목어가 천연기념물로 지정된 곳은 정암사 계곡과 경북 봉화군 석포면 대현리 계곡 일대로, 각각 천연기념물 제73호, 제74호로 지정돼 있다.

육식성이어서 물 속에 사는 곤충이나 어린 물고기들을 잡아먹는다. 쥐를 포식했다고도 한다. 머리 끝에서 꼬리 끝까지가 보통 40~70cm이고, 때로는 1m 이상 되는 것도 있다. 등지느러미와 꼬리지느러미 사이에 기름지느러미가 따로 있고, 눈동자보다 작은 흑갈색 반점이 온몸에 흩어져 있어 다른 물고기와 쉽게 구별된다. 눈이 녹는 3, 4월에는 암컷과 수컷이 산란과 방정을 하기 위해 한곳에 모여 온통 소란을 피워댄다.

눈에 열이 많아 눈알이 새빨갛다고 하며 열을 식히기 위하여 찬물을 찾는 까닭에 열목어(熱目魚)라고 부른다. 옛날에는 여항어라고도 했다. 탄광 개발 전에는 고한과 사북을 흐르는 개천에도 어른 팔뚝만 한 열목어가 숱하게 있었다고 하는데, 지금은 정암사 경내의 작은 계곡 일부에서만 살고 있다.

열목어

막장의 절규, 1980년 사북 노동자 총파업

격동의 80년대가 시작된 지 100여 일 뒤, 한국현대사를 이야기할 때 빠뜨릴 수 없는 한 사건이 이곳 사북 탄광촌에서 일어났다. 1980년 4월 21일 국내 최대의 민영 탄광인 강원도 사북읍 동원탄좌에서 당시 가장 치열했던 노동자 투쟁이라 일컬어지는 사북 노동자 총파업이 발생한 것이다.

'살인막장' 이라는 말이 있듯이 광산노동자들은 지하 수백, 수천 미터의 굴 속에 들어가 40도에 이르는 지열과 붕괴 위험, 탄가루와 돌가루, 화학연기 속에서 죽음을 무릅쓰고 일해야만 한다. 1980년 동원탄좌 광업소의 노동자 3,500여 명은 이러한 중노동뿐만 아니라 18만 원도 안되는 박봉에 이중 삼중의 임금착취, 인격적 모욕과 천대까지 받아가며 생활하고 있었다.

모든 것이 그러하듯이 사북 노동자 투쟁도 조그만 사건을 계기로 폭발했다. 이 회사 어용 노조지부장인 이재기가 회사측과 짜고 그해 노조원의 임금인상률을 20%로 몰래 낙착시켜버린 사실이 뒤늦게 알려진 것이다. 이재기는 회사측의 지원으로 1, 2대 지부장을 지낼 때 조합비 1,600만 원을 횡령하여 감옥살이까지 했던 인물로, 1976년 회사와 관의 도움을 받아 다시 지부장 자리에 앉았다.

회사와 어용노조의 담합사실이 전해지자 분노한 노조원들이 이재기에게 몰려가 임금인상 경위 등을 추궁했다. 이날이 4월 18일. 반성의 빛이 없는 이재기의 답변에 분노한 노동자들이 농성을 시작했다. 경찰은 도저히 해산이 불가능하다고 생각하고 3일 후 집회를 열어주겠다는 각서를 쓰고 노동자들을 해산시켰다. 그러나 그 집회는 허가되지 않았다.

하지만 4월 21일 오후 3시경, 300여 명의 노동자들이 노조 사무실에서 조합원 총회를 요구하며 농성을 벌였다. 이 와중에서 경찰 지프차가 수십 명의 노동자가 앞에 있는데도 그대로 질주하여 4명의 광부들을 다치게 한 사건이 일어났다.

동료가 다쳤다는 소식을 듣고 노동자들이 몰려들어 다시 경찰과 충돌하면서 사태는 걷잡을 수 없이 확대되었다. 노동자들은 임금 30% 인상과 상여금 400% 지급, 어용 노조지부장 이재기의 사퇴 등을 요구하면서 거의 전원이 들고 일어나 노조 사무실과 광업소 사무실, 정선경찰서 사북지서를 점거했다. 광업소 무기고와 예비군 무기고도 점거했지만 무기고를 부수고 무장하지는 않았다.

정선경찰서와 이웃 장성·영월 경찰서 병력이 총동원되고 서울에서 500여 명의 기동경찰이 급파되었다. 그러나 대규모 경찰 병력이 투입됐음에도 불구하고 노동자들은 물러서지 않고 치열한 투석전으로 맞섰다. 노동자들은 무서운 기세로 경찰을 공격했고 부녀자들은 치마폭에 돌을 날라다주며 적극 응원했다. 드디어 노동자들은 경찰을 힘으로 몰아내는 데 성공했다. 이로부터 3일 동안 사북읍은 노동자들의 세상이 되었다. 이 기간 동안 노동자들은 규찰대를 조직하여 질서유지에 힘썼다.

사북 노동자들의 총파업은 전국의 노동자들에게 심대한 영향을 끼쳤다. 특히 권력의 억압이 유달리 강했던 탓에 그때까지 침묵을 지키고 있던 대규모 남성 사업장에 투쟁의 불길을 당기는 역할을 했다. 인

천제철, 일신제강, 동국제강, 원진레이온 등에서 벌어진 경찰 병력과의 격렬한 충돌은 이러한 맥락에서 발생한 것이었다.

그러나 그해 5월 17일 사북파업이 끝난 지 3주일 만에 계엄령은 전국으로 확대되었고 사북에서 연행된 부녀자, 노동자들도 이루 말 못할 고통을 겪어야 했다. 이른바 '사북사태'는 그렇게 막을 내렸지만 탄광노동자들의 고통은 끝나지 않았고 탄광 폐쇄의 현실과 맞물려 또 하나의 암울한 그림자를 낳고 있다.

황재형, 도끼를 들다(연장=무기), 합판에 아크릴릭, 1990.

코스3 영월

수려한 산수에 어린 단종의 애사

고려 때 이름 높았던 학자 정추(鄭樞)가 읊은 대로 "칼 같은 산들은 얽히고 설켜 있고, 비단결 같은 냇물은 맑고 잔잔한" 영월땅은 산이 높고 골이 깊어 심심산골로 이름난 정선 못지않게 수려한 경관을 보여준다. 백운산, 두위봉, 태화산, 운봉, 구룡산 들이 높이 솟아 영월을 둘러싸고, 이들 산 사이에서 흘러 나온 주천강, 평창강, 하동천이 심한 굴곡을 이루며 군내 곳곳을 어루만진다.

영월땅에는 선사 시대부터 사람이 살기 시작하였는데, 삼국 시대에는 백제와 고구려, 신라가 치열한 힘 대결을 벌였고, 고려 때에 이르러 '편안히 넘어가는 곳, 영월(寧越)' 이라는 이름을 얻게 되었다. 본래는 충청땅이었으나 조선 초기인 정종 1년(1399)에 강원도에 속하게 되었다.

강원땅 가장 남쪽에 오이처럼 길쭉하게 누워 있는 영월은 동서쪽으로는 원주·횡성과 더불어 삼척에 잇닿아 있고, 북쪽으로 횡성·평창·정선, 남쪽으로 충북의 단양·제천, 경북의 봉화·영풍 등 아홉 개 군에 둘러싸여 있는 내륙이다.

단종의 무덤인 장릉을 비롯하여, 관풍헌, 자규루, 청령포 등 단종과 관련된 역사 유적이 곳곳에 있으며, 단종의 행적에 얽힌 땅 이름과 전설도 많이 남아 있다. 동북쪽 언저리인 수주면에는 구산선문의 하나인 사자산문의 대도량이었던 법흥사가 있다.

하동면 와석리에는 조선 후기 몰락 양반 출신으로 방랑길에 올라 양반 사회를 통렬하게 비판했던 김삿갓의 묘가 있는데, 그가 영월땅에 묻혔다는 사실이 밝혀진 것은 불과 10여 년 전인 1982년의 일이다.

어린 나이에 왕위에 올라 권력 다툼의 희생양이 된 단종(조선 6대왕)이 쫓겨 들어와 결국 죽음을 맞이하는 슬픈 역사를 간직한 땅, 그리고 조선 후기 봉건적 신분 질서가 무너지는 시기에 양반 관료들의 탐욕과 부패를 조롱하고 풍자하며 방방곡곡을 다니던 김삿갓의 최종 행선지가 된 영월. 수려한 산수 속에 두 인물의 한과 삶이 눈앞에 보이듯 펼쳐진다.

청령포
관풍헌과 자규루
장릉
무릉리 마애여래좌상
법흥사

원주, 제천, 평창, 정선, 단양 등 여러 지역에서 찾아가는 길이 있으나
제천에서 38번 국도를 타고 들어가는 것이 가장 대표적인 방법이다.
원주에서 5번 국도를 타고 제천 쪽으로 가다가 신림에서 402번 지방도로
좌회전해 주천을 지나 영월로 가면서 이 지역의 여러 문화유산과 만날 수 있다.
정선 쪽에서는 38번 국도를 이용하는 것이 가장 빠르다.
영월은 서울, 강릉, 원주, 평창, 대전, 청주, 춘천 등 대도시와의 교통이
편리하고, 태백선의 모든 열차도 이곳을 거쳐 간다.
영월읍과 주천면에는 숙식할 곳이 여러 군데 있다.

청령포

청령포

구름도 울음보를 터뜨리는 소나기재. 영월읍으로 들어서려면 이 눈물 고
개를 넘어야 한다. 12세의 나이로 왕이 되었으나, 작은아버지에게 왕위
를 빼앗기고 결국 심산유곡 영월땅으로 유배되어 17세에 죽임을 당한,
이름도 애련하게 느껴지는 단종. 그를 위한 눈물인 것이다.

멀리 잦아지는 능선이 장관인 소나기재를 넘으면 '단종애사'의 사연
이 깃들인 마을, 충절의 고을 입구임을 예고하는 듯 홍살문이 나선다. 단
종의 유배지였던 '청령포'(淸泠浦)는 영월 읍내에서 남서쪽으로 약 3km
떨어진 곳에 있다.

동남북 삼면이 남한강의 지류인 서강의 강줄기로 둘러싸여 있고, 서
쪽은 66봉의 험한 산줄기 절벽으로 막혀 있어 유배지로는 더할 나위 없
는 자연 조건을 갖추었으며, 나룻배가 아니고서는 드나들 방법이 없다.

청령포를 휘감는 강물이 서쪽에서 동쪽으로 원을 그리며 굽이쳐 흐르
고, 앞자락에 거느린 넓은 백사장은 치마를 단정히 두른 듯하다. 서쪽
의 깊은 물가에 우뚝 솟아 있는 절벽 경치 또한 빼어나다.

소나무들이 짙게 우거져 서늘한 그늘을 만들고 있는 청령포에는 단종
이 죽고 나서도 한참 뒤인 영조 때에 세운 금표비와 단묘유지비가 남아
단종의 넋을 위로하고 있다.

작은 비각 안에 모셔진 단묘유지비는 단종이 머무르던 옛 집터를 기
념하기 위해 영조 39년(1763) 어명으로 원주 감영에서 세운 것이다. 비
앞면에 '단묘재본부시유지'(端廟在本府時遺址, 단종이 여기 계실
때의 옛터)라고 씌어 있다. 비각 주위에 자연석을 놓아 외곽 표시를 해
놓았고, 비각 앞에는 길게 누운 자세로 소나무 한 그루가 서 있는데 나
뭇가지가 땅에 닿을까 기둥으로 나무를 받쳐두었다.

유지비각 서북쪽에 이끼가 잔뜩 낀 비석이 하나 서 있다. 앞면에 '청
령포금표'(淸泠浦禁標)라고 씌어 있다. 영조 2년(1726) 단종이 죽은
지 270년 뒤에 세워진 이 금표비는, '동서로 300척, 남북으로 490척
은 왕이 계시던 곳이므로 뭇사람은 들어오지 말라'는 출입금지 푯말인
셈이다. 단종이 이곳에 유배되어 있을 때에도 이처럼 행동에 제약을 받

앉을 것으로도 여겨진다.

청령포 서쪽 66봉에 높이 80m 되는 낭떠러지가 있는데, 이를 '노산대' 라고 한다. 현기증을 일으킬 정도로 아찔하고 또 아슬아슬한 이 전망대에서 바라보는 강과 층암절벽의 경치는 아주 그만이다. 단종이 해질 무렵 이 봉우리에 올라 한양의 궁궐을 바라보며 시름에 잠겼다고 하며, 노산군으로 강등된 당시 단종의 이름을 본따 '노산대' 라는 이름이 붙었다.

이곳에서 유지비각과 금표비가 있는 청령포 쪽을 바라보면 우거진 소나무 숲 속에 유난히 우뚝 선 우아한 자태의 소나무 한 그루를 볼 수 있다. 우리 나라에서 자라고 있는 소나무 가운데 가장 키가 큰 소나무로, 천연기념물 제349호로 지정된 '관음송' 이다.

나이가 600년이라는 관음송은 생멸(生滅)하는 물체로서는 유일하게 단종의 유배를 지켜 본 존재이다. 곧, 당시 처절하였던 단종의 생활을 보았으니 관(觀)이요, 하염없던 단종의 오열을 들었으니 음(音)이라는

단종이 수양대군(세조)에게 왕위를 빼앗기자 세조 밑에서 벼슬을 하지 않고 한평생 단종을 위해 절의를 지킨 6인의 신하를 가리켜, 단종 복위를 도모하다 죽은 사육신에 빗대어 생육신이라 부른다. 김시습, 원호, 이맹전, 조려, 성담수, 남효온 등으로 후대에 사육신에 대한 새로운 평가가 이루어지면서 이들 역시 새롭게 부각되었다.

단종의 슬픈 생애를 사실에 기초하여 쓴 이광수의 소설 「단종애사」는 1928년 11월부터 약 1년 동안 동아일보에 연재되었다. 단종에 초점을 맞춘 이 소설은 세조의 입장에서 쓴 김동인의 「대수양」(大首陽)과 대조를 이룬다.

왕방연 시조비에서 바라본 청령포
삼면이 강줄기로 둘러싸여 있고 뒤로는 험한 산줄기와 절벽으로 가로막힌 청령포. 수려한 절경으로 인해 관광객의 발길이 끊이지 않고 있다.

망향탑
단종이 한양을 그리며 쌓았다는 돌무더기가 노산대 바로 옆 절벽에 남아 있다.

뜻이다. 두 갈래로 나뉘어진 아래쪽 가지 사이에 걸터앉아 가슴 아픈 시간을 달래었을 어린 노산군의 모습이 눈에 선하다.

강 건너 나루 왼쪽에 서 있는 기념비는 단종에게 먹일 사약을 가지고 행차하였던 금부도사 왕방연이 단종의 죽음을 보고 돌아가는 길에 지은 시조를 새긴 비이다. 이 왕방연 시조비에서 바라보는 청령포도 가히 절경이다. 울창한 소나무 숲이 오히려 아담하게 느껴지고 그 앞자락의 넓은 자갈밭이 편안하며, 주위를 휘감아 돌아가는 물은 한가롭기만 하다.

수려한 절경 때문에 늘상 이곳을 찾는 행락객들의 발길이 끊이지 않지만, 정작 이 절경이 알 수 없이 고고하게 또는 애잔하게 느껴짐이 웬 까닭인지 아는 이는 그리 많지 않은 듯하다.

왕방연

단종의 유배와 사형을 집행했던 금부도사 왕방연은 문종 때부터 벼슬을 하였다. 세조의 명을 받아 단종에게 먹일 사약을 가지고 왔던 그날 밤, 어명을 받들고 돌아가는 길에 청령포를 마주 보는 강 언덕에서 비통한 자신의 심경을 읊었다. 비록 공무를 수행하기 위해 사형을 집행한 것이지만 사적인 감정은 숨길 수 없었던 듯하다. 구전돼오던 내용을 1617년 김지남이 한시로 지어 정착시켰다.

천만 리 머나먼 길에 고운 님 여의옵고
이 마음 둘 데 없어 냇가에 앉았으니
저 물도 내 안 같아야 울어 밤길 예놋다

단종과 사육신

세종의 손자, 단종(1441~1457년). 세종은 아들을 열여덟이나 두었으나 맏아들인 세자(후에 문종이 됨)에게 원손이 없어 애를 태우던 차에 세번째 현덕빈 권씨에게서 원손을 얻었다. 그가 바로 조선 6대 왕이 되는 단종이다.

그러나 단종은 태어난 지 이틀 만에 어머니 현덕빈을 잃어, 쓸쓸한 어린 시절을 보냈다. 세종은 어린 세손의 장래를 근심하여 성삼문과 박팽년, 신숙주 등에게 세손을 잘 보살필 것을 간곡히 당부하였다. 단종은 12세 되던 해, 문종이 재위 3년 만에 세상을 떠나자 왕위에 올랐다.

이듬해 첫째 작은아버지인 수양대군이 정인지, 한명회, 권남 등과 결탁하여 단종을 보필하던 영의정 황보인과 좌의정 김종서 등을 암살하고, 그의 심복들로 하여금 요직을 장악하게 한 후 단종을 물러나도록 하였다. 어린 단종은 어쩔 수 없이 왕위를 세조에게 빼앗기고 상왕(上王)이 되었다. 단종 즉위 3년 만에 일어난 일이다.

그 이듬해(1456년), 세종으로부터 단종을 보살필 것을 당부받은 성삼문, 박팽년, 이개, 하위지, 유성원, 유응부 등이 단종의 복위를 계획하였으나 김질의 배반으로 사전에 발각되어 처참히 죽게 되었다. 그들을 이른바 사육신(死六臣)이라 한다. 이 사건으로 단종은 노산군으로 강봉되고 영월 청령포에 유배된다.

박팽년은 충청감사에 있을 때부터 공문에 '신(臣)'이란 말을 쓰지 않음으로써 세조를 왕으로 섬기지 않겠다는 뜻을 밝혔고, 성삼문은 '하늘엔 두 해가 없고 백성에겐 두 임금이 없다'고 하며 세조의 녹을 먹지 않겠다고 하였다. 유응부는 가혹한 고문에도 끝내 굴복하지 않았으며, 이개, 하위지도 마찬가지로 불사이군의 정신으로 갖은 고문에도 늠름한 태도를 보였다. 유성원은 일이 발각된 사실을 전해 듣고 집에서 스스로 목숨을 끊었다.

3면이 큰 강으로 단절되고 한면은 절벽이라 한번 들어오면 스스로 빠져나가기 힘든, 유배지로서는 안성맞춤인 청령포에서 한동안 거처했던 단종은 홍수를 피해 영월 객사였던 관풍헌으로 거처를 옮겨 겨울을 나게 되었다.

그러던 중 경상도 순흥에 유배되어 있던 넷째 작은아버지 금성대군이 다시 단종의 복위를 꾀하다 발각된 일이 생겼다. 이로써 노산군은 다시 서인으로 강등되었으며 1457년 10월 마침내 죽임을 당했다. 단종의 나이 17세 때였다.

이후 숙종 7년(1681)에 노산대군으로 승격되었고, 1698년에 단종으로 복위되었으며 능호도 장릉이라 하였다. 죽은 지 200여 년 만의 일이다.

관풍헌과 자규루

영월 시내 한복판에 있는 조선 초기의 동헌터. 청령포에 홍수가 나자 단종은 이곳 '관풍헌'(觀風軒)으로 거처를 옮겼다. 그리고는 이 앞뜰에 영월군 영월읍의 중심, 강원은행 영월지점 옆에 있다. 38번 국도가 통과하는 곳이다. 관풍헌 주변 길가에는 유료 주차 구역이 있으며, 읍내 여러 곳에 여관과 식당이 있다.

서 1457년 세조가 보낸 사약을 받고 죽임을 당하였다.

고색창연한 큰 건물 세 채가 동서로 나란히 잇닿아 있는 붙임집인 이 건물에 해방 전에는 영월 군청이, 그 뒤에는 영월중학교가 들어서기도 했으나, 현재는 신라 시대 의상이 창건했다고 전하는 보덕사의 포교당으로 쓰이고 있다.

동헌 동쪽에 있는 누각인 '자규루'(子規樓)는 어린 단종이 피를 토하며 운다는 자규(소쩍새)의 한을 담은 시를 읊었다고 해서 이름 붙여진 누각이다. 본래 세종 13년(1431)에 이 고장 군수 신권근이란 사람이 창건해서 매죽루(梅竹樓)라고 하였으나, 단종이 이곳에서 거처한 이후 자규루로 불리게 되었다. 단종이 지은 시 2수가 『장릉지』(莊陵誌)에 전한다.

자규사

달 밝은 밤에 두견새 울제
시름 못 잊어 누대 머리에 기대 앉았더라
네 울음 소리 하도 슬퍼 내 듣기 괴롭구나
네 소리 없었던들 내 시름 잊으련만
세상에 근심 많은 분들에게 이르노니
부디 춘삼월에는 자규루에 오르지 마오

月白夜蜀魂啾
含愁情依樓頭
爾啼悲我聞苦
無爾聲無我愁
寄語世上苦榮人
愼莫登春三月子規樓

근심에 잠겨 누대에 홀로 앉아 있으려니 자규가 우는데, 그 소리가 자신의 신세같이 비참하고 처량하게 들린다고 읊고 있다. 또 하나의 시는

구중궁궐을 떠나 두메산골 영월로 쫓겨나 귀양살이하는 외로운 자신의
심사를 표현한 것이다.

관풍헌을 포교당으로 쓰고 있는 보덕사
는 현재 장릉 근처에 있는 자그마한 사찰
이지만, 문무왕 8년 의상대사가 창건했
다는 설화를 가진 오래 된 절이다.
또한 1698년 노산군이 단종으로 다시 복
위되었을 때 단종의 원혼을 달래는 원찰
이 되었던 내력을 가지고 있다.

자규시

한 마리 원한 맺힌 새가 궁중을 떠난 뒤로
외로운 몸 짝 없는 그림자가 푸른 산속을 헤맨다
밤이 가고 밤이 와도 잠을 못 이루고
해가 가고 해가 와도 한은 끝이 없구나
두견 소리 끊어진 새벽 멧부리에 지새는 달빛만 희고
피를 뿌린 듯한 봄 골짜기에 지는 꽃만 붉구나
하늘은 귀머거린가? 애달픈 하소연 어이 듣지 못하는지?
어찌하여 수심 많은 이 사람의 귀만 홀로 밝은고

一自冤禽出帝宮
孤身隻影碧山中
假面夜夜眠無假
窮恨年年恨不窮
聲斷曉岑殘月白
血流春谷洛花紅

관풍헌
단종이 죽임을 당한 옛 영월의 동헌터. 지
금은 인근 보덕사의 포교당으로 쓰이고
있다.

자규루
원래 매죽루라 하였으나 단종이 이곳에 올라 자규시를 읊었다고 하여 자규루로 불리게 되었다.

天聾尚未聞哀訴
何奈愁人耳獨聽

앞에 서 있는 오동나무 한 그루만이 단종의 애끓는 사연을 아는지 모르는지 큰직한 오동꽃을 눈물처럼 뚝뚝 떨어뜨리고 있는 지금의 자규루 앞은, 주변에 가게들이 늘어선 큰길가로 얄팍한 담장 하나를 세워두었지만 형식적인 경계가 될 뿐 퍽 어수선하다.

장릉

영월군 영월읍 영흥리에 있다. 영월읍에서 38번 국도를 따라 제천 쪽으로 1.4km 가량 가면 된다. 제천 쪽에서 오면 소나기재 넘어 영월로 들어오는 초입에 있다.
장릉 주변에는 넓은 주차장이 있고 음식점도 여럿 있으나 숙박할 곳은 없다. 영월읍내 숙박시설을 이용하는 것이 좋다. 영월에서 장릉까지는 버스가 자주 다닌다.

단종이 관풍헌에서 죽임을 당하였으나 주검을 거두는 이가 없었다. 모두들 후환이 두려웠던 것이다. 이때 당시 영월 호장(戶長)이었던 엄홍도가 한밤중에 몰래 시신을 거두어 산속으로 도망 가다가 노루 한 마리가 앉아 있는 곳을 발견하고 그곳에 단종의 시신을 묻었다. 떳떳이 시신을 거둘 수 있는 상황이 아니었기에 좋은 터를 고를 겨를이 없었다. 쫓기는 와중에 마침 노루가 앉았던 터에만 눈이 쌓이지 않았기에 엉겁결에 땅을 파고 시신을 묻었을 뿐인데, 풍수지리가들의 말에 의하면 단종의 묘가 자리 잡은 곳은 천하의 명당이라고 한다.

단종의 무덤은 중종 11년(1517) 임금의 명으로 찾게 될 때까지 세상 사람들에게 알려지지 않았다. 숙종 때인 1698년 비로소 왕의 대접을 받게 되자, 그제야 '장릉'으로 불리게 되었다.

숙종은 어제시(御製詩, 왕이 직접 지은 시)를 많이 남긴 왕으로 유명한데, 단종을 왕으로 복권시키고 그 묘를 능으로 추봉한 뒤 단종에 관한 시도 여러 편 읊었다. 그 중에 「노산군의 일을 생각하며 감회를 읊은 시」를 보자.

어리실 때 임금의 자리를 물려주시고
멀리 벽촌에 계실 때에
마침 비색한 운을 만나니
임금의 덕이 이지러지도다
지난 일을 생각하니
목이 메고 눈물이 마르지 않는구나
시월달에 뇌성과 바람이 이니
하늘의 뜻인들 어찌 끝이 없으랴
천추에 한이 없는 원한이요
만고의 외로운 혼이로다
적적한 거치른 산속에

입장료
어른 1,000(800)·군인과 청소년 800 (600)·어린이 500(400)원, 괄호 안은 30인 이상 단체

영월의 별미로 유명한 장릉 보리밥집(T.033-374-3986)이 장릉 옆에 있다. 장릉보리밥집에서는 보리밥에 10여 가지의 산나물이 나오는데, 20년의 역사를 자랑한다.
영월초교 옆에는 장릉보리밥집과 더불어 영월의 대표적인 향토음식점으로 통하는 두꺼비집(T.033-374-2876)이 있다. 이곳은 칡국수로 유명하다.

장릉 전경
규모는 그리 크지 않으나 원형이 잘 보존된 왕릉으로, 다른 능과는 달리 산줄기 높은 곳에 자리 잡고 있다.

장릉
영월 호장 엄홍도가 노산군의 시신을 급히 묻은 곳으로 숙종 때 단종으로 복위되면서 장릉으로 불리게 되었다.

『장릉지』(莊陵誌)는 단종이 왕위를 빼앗긴 뒤 영월에서 승하하기까지의 일과 숙종 때의 복위에 관한 문제를 기록한 책이다.
부록 「추강집중」의 육신전은 남효온이 썼는데, 사육신의 숭고한 절의를 세상에 알리기 위해 목숨을 걸고 쓴 것으로 세조에 아부하던 사관들이 쓴 기록과는 매우 다른 사실을 적고 있다.
한 예로 『세조실록』에서는 "금성대군의 죽음 소식에 노산군이 스스로 목을 매어 죽었다"고 했으나, 『장릉지』는 "세조 3년 10월 24일 유시에 복득(단종의 하인)이 활끈으로 노산군의 목을 졸라 숨지게 하였다"고 쓰고 있다.

푸른 소나무 옛 동산에 우거졌구나
높은 저승에 앉으시어
엄연히 곤룡포를 입으시고
육신들의 해를 꿰뚫는 충성을
혼백 역시 상종하시리라

　그 뒤 단종에 대한 엄홍도의 높은 충절이 인정되어 그의 자손들에게 벼슬자리가 내려진 것은 물론, 비록 죽은 뒤이지만 엄홍도에게도 공조참판이라는 벼슬이 내려졌다.

　해마다 한식날에 단종에게 제사를 지내는데, 1967년부터는 단종제로 이름이 바뀌어서 이 지방의 향토문화제가 되었다. 단종제 기간은 영월읍에 사람이 가장 많이 모이는 때이다.

　장릉은 조선 시대의 다른 왕릉들과 비교해 몇 가지 특징이 있다. 우선 문화제로서 제향이 거행되는 조선 시대 왕릉은 장릉뿐이다. 둘째, 조선 시대 왕릉은 서울에서 100리를 벗어나지 않는 곳에 두는 것이 관례

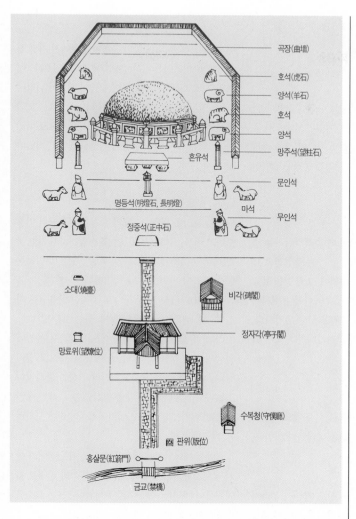

조선 왕릉의 구조(건원릉)
조선 태조의 왕릉으로 조선 왕릉 제도의
표본이 되었다.

곡장(曲墻)
호석(虎石)
양석(羊石)
호석
양석
망주석(望柱石)
혼유석
문인석
명등석(明燈石, 長明燈)
마석
무인석
정중석(正中石)
소대(燒臺)
비각(碑閣)
정자각(亭子閣)
망료위(望燎位)
수복청(守僕廳)
판위(版位)
홍살문(紅箭門)
금교(禁橋)

인데, 그 관례를 깬 유일한 왕릉이다. 셋째, 낮은 구릉에 자리 잡고 있
는 다른 왕릉과는 달리 산줄기 높은 곳에 자리 잡고 있다. 넷째, 규모는
크지 않으나 원형이 잘 보존되었다는 점에서 경기도 여주의 영릉(세종
대왕릉)과 더불어 으뜸으로 꼽힌다.

　사적 제196호로 지정된 장릉은 영월읍 영흥리 동을지산 기슭에 소나
무 숲으로 둘러싸여 있다. 묘는 서울 쪽, 곧 남쪽을 바라보고 있으며 묘
를 둘러싼 소나무는 모두 묘를 향해 절을 하듯 묘하게 틀어진 것이 많아

단종에 얽힌 갖가지 설화

장릉 설화

아무도 거두어줄 이 없는 단종의 시신이 강물에 떠내려가는 것을 영월 호장(戶長)이었던 엄흥도가 동강과 서강이 만나는 곳에서 건져 지금의 장릉 자리에 암장하고는 세조의 보복이 두려워 종적을 감춰버렸다고 한다.

추익한 설화

단종이 유배된 후 외로이 지낼 때 추익한이라는 충신이 머루를 자주 따다드렸다. 하루는 추익한의 꿈에 단종이 백마를 타고 지나가기에 그 행방을 물었더니 태백산으로 간다 하였다. 추익한이 유배지에 당도했을 때는 이미 단종이 죽임을 당한 뒤인지라, 꿈에 단종이 간 길로 뒤따라 달려가다가 기력이 쇠진하여 죽었다는 이야기다.

낙화암 전설

단종이 죽자 단종을 모셨던 시녀들이 동강의 절벽에서 떨어져 죽음으로써 그 슬픔을 나타냈다고 한다.

어라연 전설

영월에서 동강을 따라 12km 정도 거슬러 올라가면 녹색 융단을 깔아놓은 듯 아름다운 어라연 계곡이 나온다. 죽은 뒤 단종의 혼령이 영월에서 가장 경치가 좋은 어라연에서 신선처럼 살고자 하였으나, 어라연의 크고 작은 물고기들이 줄줄이 떼지어 나타나서는 '안된다, 태백산의 신령이 되어야 한다'고 간곡히 진언하는 바람에 그는 급기야 태백산으로 떠났다. 이렇게 해서 단종 혼령이 태백산 신령이 되었다고 한다.

박충원 설화

단종이 죽임을 당하고, 그의 주검을 거두었던 엄흥도마저 세상을 떠나니 그 묘소조차 알려지지 않고 풀섶 속에 버려지게 되었다. 이후로 영월에 부임하는 군수 일곱이 원인 모르게 죽어갔다.

중종 36년(1541)에 군수로 부임한 박충원은 피신할 것을 권하는 군리들의 말에 "죽는 것은 명(命)"이라 하며 물리쳤다. 그러던 어느 날 비몽사몽간에 임금의 명을 받들고 왔다는 이에게 숲 속으로 끌려갔다. 어린 임금을 모시고 6인의 신하가 둘러앉아 있었다. 임금이 처형할 것을 명하였으나, 세번째 앉아 있던 이가 살려두자고 아뢰어서 처형만은 모면하게 되었다.

잠에서 깨어난 박충원은 꿈속의 왕이 단종이라 여겨져 묘소를 수소문했다. 엄흥도 후손의 안내로 찾아가보니 과연 꿈속에서 본 곳이었다. 그는 묘소를 수습하고, 정중하게 제사를 올렸다.

장릉에서 제천으로 나갈 때 홍살문을 지나자마자 만나게 되는 첫 고개를 소나기재라 부른다. 유별나게 소나기가 자주 내린다 하여 붙여진 이름인데, 그 소나기는 단종 유배 후 하늘이 흘리는 눈물이라고 한다.

더 애틋해 보인다. 묘 앞에는 칼 든 자에게 왕위를 빼앗겼으므로 무신석 없이 문신석만 서 있는데, 그 표정도 구슬프다. 묘 뒤쪽으로는 반달 모양으로 담장을 둘렀다. 진흙을 발라가며 전(塼, 흙을 구워 만든 벽돌)을 쌓고 기와를 얹은 그 정연한 모습하며 기와 아래 바깥쪽 담에 화강암으로 별을 수놓듯 장식한 꽃담이 퍽 아름답다. 최근 시멘트를 발라 보수해놓은 담장 일부분과 옛 담장이 나란히 잇닿아 있어 담장에 쏟은 예와 오늘의 마음씀새가 미감(美感)으로 비교된다.

그 밖에 박충원 정여각, 엄흥도 정여각, 단종으로 인하여 순절하거나 희생된 충신·종친·시종 들의 위패를 공동으로 모신 충신각, 제사 지낼 때 제물을 차려놓는 배식단, 제사 지낼 때 더 물이 풍부해지는 우물 영천, 제사를 지내는 중심 건물인 정자각, 단종의 생애를 기록한 단종 비각 등이 장릉 입구에서부터 왕릉이 있는 곳까지 차례로 늘어서 있다.

소나기재에서 첩첩 산너머로 지는 일몰을 바라보면 서해에서 보는 것과는 또다른 감동을 받게 된다.

한편 영월에서 주천으로 가는 402번 지방도 고개마다에는 왕(단종)이 넘었다 해서 군등치, 유배지에 가까워진다는 불안감 때문에 서산으로 넘어가는 해를 향해 절을 했다고 해서 배일치 등 단종과 연관된 전설을 가진 고개들이 있다.

무릉리 마애여래좌상

유래를 알 수 없는 아담한 삼층석탑이 마을 파수꾼처럼 서서 오가는 사람을 반기는 수주면. 비단결처럼 물이 맑기로 유명한 주천강을 따라가는 법흥사 길에 작은 선물처럼 여겨지는 강원도 유형문화재가 하나 있다.

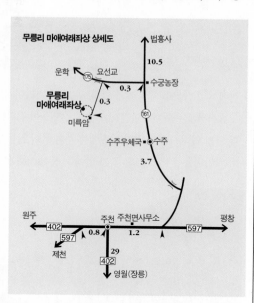

무릉리 마애여래좌상 상세도

영월군 수주면 무릉리에 있다. 주천에서 597번 지방도를 따라 평창 쪽으로 1.2km 가면 왼쪽으로 수주면으로 들어가는 161번 군도로가 나온다. 이 길을 따라 3.7km 더 가면 수궁농장 표지판이 보인다. 그 앞으로 난 175번 군도로로 좌회전해 300m 간 후, 다시 요선교 바로 못미처에서 비포장길을 따라 좌회전해 300m 더 가면 미륵암이다. 미륵암 입구에서 오른쪽으로 난 산길을 따라 100m쯤 오르면 마애여래좌상이 나온다.

미륵암까지는 대형버스도 들어갈 수 있으며, 주변에는 숙식할 곳이 없고 주천으로 나가야 한다. 큰길가 수궁농장 옆 버스정류장에는 법흥사나 운학으로 가는 버스가 자주 다닌다.

'요선정'(邀僊亭)이라는 아담한 정자 앞 큰 바위에 새겨진 마애불이 그것이다.

수주면 무릉리에 이르면 '사자산 미륵암 300m'라는 길 안내 표지판이 보이는데, 여기서 왼쪽으로 꺾어 들어가 300m 정도 더 가야 한다. 도로 쪽에서 보아서는 낮은 둔덕이지만 마애여래좌상이 새겨진 큰 물방울같이 생긴 바위 뒤쪽으로는 벼랑이 아득하다. 이곳은 백덕산과 구룡

무릉리 마애여래좌상 전경
물방울처럼 생긴 바위에 마애여래좌상이
새겨져 있고, 옆에는 요선정이라는 아담
한 정자가 있다.

산에서 흘러온 두 물줄기가 합쳐지는 합수머리이기도 하다.

　　요선정에는 숙종이 남긴 어제시며, 선인들이 감회를 읊은 글귀들이 여
럿 걸려 있다. 60m 벼랑 아래에는 푸른 물이 감돌고 좌우로 건너다보
이는 암벽들이 아름답다. 정자 앞에는 창건 시대를 알 수 없는 작은 삼

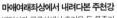 주천 시외버스터미널 건너편
에 있는 주호식당(T.033-372-7213)
에서는 값싸고 맛있는 자장면을 먹을 수
있다.

마애여래좌상에서 내려다본 주천강
백덕산과 구룡산에서 흘러온 두 물줄기
가 합쳐지는 곳이다. 60m 벼랑 아래로
푸른 물이 감돌고 좌우로 건너다보이는
암벽들이 아름답다.

주천

마을 앞 냇가의 주천석(酒泉石)이라는 돌 구유와 망산 밑에 있는 우물에서 유래된 지명이다. 옛날 술이 끊임없이 솟아오르는 술샘에 술을 마시러 오는 사람들의 발길이 줄을 이었다. 귀찮아진 고을 아전들이 돌 구유를 현청으로 옮기려 하자, 별안간 하늘에서 벼락이 떨어져 세 동강이 났다. 하나는 강물로 쏙 빠져버리고 하나는 어디론가 사라졌으며, 하나만 남았다고 한다.

"……원성부곡 옛 고을 서쪽에 깎아 세운 듯한 높은 봉우리 우뚝 솟아 창연히 섰네. 벼랑 아래는 물이 깊고 맑아서 굽어보면 검푸른데, 돌 술통이 부숴져 강가에 가로 놓였네.……"라는 강희맹의 시가 전한다.

본래 이 고장은 고구려 때 주연현(酒淵縣)이라고 불릴 만큼 술과 관련된 이야기들이 많다.

　　　주천강가의 마애불
　　　—주천에서

　　　신경림

　　다들 잠이 든 한밤중이면

몸 비틀어 바위에서 빠져나와
차디찬 강물에
손을 담가보기도 하고
뻘겋게 머리가 까뭉개져
앓는 소리를 내는 앞산을 보며
천년 긴 세월을 되씹기도 한다

빼앗기지 않으려고 논틀밭틀에
깊드리에 흘린 이들의 피는 아직 선명한데
성큼성큼 주천 장터로 들어서서 보면
짓눌리고 밟히는 삶 속에서도
사람들은 숨가쁘게 사랑을 하고
들뜬 기쁨에 소리 지르고
뒤엉켜 깊은 잠에 빠져 있다

참으려도 절로 웃음이 나와
애들처럼 병신 걸음 곰배팔이 걸음으로 돌아오는 새벽
별들은 점잖지 못하다
하늘에 들어가 숨고
숨 헐떡이며 바위에 서둘러 들어가 끼어앉은
내 얼굴에서는
장난스러운 웃음이 사라지지 않고 있다

층석탑 하나가 서 있다.

마애여래좌상은 통통한 두 눈, 큼직한 입과 코, 그리고 거대한 귀를 가지고 있어 인상이 박력 있어 보인다. 상체는 원만하지만 하체는 거대하여 불균형스럽다. 사실적으로 묘사된 손에 비해 결가부좌한 발은 도식적이다.

무릉리에서 법흥사 가는 길을 따라 흐르는 주천강은 아직은 그리 많은 사람들이 찾지 않아 인적이 드문 편이다. 또 울창한 숲이 있고 물이 맑아 캠핑하기 좋은 곳이기도 하다.

'해동 제일 방생 도량'이라고 해서 초파일을 전후해 방생하러 오는 인 파들이 많고, 여름에는 깨끗하고 잔잔한 물에 이끌린 사람들의 발걸음 이 끊이지 않는다.

법흥사

영월군 수주면 법흥리에 있 다. 무릉리 마애여래좌상 입구 수궁농장 앞에서 161번 군도로를 따라 9.2km 더 들어가면 법흥리 절골에 이르게 되고, 여 기서 왼쪽으로 난 길로 1.3km 더 가면 법흥사다.
법흥사 앞에는 대형버스 여러 대가 주차 할 수 있는 큰 주차장이 있다. 법흥리 주 변에는 민박집과 음식점이 더러 있으나 주천에서 숙박할 것을 권한다. 주천에서 법흥사로 가는 버스는 하루 5회 있다(주 천→법흥사: 06:30, 08:15, 11:30, 14:20, 19:00).
주천으로 오는 버스는 영월뿐만 아니라 원주, 춘천, 고한, 태백 등지에서도 자 주 있으며, 주천과 영월을 오가는 버스는 약 1시간 간격으로 하루 14회 있다.

무릉리 마애여래좌상에서 북쪽으로 달리며 보는 강과 계곡. 이중환은 『택 리지』에서 이 일대를 "치악산 동쪽에 있는 사자산은 수석이 30리에 뻗 쳐 있으며, 법천강의 근원이 여기이다. 남쪽에 있는 도화동과 무릉동도 아울러 계곡의 경치가 아주 훌륭하다. 복지(福地)라고도 하는데 참으 로 속세를 피해서 살 만한 지역이다"라고 하였다. 그 경치 뛰어난 사자 산(獅子山)의 남쪽 기슭에 '법흥사'(法興寺)가 자리 잡고 있다.

사자산은 횡성과 평창, 영월의 세 경계가 만난 지점에 있다. 사자산 을 중심으로 동쪽에는 백덕산(1,350m)이 감싸주고, 서쪽으로는 삿갓 봉, 남쪽으로는 연화봉이 둘러서서 웅장한 산악 맛을 내고 있다. 언제 부터 사자산이라 불렸는지는 잘 알 수 없으며, '네 가지 재물이 있는 산' 이기에 사재산(四財山)이라고도 부른다. 그 네 가지 재물은 산삼과 옻 나무, 가물었을 때 훌륭한 대용 식량이 되는 흰 진흙과 꿀이다.

법흥사 입구에는 넓은 주차장이 마련되어 있고, 주차장 오른쪽으로 새 건물 공사가 한창이다. 왼쪽 숲으로 약간 가려진 곳에 보물로 지정된 징 효대사 부도비와 부도가 있다.

신라의 자장율사는 당나라에서 문수보살을 친견하고 석가모니의 진 신사리와 가사를 전수받아 선덕여왕 12년(643) 귀국한 뒤 오대산 상원 사와 태백산 정암사, 양산 통도사, 설악산 봉정암에 사리를 봉안하고, 마지막으로 영월에 법흥사를 창건하여 진신사리를 봉안했다. 이때의 절 이름은 흥녕사(興寧寺)였다. 그 뒤 징효대사 절중은 신라 말에 쌍봉사 를 창건하여 선문을 크게 일으킨 철감선사 도윤에게 가르침을 받아 이 절을 사자산문의 근본 도량으로 삼았다. 혜종 1년(944) 중건되고 이후 큰 화재를 만나 1,000년 가까이 명맥만 이어오다가, 1902년 비구니 대

원각이 다시 중건되면서 법흥사로 이름을 바꾸었다.

쭉쭉 뻗은 키 큰 전나무가 상쾌함을 주는 오솔길을 약 300m 걸어 올라가면 선원이 있고, 거기서 다시 오른쪽 길을 따라 산을 오르면 적멸보궁이 나선다. 짙은 그늘이 드리워진 산속의 오솔길도 발걸음을 재촉하지만, 선원 뒤쪽에 보이는 사자산의 봉우리들이 서기를 머금고 법흥사 도량을 듬직하게 둘러싸며 웅장한 산악의 맛을 내고 있어 한껏 그 위를 올려다보고만 싶기도 하다.

적멸보궁은 정면 3칸 측면 2칸의 팔작집이다. 보궁 안에 불상을 봉안하지 않은 것은 석가모니의 진신사리를 봉안하였다는 사리탑이 건물 뒤쪽 언덕에 있기 때문이다. 사리탑은 넓은 방형 지대석 위에 팔각 하대석을 올려놓고 그 위에 중대석을 놓았는데, 상하 대석에 각각 앙련과 복련

법흥사 적멸보궁
최근 적멸보궁을 새로 짓고 앞터도 넓혔다. 보궁 뒤의 사자산이 법흥사를 듬직하게 둘러싸고 있다.

법흥사 전나무 숲길
적멸보궁으로 오르는 300여 미터의 길은
울창한 전나무 숲을 이루고 있어 상쾌함
을 더해준다.

을 장식했다. 몸돌은 팔각이며, 전후 양면에 문비를 모각하고 나머지 여섯 면에 각각 신장상을 양각하였다. 지붕돌은 팔각으로 낙수면이 급하고 각 모서리마다 귀꽃을 장식하였으며, 상륜부는 보개와 보주를 갖추고 있다.

진신사리를 봉안하였다는 이 사리탑은 기실 이름을 알 수 없는 한 스님의 부도일 뿐이다. 이것이 진신사리를 봉안한 사리탑으로 둔갑한 연유와 시기는 알 수 없으나, 다만 진신사리의 영원한 보전을 위해 자장율사가 사자산 어딘가에 사리를 숨겨둔 채 적멸보궁을 지었다고만 알려져 있다. 지금도 간혹 사자산 주변에 무지개가 서리는 것은 바로 그 사리가 발하는 광채 때문이라고 한다.

사리탑 옆에 있는 토굴은 자장율사가 수도하던 곳이라고 전해진다. 토굴은 낮은 언덕에서 내려오는 완만한 경사를 이용하여 흙으로 위를 덮었으며, 봉토를 올리기 위해 토굴 주변에 석축을 올렸다. 바깥에서 보

사리탑과 자장굴
적멸보궁 뒤에는 부처님 진신사리를 봉안했다는 사리탑과 자장율사가 수도했다는 토굴(자장굴)이 있다.

기에는 사람이 드나들 수 없이 작게 보이지만 내부는 높이 160cm, 깊이 150cm, 너비 190cm 정도 되는 비교적 넉넉한 공간이다.

근래에 석가모니 생애를 조각한 판석을 적멸보궁터 아래에 둘러 세워 놓았는데, 솜씨가 매우 조잡하여 눈살을 찌푸리게 한다.

징효대사 부도비

징효대사 절중(826~900년)은 신라 말 구산선문 중 사자산파를 창시

한 철감국사 도윤(798~868년)의 제자로 흥녕사(법흥사의 옛 이름)에서 선문을 크게 중흥시킨 인물이다. 그의 부도비가 법흥사 입구 왼쪽 숲 속에 자리 잡고 있다. 높이 3.96m로 귀부 위에 비석을 세우고 그 위에 이수를 얹은 전형적인 부도비의 모습을 갖추고 있다. 비신 일부에 약간의

징효대사 부도 ◄
적멸보궁 뒤에 있는 사리탑과 크기나 형식이 비슷해 거의 같은 시기에 만들어진 것으로 보고 있다.

징효대사 부도비
거북이가 턱을 쑥 내밀고 있는 모습에서
진취적인 기상이 느껴진다. 보존 상태는
매우 양호한 편이다.

손상이 있을 뿐 보존 상태는 매우 좋은 편이다.

견고한 화강암으로 만든 비신에 "유당신라국사자산□□□□□교시징효대사보인지탑비명⋯⋯"(有唐新羅國師子山□□□□□教謐澄曉大師寶印之塔碑銘⋯⋯)이라는 글씨를 36행으로 새겨 징효대사의 행적과 당시의 포교 내용을 적고 있다. 또한 비문 마지막에는 "천복구년세재갑진유월십칠일립"(天福九年歲在甲辰六月十七日立)이라는 기록이 있어 이를 통해 천복9년, 곧 고려 혜종 1년(944)에 부도비를 세웠으며, 보인(寶印)이라는 탑호를 받아 '징효국사보인지비'라고 하였음을 알 수 있다.

지대석과 귀부는 하나의 돌이며, 턱을 앞으로 쑥 내밀고 있는 거북이 머리가 진취적으로 느껴진다. 콧대가 우뚝한 데다 두 눈도 부릅뜨고 있어 험상궂어 보인다. 귀부의 등에는 겹으로 된 육각의 귀갑문이 장식되어 있으며, 귀갑문 안에 4엽의 꽃무늬가 장식되어 있다. 또한 귀부의 네 발은 방형의 지대석을 딛고 있는데 다섯 발가락이 부드럽게 표현되어 있다.

귀부의 등 위에 비신 받침대를 마련하고 각면마다 구름무늬를 조각하였으며, 비신 받침대 위쪽에는 연꽃무늬를 두르고 있다. 그 위에 비신이 놓여 있으며 비신 위에 이수가 있다.

이수는 네 모서리에 각각 한 마리씩, 용 네 마리가 모두 목을 길게 뽑고 머리를 가운데로 내밀며 화염에 싸여 있는 보주를 서로 차지하겠다고 다투는 형상이다. 정면 중앙에는 '고징효대사비'(故澄曉大師碑)라는 글씨가 전각체로 조각돼 있다. 보물 제612호로 지정돼 있다.

징효대사 부도비와 함께 소나무 숲 속에 이웃해 있는 징효대사의 부도는 높이 2.7m로 앙련과 복련이 새겨진 장구형의 지대석 위에 팔각원당형의 몸돌을 얹고 모서리마다 귀꽃을 장식한 팔각의 지붕돌을 이고 있다. 매우 경쾌한 느낌을 주는 부도이다. 몸돌 앞뒤에는 곽선을 두르고 자물통을 새긴 문비 조각이 있다. 상륜부에는 보개와 보주가 남아 있다.

건립 연대는 징효대사 부도비와 같은 시기인 944~945년으로 추정된다. 강원도 유형문화재 제72호이다.

구산선문

통일신라 말기에는 새로운 불교사상인 선종(禪宗)이 중국으로부터 들어와 크게 성장했다. 선종은 경전을 위주로 공부하는 것보다 스스로의 본성을 깨닫는 것을 더 중시하였다.

당나라로부터 이 선종을 처음으로 전한 사람은 신행(信行)이었는데, 신행은 북종선을 배워 왔으나 많이 퍼뜨리지는 못했고, 이후 도의선사(道義禪師)가 들여온 남종선이 크게 퍼져나갔다. 왕실과 밀착해서 세력을 쥐고 있던 교종의 방해를 받기도 했지만, 지방 호족의 후원을 받으며 크게 발전해 많은 고승이 배출되었는데, 크게 9개파가 두드러졌다. 이 9개파의 본산을 구산(九山)이라 한다. 그리고 삼국시대부터 있었던 교종 5개파와 구산을 일컬어 '5교9산'이라고 한다.

특히 구산의 대도량은 모두 심산유곡에 자리를 잡았는데, 이런 풍토를 따라 크고 작은 사찰들이 산간 지역에 창건되었다. 오늘날 산중 사찰에서 많은 유물과 유적이 발견되는 것도 그 때문이다.

5교와 중심 사찰
열반종 : 무열왕 때 보덕이 경복사를 중심으로
계율종 : 선덕여왕 때 자장이 통도사를 중심으로
법성종 : 문무왕 때 원효가 분황사를 중심으로
화엄종 : 문무왕 때 의상이 부석사를 중심으로
법상종 : 경덕왕 때 진표가 금산사를 중심으로

구산 선문을 연 스님과 중심 사찰
실상산문 : 홍척, 남원 실상사
가지산문 : 도의, 장흥 보림사
사굴산문 : 범일, 강릉 굴산사
동리산문 : 혜철, 곡성 태안사
성주산문 : 무염, 보령 성주사
사자산문 : 철감, 영월 흥녕사(법흥사)
희양산문 : 도헌, 문경 봉암사
봉림산문 : 현욱, 창원 봉림사
수미산문 : 이엄, 해주 광조사

김삿갓

흔히 방랑 시인으로 잘 알려진 김삿갓(1807～
1863년)의 본래 이름은 병연(炳淵), 호는 난고(蘭
皐)이다. 신동이 났다는 소리를 들을 정도로 머리
가 좋고 글재주가 뛰어나 향시에 나가 급제를 하였
으나, 집도 처자도 버리고 방방곡곡을 떠돌며 해학
과 풍자의 시를 읊은 그는 천형의 죄인 같은 시인이
었다. 삿갓이라는 이름은 신분을 감추고 다닌 그가
김립(金笠)이라는 가명을 쓴 데서 비롯되었다.

그가 죽장에 삿갓 쓰고 미투리 신고 산수를 넘나
들며 해학과 풍자로 한세상을 떠돌던 방랑 시인인 줄
은 누구나 알고 있지만, 뜬 구름 같고 바람 같았던 그
의 삶의 궤적은 잘 알려져 있지 않다. 그의 묘소가
발견된 것도 그리 오래 된 일이 아니다. 1982년 영
월의 향토 사학자 박영국의 노력으로 영월읍 와석리
에서 그의 묘소가 확인되었다.

김병연은 명문 안동 김씨의 일가로 태어났다.
할아버지 김익순이 높은 벼슬을 지내 남부럽지 않은
어린 시절을 보냈다. 김병연이 다섯 살 때(순조 11
년, 1811) 평안도 일대에서 홍경래가 주도한 농민
전쟁이 일어났다. 이때 가산 군수를 지낸 정시는 포
로가 되어 저항하다가 죽임을 당하였으나, 선천에
서 부사를 지내던 김익순은 농민군에게 항복하여 겨
우 목숨을 구했다가 농민군이 관군에게 쫓길 때에는
농민군의 참모인 김창시의 목을 1천 냥에 사서 조정
에 바쳐 공을 위장하였다.

그런 이중 인격의 행위가 드러나자 김익순은 참형
을 당하였고, 비열한 인물로 사람들의 입에 오르내
렸다. 김삿갓의 어머니는 집안 내력을 철저히 숨기
고 병연에게 공부를 시켰다. 아무것도 모르는 어린
병연은 열심히 공부하여 입신 양명을 위해 과거를 준
비하였다. 병연은 향시에 나가 장원을 하였으나, 결
국 자신이 그토록 의기에 차서 비방하였던 김익순이
자신의 친할아버지임을 알게 되었다.

백일장의 시제가 '정시 가산 군수의 죽음을 논하
고 하늘에 사무치는 김익순의 죄를 탄식하라'였는데,
그는 타고난 글재주로 '한번 죽어서는 그 죄가 가벼
우니 만번 죽어 마땅하다'고 한껏 저주하였다. 곧 김
익순이 바로 친할아버지라는 사실을 알게 된 그는 자
책과 번민에 빠져들었다. 출세를 보장해줄 수단으로
믿었던 과거 시험이 조상을 욕하는 영원한 기념물이
될 줄이야. 그는 어이없이 천형의 죄인이 되고 말았
으며 이때부터 고행에 가까운 방랑을 시작하였다.

그가 처음으로 발을 디딘 곳은 금강산이었다.
금강산을 돌고돌며 가는 곳마다 시객을 만나 시를 짓
고 술을 얻어마셨다. 당시 그의 금강산 시는 금강산
구경 못지 않게 유명하여, 금강산을 찾은 선비들은
괴벽스러운 성격을 가진 그를 개운찮아 하면서도 그
가 써놓은 시구절은 귀중한 보물처럼 간직하였다고
한다.

나는 지금 청산을 찾아가는데
푸른 물아 너는 왜 흘러 오느냐?
(我向青山去 綠水爾何來)

소나무와 소나무, 잣나무와 잣나무, 바위와 바
위 사이를 돌아가니
물과 물, 산과 산이 곳곳마다 기기묘묘하구나.
(松松柏柏岩岩廻 水水山山處處奇)

꼿꼿, 뾰족뾰족, 괴괴한 경개가 하도 기이하여,
사람도 신선도 신령도 부처도 모두 놀라 참말인
가 못 믿을 것 같다.
내 평생의 소원이 금강산을 읊으려고 별러 왔으
나,
이제 금강산을 대하고 보니 시를 못 쓰고 감탄
만 하는구나.

(囍囍尖尖怪怪奇 人仙神佛共堪疑
平生詩爲金剛惜 及到金剛不敢詩)

힘도 안 들이고 즉흥적으로 써갈기는 그의 시구가 김삿갓이라는 이름과 함께 널리 알려지자 괴롭고 뒤틀린 심사를 감추듯 삿갓을 더 꾹 눌러쓴 그는 함경도 쪽으로 발걸음을 옮겼다.

어느 집에서 잠시 쉬어갈 때였다. 김삿갓이 떠난 뒤에 밥을 먹으려고 제법 유식한 마누라가 파자(破字)로 "인량차팔?"(人良且八) 하자 남편되는 자가 "월월산산"(月月山山)이라고 대꾸하였다. 그러자 김삿갓은 "견자화중(犬者禾重)아, 정구죽천(丁口竹天)이로다" 하고 욕을 하고 껄껄대며 그 집을 나섰다고 한다.

무슨 말인고 하니, '人＋良＋且＋八'은 '식구'(食具)이니 '밥상 차릴까요?' 하는 뜻이고, '月＋月＋山＋山'은 '붕출'(朋出)이니 '이 친구 나가거든'이란 뜻이며, 김삿갓이 한 말을 합치면 '저 종가소'(猪種可笑)가 되니 '이 돼지 새끼들아, 가소롭다'는 뜻이다.

어느 땐가 사람이 죽어 부고를 써달라는 부탁을 받고, "유유화화"(柳柳花花)라고 써주었다. '버들버들하다가 꼿꼿해졌다'는 뜻이다. 한자를 빌려 교묘하게도 우리 뜻을 표현한 것이다.

한번은 그가 개성에 갔을 때 어느 집 문 앞에서 하룻밤 잠을 청했다. 집주인은 문을 닫아 걸며 땔감이 없어 그런다고 했다. 그러자 그는 다음과 같은 시를 지었다. "고을 이름은 개성인데 어찌 문을 닫아 걸며, 산 이름이 송악인데 어찌 땔감이 없다 하느냐"(邑名開城何閉門 山名松岳豈無薪).

하루는 한 농가에서 양반 세도가가 선산의 묏자리를 자기네 딸의 묏자리로 썼다는 하소연을 들었다. 김삿갓은 "사대부의 따님을 할아버지와 아버지 사이에 눕혔으니 할아버지 몫으로 하오리까 아버지 몫으로 하오리까"라는 내용의 시를 써서 양반에게 갖다주도록 했다. 양반 세도가가 당장에 두말 없이 자기네 딸의 묏자리를 다른 곳으로 옮겼음은 물론이다. 그의 시에는 이처럼 민중의 응어리 진 한을 시원스레 풀어주는 시원함과 통쾌함이 있었다.

그는 문자를 맞추고 글자의 고저를 따지고 또 화조월석(花鳥月石)이나 음풍농월만을 따지는 한시를 거부했다. 비록 칠언고시 따위의 형식을 빌려 운자를 달았으되 그가 다루는 주제는 모두가 항간의 일이었고, 그의 시어에는 더러운 것, 아니꼬운 것, 뒤틀린 것, 속어, 비어가 질펀하게 깔려 있었다.

그가 쉰일곱에 전라도 화순군 동복에서 죽자, 역시 아버지를 찾아 방방곡곡을 돌아다니던 둘째 아들이 시신을 거두어 영월땅 태백산 기슭에 묻어주었다.

김삿갓의 묘소는 영월읍에서 동남쪽으로 영월 화력발전소, 고씨동굴, 와석재를 차례로 지나, 와석리 입구 김삿갓상회 뒤쪽으로 난 좁고 깊은 계곡 노루목에 있다. 이 계곡길로만 약 4km 간다.

영월 와석리 노루목에 있는 김삿갓의 묘

제2부 동해·삼척

너른 바다 깊은 산에 묻어둔 역사와 민속

동해

삼척

2 동해·삼척

강원도 동남쪽 해안에 붙어 길게 몸을 뉘고 있는 동해시
와 삼척에는 아름다운 해안선을 갖춘 해수욕장과 조용한 어
촌이 많으며, 동시에 '경치 좋은 산간 명소'로 등산객의 발길
이 끊이지 않는 두타산과 청옥산이 자리하고 있다.

촛대바위와 일출로 유명한 추암은 이제 해수욕장으로도 이름
이 막 나기 시작한 조용한 어촌이다. 경치 좋은 한적한 어촌에
지나지 않을 추암을 뜻깊게 하는 것은 해암정이라는 문화유적
이다. 고려 때 심동로가 벼슬을 버리고 낙향하여
지은 이 정자는 푸른 바다와 해안의 기암절벽을 하나
도 놓치지 않고 정원의 일부로 삼았다. 낙가사 또한 바
다 경치를 한껏 끌어안은 임해 사찰이며, 찾아가는 길이 동
해안 으뜸의 드라이브코스다.

특히 삼척은 삼한 시대의 실직국 이래, 고려와 조선에 이르기
까지 강릉에 버금갈 만한 중심지로서 많은 역사와 민속을 간직한
유서 깊은 고장이기도 하다. 우선 삼척 김씨의 시조인 실직군왕의 능
이 남아 있고, 대몽항쟁기에 이승휴가 『제왕운기』를 썼던 곳인 천은
사가 두타산 동쪽 계곡에 있다. 그리고 조선을 창업한 이성계의 조
상 묘인 준경묘와 영경묘가 있는가 하면, 이성계에게 내쫓긴 고
려의 마지막 왕 공양왕의 능이 있다. 조선 시대 문장가인 미
수 허목은 동해의 범람으로부터 척주(삼척의 옛 이름)땅
을 지켜내기 위해 '동해송'을 지어 비석을 세웠는데, 그
비석이 십분 효험이 있었을 뿐더러 글씨가 매우 뛰어나 주
목을 받고 있다.

또한 삼척의 끝바다인 갈남리에는 풍어와 마을의 안녕
을 비는 독특한 민간 성신앙인 해신당이 남아 있고, 태백
산 깊숙한 산골에서는 화전민의 독특한 가옥인 너와집을 볼
수 있다. '천길 푸른 석벽에 오십천 맑은 냇물'로 대표될 만큼

아름다운 천변 풍경을 보여주는 오십
천변에 세워진 죽서루는, 자연스러
움이라는 대명제 아래 자연과 인
공을 최상으로 조화시킨 우리 나
라의 대표적인 누각 건축물
로서 관동팔경의 하나이다.
동해시와 삼척은 자연 경
관이 단연 돋보이는 아름
다운 땅이다. 그래서
관광지로 먼저 알려지
긴 했지만, 그 속내
를 들여다보면 오
랜 역사 속에 많
은 이야깃거리
와 문화유산을
간직한 곳이며,
너른 바다와
깊은 산에 적
응해 살면서
만들어낸 민
속 또한 풍
부한 곳임
을 알 수
있다.

코스 4 동해

바다를 제대로 누릴 줄 알았던 그 안목

삼척시와 강릉시 사이에 무릎처럼 끼여 있는 동해시는 1980년 당시 삼척군 북평읍과 명주군 묵호읍이 통합된 신생 도시로, 삼한 시대 진한의 실직국(悉直國)이었다가 신라에 속하게 된 이래 고구려와 늘상 세력 다툼이 벌어지던 격전장이었다. 고려와 조선을 거치면서 여러 차례 크고 작은 행정 변화가 있었다.

　삼척시와는 청옥산과 두타산, 그리고 추암을 경계로 하고 있으며, 강릉시와 가까운 북쪽은 망상해수욕장이 경계가 되고 있다. 서쪽으로는 태백산맥의 준봉이 높이 솟아 있으며, 동쪽 해안으로 갈수록 조금씩이나마 평야가 나타난다.

　동해시 북쪽에 자리 잡은 묵호는 일제강점기에 태백산에서 캐낸 석탄을 실어내던 항구로, 본래 오이진이라 불렸는데 1930년대 바닷물이 먹물처럼 검어지자 묵호진(墨湖津)이라 불리게 되었다. 남쪽에 있는 북평항 역시 시멘트와 석탄의 하역장이자 원양어선이 정박하는 국제항으로서 동해안 어업 기지의 중요한 거점이 되고 있다.

　동해안을 따라 이어지는 동해고속도로가 생겨 관광 도시로서의 이점이 매우 커졌으며, 특히 안인에서 정동진에 이르는 국도는 동해안 드라이브코스의 일번지로 꼽힐 만큼 바다 경치가 매우 뛰어나다.

　북평동의 추암은 일명 '촛대바위'로 해돋이 경치가 뛰어난 한적한 어촌이며, 동해 바다를 정원으로 삼아 집안으로 끌어들인 '해암정'이 볼 만하다.

　'경치 좋은 산간 명소'로 이름 높은 두타산과 운동장만한 너럭바위에 옛 명사들의 시구가 그림처럼 펼쳐져 있는 무릉계곡의 초입에 자리 잡은 삼화사는, 경치에 묻혀 그 내력이 덜 알려져 있지만 1,300년의 전통을 이어온 고찰이다.

　안인에서 가까운 낙가사는 우리 나라에서는 보기 드문 임해 사찰로 확 트인 바다를 바라보는 전망이 매우 좋다. 행정구역상 강릉시에 속하지만 안인에서 정동진에 이르는 드라이브코스와 연결해 동해 여행권으로 묶었다.

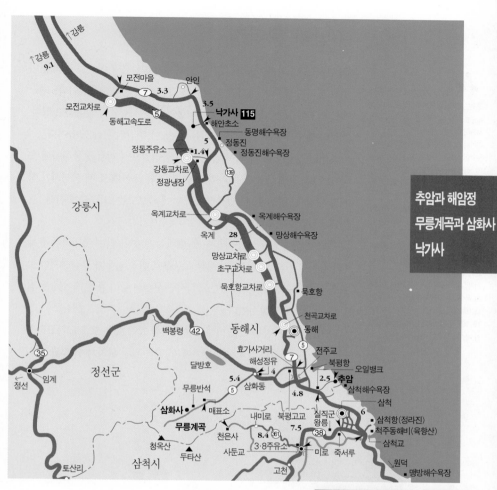

강릉
9.1
↑강릉

모전마을
⑦ 3.3   안인
모전교차로
⑤
동해고속도로
3.5   낙가사 **115**
해안초소
동명해수욕장
정동주유소   정동진
1.4   정동진해수욕장
강동교차로
정광냉장
⑬⑨

강릉시

옥계교차로   옥계해수욕장
옥계   28   망상해수욕장
망상교차로
초구교차로
묵호항교차로   묵호항

천곡교차로
백봉령 ㊷   동해시   동해
효가사거리   ⑤   전주교
㉟   달방호   해성정유   ⑦   북평항   오일뱅크
정선군
정선 임계   무릉반석   5.4   삼화동   4   2.5   추암
⑤   삼척해수욕장
삼화사   매표소   4.8   삼척
무릉계곡   내미로   실직군   6   삼척항(정라진)
북평고교   왕릉   척주동해비(육향산)
청옥산   천은사   7.5   미로   ⑱   삼척교
토산리   두타산   사둔교   8.4 ㊱   죽서루   원덕
삼척시   3·8주유소   미로   고천   맹방해수욕장

동해시로 가려면 강릉에서 동해고속도로를 타는 것이 가장 빠르다.
강릉 시내에서 7번 국도를 따라갈 수도 있으며,
정선에서 임계를 넘어오는 42번 국도를 이용할 수도 있다.
삼척·울진 쪽으로도 7번 국도가 연결되어 있다.
강릉까지 가는 영동선기차가 동해시를 지나며, 고속버스와 시외버스도
서울, 강릉, 대구, 부산, 춘천, 원주 등 여러 지역과 연결되어 있다.
무릉계곡과 해수욕장 등 관광지가 많아 호텔, 여관, 민박, 식당 등
숙식할 곳이 많이 있다.

추암과 해암정

동해시 북평동에 있다. 동해
고속도로 시발점인 천곡교차로에서 7번
국도를 따라 삼척 쪽으로 가다보면 효가
사거리가 나온다.
여기서 좌회전하면 동해역으로 가고 우회
전하면 삼화사(무릉계곡)로 갈 수 있는
데, 직진해서 삼척 쪽으로 4.8km 가량
가면(가는 도중 전주교를 건넌다) 왼쪽
으로 주유소(오일뱅크)가 나온다.
주유소를 끼고 좌회전해 시멘트길을 따라
2.5km 가면 해암정이 있는 추암이다. 승
용차는 마을 안까지 들어갈 수 있으나 대
형버스는 마을 앞 기차가 다니는 굴다리
까지만 갈 수 있다. 대형버스는 굴다리 입
구에 주차해야 한다.
민박집과 식당이 여러 곳 있으며 동해까
지 하루 5회 버스가 다닌다(추암→동
해:07:10, 09:10, 11:30, 16:17,
19:10). 주유소 앞 큰길에는 동해·삼척
간 버스가 자주 다닌다.

'추암'은 파도와 비바람에 씻긴 기암괴석이 해안을 막아서듯 절벽을 이루고 그다지 넓지는 않지만 백사장이 있는 한적한 해수욕장이다. 최근에는 이웃해 있는 망상해수욕장과 더불어 많은 사람들이 찾아들고 있다. 그러나 해수욕장이기 이전에 '작은 어촌'이 추암의 본래 모습이다.

뛰어난 경승으로 '삼척 해금강'이라 불리었으나 지금은 동해시에 속해 있으니 '동해 해금강'이라 해야 마땅하다. 조선 세조 때 한명회가 강원도 체찰사(體察使)로 있으면서 추암에 와보고는 그 경승에 취해 '능파대'라 부르기도 했다.

특히 바다에 일부러 꽂아놓은 듯 뾰족하게 솟아 있는 촛대바위를 제1의 경치로 친다. 수십 년 전 심한 폭풍우로 위쪽 일부가 부숴졌지만 고고한 모습은 여전하다. 흰 수건을 적시면 푸른색 물이 흠씬 배어들 듯 짙푸른 바다색도 인상적이다.

추암(錐岩)이라는 이름 그대로 촛대처럼 뾰족 솟은 모습도 기묘하지만 강원도 동해시와 삼척시 바닷가에 한 발씩 걸친 위치가 더 절묘하다.

추암 전경 뛰어난 경승으로 '해금강'이라 불리는 추암은 물이 맑고 모래가 깨끗해 한적한 해수욕장으로도 손색이 없다.

해돋이가 장관인 추암은 사
철 어느 때든지 기막힌 일출을 보여주지
만, 특히 여름철에는 해가 촛대바위 끝에
걸려 더욱 장관을 이룬다.

바다를 향해 서면 왼쪽이 동해시, 오른쪽이 삼척시이다.

마을에서 해안 쪽을 바라보면 작은 동산 하나가 있는데, 촛대바위는
이 동산 너머 동쪽 바다에 솟아 있다. 동산에 올라 촛대바위를 직접 내려
다보는 것도 좋지만 남쪽 백사장 끝에서 멀리 바라보는 풍광이 더 낫다.

동산 앞쪽에는 조그만 정자 하나가 있다. 정면 3칸 측면 2칸의 팔작
지붕 집으로 사방 문을 열어놓으면 바람이 술술 통하는 누마루 형식이
다. 특히 뒤쪽 문을 열어 젖히면 갖가지 형상의 절벽이 병풍처럼 둘러 서
있다. 앞쪽으로는 탁 트인 바다가 한눈에 보이는데, 바다라는 자연 자
체를 집 안으로 끌어들여 정원을 삼은 조경법이 단연 돋보인다.

이처럼 바다를 정원으로 삼은 '해암정'(海巖亭)은 고려 공민왕 때 높
은 벼슬을 지낸 심동로가 벼슬을 버리고 고향에 내려와 살며 세운 정자
이다.

심동로는 삼척 심씨의 시조로 고려 충선왕 2년(1310)에 태어났으며, 자는 한(漢), 호는 신재(信齋)이다. 어려서부터 글을 잘하였으며, 한림원사라는 높은 벼슬까지 지냈다. 바른 정치를 위해 힘쏟던 그는 간신배의 정치에 환멸을 느끼고 부모 공양을 핑계로 통천 군수를 자청하여 낙향하였다. 공민왕이 몹시 아쉬워하며 만류하였으나 의지를 꺾을 수 없음을 알고 '동로'(東老, 동쪽으로 간 노인)라는 이름을 내리며 낙향을 허락하였다. 낙향 이후 심동로는 후학을 가르치고 학문에 정진하면서 시문과 풍월로 여생을 보냈다.

고려 공민왕 10년(1361)에 심동로가 세운 해암정은 조선 중종 25년(1530) 예조판서를 지낸 심언광이 다시 지었고, 정조 18년(1794)에 한 차례 더 중수됐다.

정자 누마루의 안쪽 벽에 걸려 있는 여러 개의 판각은 이곳을 다녀갔다는 옛사람의 기록이거나 경치를 읊은 시구들이다. "초합운심경전사"(草合雲深逕轉斜)는 우암 송시열이 숙종 때 영의정을 지내다가 왕가의 장례 문제로 구설수에 올라 함경남도 덕원땅으로 귀양살이를 가던 도

해암정
고려 공민왕 때 심동로가 벼슬을 버리고
이곳으로 내려와 살며 지은 정자이다.

추암에서 바라본 해암정
바다를 정원으로 삼은 해암정 뒤로는 기
암괴석이 병풍처럼 둘러져 있다.

중 이곳에 들른 기념으로 남긴 글씨이다.

정자 앞마당은 햇살을 쨍쨍 받는 너른 터로 어촌 아낙들이 미역을 말
리는 단골 장소이다. 작은 냇물이 정자 앞을 지나 바다와 합쳐지는데, 해
안가와 해암정 사이에 민박집들이 너무 바투 있어 바다 쪽 시야를 방해
하고 있다. 이 민박집들을 빼놓고, 또 언덕과 해암정 뒤쪽 기암절벽에
눈엣가시처럼 둘러쳐진 군대 철조망을 빼놓고 바닷가에 오롯이 해암정
만 들어서 있는 한적한 풍경을 상상하기가 그리 어렵지는 않을 듯하다.

한 가지 더 못내 아쉬운 것은 마을 초입의 굴다리 바로 뒤편에 대규모
의 북평공단이 들어서게 된다는 점이다. 이 맑은 바닷물에 어떤 영향은
없을지 매우 걱정이다.

그나마 좁은 굴다리 안쪽에 요새처럼 자리 잡고 있기에 대형 관광지
로 개발되는 신세를 면했지만, 그래도 추암의 풍광은 차츰 많은 사람들
에게 알려지고 있다. 아직은 작은 어촌 냄새를 풍기고 있으나 이 풍경이
언제까지 계속될는지는 알 수 없는 일이다.

촛대처럼 우뚝 서서 멀리 바다 저편에서부터 솟아오는 해를 맞이하는
촛대바위나 작고 아담한 해암정도 좋지만, 그것을 품고 있는 전체가 더
사랑스러운 곳이다.

아직도 작은 어촌의 모습을
유지하고 있는 추암에는 민박 외에 숙박
시설이 없다. 민박집 모두가 바닷가와 접
해 있어 밤새 파도소리를 들을 수 있다.
마을에는 횟집을 겸한 식당이 여러 곳 있
으며, 동해민박집(033-521-5649) 할
아버지는 일출이 좋은 새벽이면 방문을 두
드려 알려준다.

무릉계곡과 삼화사

동해안을 따라 남하하던 태백의 산자락이 정남으로 꺾이는 지점에 두타산이 자리한다. 북평에서 서쪽으로 바라다보이는 산이 두타산(1,352m)이고, 북서쪽으로 이어져 좀더 안쪽에 자리 잡은 산이 청옥산(1,403m)이다. 두타(頭陀)는 우선 계곡으로 첫 얼굴을 내민다. 두 산의 수많은 골짜기에서 흘러내린 물이 한데 모여 동쪽으로 장장 14km를 내닫는 계곡이 있으니 바로 넓고 깊은 '무릉'이다. 신선이 산다는 무릉도원에서 본딴 그 이름처럼 깊은 맛이 느껴진다.

천여 명이 앉아도 너끈할 만큼 크고 흰 너럭바위(6,600m²)가 계곡 초입에서 무릉계곡의 상징처럼 얼굴을 내민다. 넓적한 자연 암반을 씻어내리며 흐르는 맑은 물이 이루어놓은 곳곳의 작은 못에 발을 담그고 마냥 시상(詩想)에 취했을 시인묵객들이 제 감정을 이기지 못하여 써놓은 글씨들, 지금은 자연 훼손이라 하여 지탄받아 마땅할 낙서들이 그 너른 바위를 장식하고 있다.

그 중에는 매월당 김시습의 것도 있고, 조선 전기 4대 명필의 한 사람인 양봉래의 "무릉선경 중대천석 두타동천"(武陵仙境 中臺泉石 頭陀

동해시 삼화동에 있다. 북평고교가 있는 효가사거리에서 임계 쪽으로 4km 가량 가면 오른쪽으로 해성주유소가 나오고, 주유소 앞을 지나면 곧 왼쪽으로 삼화사 가는 길이 보인다. 이 길을 따라 5.4km 가면 삼화사 입구 관광단지에 이른다.
삼척 쪽에서는 전주교 못미처에서 42번 국도를 따라 좌회전해 해성주유소 앞을 지나 삼화사로 갈 수 있다.
관광단지 안에는 식당이 여러 개 있고 잠잘 곳도 몇 군데 있으나, 동해시로 나가 숙박하기를 권한다. 이곳에서 동해시까지는 20여 분 간격으로 버스가 다닌다.

삼화사 전경
두타·청옥산 사이의 무릉계곡에 자리 잡은 삼화사는 두타산의 대표적인 고찰이다.

洞天)이라는 달필도 있다. 그러나 김아무개. 이아무개 언제 다녀가다 식의 섣부른 감상은 단지 낙서일 뿐 풍류는 될 수 없을 뿐더러 천년 만년을 두고 지울 수 없는 자연 훼손에 불과하니 삼가할 일이다.

이 너럭바위를 밟기 전, 무릉을 찾은 길손이 제일 먼저 쉬어가는 곳이 '금란정' 이다. 1910년 한일합방으로 향교가 폐교되자 이 고장의 유림 선비들이 나라 잃은 수치와 울분을 달래기 위해 금란계(金蘭契)를 만들고 기념 정각을 세우려 하였다. 일제의 훼방으로 뜻을 이루지 못하다가 해방이 되자 그 자손들이 이 정각을 지었다. 본래 북평에 있었는데, 1956년 현재 자리로 옮겨왔다. 지금도 금란계원 후손들이 해마다 봄, 가을에 모여 선인들에게 제사를 지내고 시회(詩會)를 연다.

금란정 앞에 있는 시비(詩碑)에는 북평 출신 시인인 최인희(1926년 출생)의 '낙조' (落照)라는 시가 씌어 있다.

> 소복이 산마루에는 햇빛만 솟아오른 듯이
> 솔들의 푸른빛이 잠자고 있다
> 골을 따라 산길로 더듬어 오르면
> 나와 더불어 벗할 친구 없고
> 묵중히 서서 세월 지키는 느티나무랑
> 운무도 서렸다 녹아진 바위의 아래위로
> 은은히 흔들며 새어오는 범종 소리
> 白岩이 씻겨가는 시냇랑 뒤로 흘려보내고
> 고개너머 낡은 단청
> 山門은 틔었는데
> 천년 묵은 기왓장도
> 푸르른 채 어둡나니

백암(白岩)은 무릉반석이라고 부르는 그 너럭바위이고, 푸르른 채 어두워가는 천년 묵은 기왓장이며 계곡에 은은히 범종 소리를 내는 절은 바로 '삼화사' (三和寺)이다.

너럭바위를 지나 봉긋이 선 무지개 다리를 건너면 두타산의 대표적인

대동여지도와 청구도, 그리고 산경표 등 옛 고지도에는 무릉계곡을 이루는 두타산과 청옥산의 위치가 현재의 지도와 반대로 나와 있다. 이를 근거로 두타산과 청옥산의 이름이 일제 때 서로 뒤바뀌었다는 주장이 있다.
즉, 1916년 조선총독부가 5만분의 1 지도를 만들면서 우리 나라 지명들을 상당 부분 왜곡하거나 바꾸었는데, 이때 두산의 이름도 서로 바뀌었다는 것이다.

두타산은 옛부터 동해·삼척 지방의 영적인 모산(母山)으로 숭상되었다. 동해안에서 바라보면 서쪽 멀리에 우뚝 솟아 있는 두타산의 정기가 이곳 사람들의 삶의 근원이 된다고 믿어온 것이다.
한편 하늘에서 신선 세 분이 무리를 거느리고 내려와 두타산에 자주 다녀갔다는 전설이 있다. 그들이 내려와 노닐던 자리를 지금도 삼공정이라 부른다.

두타·청옥 산행은 보통 무릉계곡을 출발점으로 삼는다. 두타산만을 등반할 때는 두타산성을 따라 정상에 오른 후 박달령에서 무릉계곡으로 다시 내려오거나 댓재 쪽으로 넘어가는 길이 있다. 8시간 정도 걸리며 산성 쪽의 길이 험하다.

무릉반석
천여 명이 앉아도 너끈할 너럭바위 곳곳
에 옛 시인묵객들이 새겨놓은 글귀가 널
려 있다.

무릉반석
천여 명이 앉아도 너끈할 너럭바위 곳곳
에 옛 시인묵객들이 새겨놓은 글귀가 널
려 있다.

고찰 삼화사가 나선다. 삼화사는 1,300여 년의 긴 역사를 갖고 있다. 신라 선덕여왕 11년(642) 자장율사가 이곳 두타산에 이르러 절을 짓고 흑연대(黑連臺)라 한 것이 그 효시라고 하지만, 경문왕 4년(864)에 구산선문 중 사굴산파의 개조인 범일국사가 '삼공정'(三公頂)에다 삼공암을 지었을 때부터 뚜렷한 내력을 갖는다. 그 뒤 고려 태조 때에 와서 삼화사라는 이름을 얻었다. 고려를 세운 왕건이 삼공암에서 후삼국 통일을 빌었으며, 삼화사라는 이름은 '세 나라를 하나로 화합시킨 영험한 절'이라는 뜻이다.

삼국을 화합시킨 영험한 도량이어서 그랬을까? 삼화사는 일본의 침략 때마다 크게 수난을 겪는다. 삼화사에서 한 시간 가량 더 가야 하는 두타산성은 임진왜란 당시 삼척 지방의 의병들이 주둔하던 곳이며, 1907년 일제 때는 의병들이 삼화사에 진을 치고 병력을 길렀다 하여 일본군이 불을 지르기도 했다.

본래는 북평사거리에서 오는 길에 허연 속살을 흉하게 내보이던 삼화동 산 중턱 채석장에 삼화사 도량이 있었다. 거대한 시멘트 공장이 들어서자 채광권 안에 속하게 된 삼화사가 1977년부터 지금의 자리인 개국사터로 옮겨오게 된 것이다. 일본의 괴롭힘도 다 견뎌냈는데 산업화의 시련까지 받게 되다니. 대웅전 앞 부처님의 시야를 가리는 높은 기암괴석의 병풍이 멋지게 보이지 않고 어째 좀 답답하게 느껴질 때면 더욱 안타까워진다.

계곡에 바짝 붙어 서 있는 천왕문으로 들어서면 정면에 적광전이 자리 잡고 있다. 적광전 앞에는 얼마전까지 두 삼층석탑이 부처를 협시하듯 서 있었는데, 근래에 세워진 오른쪽 탑은 현재 철거되었으며 왼쪽에 고색을 풍기며 서 있던 탑 역시 최근에 마당으로 이전 복원되었다. 보물 제1277호인 이 삼화사 삼층석탑은 선덕여왕 13년(644)에 세워진 것이라 전하지만 그 수법으로 보아 고려 때의 탑으로 추정된다. 높이는 4.95m, 2층 기단 위에 3층의 탑신을 쌓았다. 녹슬고 휘어진 상륜부의 찰주 맨 꼭대기에 보주 하나가 달랑 꽂혀 있다.

적광전 안에 모셔진 1m 크기의 철조노사나불좌상은 보물 제1292호로 조각이 우수하고 역사도 오래 되었다. 신라 34대 효성왕 3년에 삼형제인 약사삼불(백[伯], 중[仲], 계[季])이 서역으로부터 전해졌는데, 1657년 천재지변으로 흩어지고 맏형인 백(伯)의 불상만 하나 남은 것

동해시 묵호동의 동북횟집(033-532-7156)은 값이 싸고 양도 푸짐하며 싱싱한 물회를 잘하기로 유명하다. 또한 이곳에서 어달동 쪽으로 조금 가면 수백 마리의 갈매기가 날아다니는 장관을 볼 수 있다.

삼화사 삼층석탑
삼화사 이전시 대웅전(현 적광전) 앞에 세워졌으나 사찰의 가람배치에 맞지 않아 최근 마당으로 이전했다. 사진은 마당으로 옮겨지기 전의 모습이다.

백봉령
동해에서 정선(임계)으로 넘어가는 백봉
령은 두타·청옥산 못지않은 뛰어난 경관
을 보여주는 곳이다.

이라고 한다. 적광전 옆에는 최근 붉은 금빛이 나는 거대한 지장보살과
여러 불상을 세워놓았다.

　삼화사 앞을 지나가는 무릉계곡을 타고 산으로 올라가면 학소대, 병
풍바위, 문간재, 선녀탕, 쌍폭포, 용추폭포 같은 뛰어난 절경이 펼쳐진
다. 경치 좋은 이 길은 옛날 삼척 지방 사람들이 서울을 오갈 때 이용했
던 지름길이었다. 계곡을 타고 산을 넘어 정선과 임계로 해서 서울을 오
가던 조상들의 모습이 눈에 선하다.

낙가사

행정구역상 낙가사는 강릉시에 속하지만 정동진리에서 안인에 이르는
한적한 드라이브코스와 함께 동해권으로 묶었다. 강릉과 동해시를 오갈
때 고속도로를 타지 말고 바다를 낀 국도를 이용해 들러볼 만하다.

　안인은 조선 시대 때 수군(水軍)의 진영이 설치되었던 해안 방어 기

　강릉시 강동면 정동진리에 있
다. 동해고속도로 시발점인 천곡교차로
에서 강릉 쪽으로 28km 가면 (고개를 넘
으면서 대원냉동, 정광냉장 등의 건물

지였다. 그래서 지금도 '안인진'이라고 불린다. 20여 년 전만 하더라도 장이 서고 염전도 있던 제법 번화한 어촌이었으나, 강릉이 가깝고 또 그쪽으로 교통이 발달하면서 발길이 뜸해졌다.

해안 가까이에 자리 잡은 횟집에 이따금 손님이 들 뿐이다. 해수욕장

낙가사 상세도

이 보인다) 강동교차로가 나오며, 정동주유소 쪽으로 우회전해 1.4km 가면 7번 국도와 만나는 삼거리가 나온다. 여기서 좌회전해 5km 가면 해안길 오른쪽으로 휴게소처럼 생긴 해안초소가 보이고 왼쪽으로 낙가사 입구가 있다.

강릉에서는 7번 국도를 따라 정동진(동해) 쪽으로 가다가 안인을 지나 낙가사로 갈 수 있다. 강릉에서 고속도로를 따라 동해로 가다 모전교차로에서 좌회전해 6번 국도를 타고 안인을 거쳐 낙가사로 갈 수도 있다.

절 입구는 대형버스도 주차할 수 있을 정도로 넓으며 주변에 숙식할 곳은 없다. 가까운 안인이나 정동진에는 먹을 곳과 민박집이 있으나, 편한 잠을 자려면 강릉이나 동해로 가는 것이 좋다. 정동진에서 안인을 거쳐 강릉 가는 버스는 1시간 간격으로 다닌다.

도 있으나 규모가 작아 역시 한가하다. 동해안에서 가장 큰 제를 지냈던 해신당이 있었으나 군부대가 주둔하면서 제를 지내는 전통은 사라졌으며, 풍요를 비는 마음으로 당 안에 걸어두었던 나무로 깎은 남근은 모두 없어지고 신랑 신부의 그림만 걸려 있다.

안인해수욕장에서 해안을 따라 3.5km쯤 가면 낙가사 진입로가 나선다. 낙가사는 동해를 굽어보며 괘방산(339m)을 등지고 있으며, 서울에서 가장 동쪽에 있는 절이다.

창건 연대는 확실치 않으나 1,300여 년 전 신라 선덕여왕 때 자장율

낙가사
괘방산을 등지고 푸른 동해를 바라보며 서 있는 낙가사는 서울의 정동쪽에 있는 절이다.

낙가사에서 조금 떨어진 곳에 있는 정동진역은 우리 나라에서 가장 바다와 가까운 역이다. 안인에서 낙가사, 정동진에 이르는 바닷가 아름다운 길은 자동차 드라이브코스로도 최고이지만 기차를 타고 가며 푸른 바다를 바라보는 운치 또한 그에 못지않다.

사가 창건한 등명사(燈明寺)였다는 것말고는 뚜렷한 사적을 알 수 없다. 『신증동국여지승람』에 의하면 절이 암실의 등화와 같은 위치에 있고, 공부하는 사람이 삼경(三更)에 등산하여 불을 밝히고 기도하면 급제가 빠르다고 한 데서 등명사라는 이름이 붙었다고 한다. 근처에 절의 물품을 보관하기 위해 창고를 짓고 성을 쌓았던 자취와 고려 성터가 남아 있으니 당시 절의 규모를 짐작할 만하다.

조선 중엽에 이르러 한 왕이 안질을 심하게 앓아 점술가에게 물어보았더니, 정동쪽에 있는 큰 절에서 쌀 씻은 물을 바다로 흘려 보내 용왕이 노한 탓이라 하였다. 그 절이 바로 등명사인지라 즉시 폐찰되었다고 한다.

현재의 낙가사는 옛 등명사터 옆에 1956년 경덕스님이 새로 지은 절이다.

낙가사에서 볼 수 있는 유일한 문화재는 오층석탑이다(강원도 유형문화재 제37호). 선덕여왕 때 창건과 함께 세워졌다고 전해지는 이 탑은 은은한 연꽃무늬로 조각된 지대석 위에 2층의 기단과 5층의 탑신을 얹은 것이다. 2층 몸돌에 자물쇠 모양이 선명하게 조각돼 있다. 지붕돌의 귀퉁이가 조금씩 떨어져 나갔고, 탑 남쪽에는 안상이 새겨진 배례석이 놓여 있다. 전설과는 달리 고려 때의 석탑으로 보고 있다.

본래 이와 같은 탑이 세 개 있었는데, 하나는 군부대의 사격을 받아 그 잔해만 남아 있고, 또 하나는 호국을 위해 절 바로 앞 수중에 세웠는데 언제부터인지 행방이 묘연하다고 한다.

탑 북쪽으로 현재 계단이 있는 자리가 옛 금당터이다. 드문드문 주춧돌의 흔적이 남아 있는 금당터 아래에 석축이 있고 그 석축 아래쪽에 낙가사의 자랑인 등명약수가 콸콸 물을 쏟아내고 있다. 약간 시큼하고 떫은 맛이 나는데, 다른 약수와는 달리 물의 양이 많아 목욕도 할 수 있을 정도이다.

1974년 발견된 이 약수에는 철분, 황산염 등의 성분이 들어 있어 부인병과 원기 부족에 효력이 있다고 한다.

낙가사는 다른 절과는 달리 영산전이 대웅전이나 극락전보다 크고 당당하다. 오백나한전이라고도 부르는데, 이곳에 모셔진 오백나한상은 인

간문화재 유근형 씨가 5년에 걸쳐 청자로 만든 것이다. 나한상 500구
가 모두 제각기 다른 모습이다.

영산전 앞에 서면 너른 동해 바다가 시원스레 펼쳐져 임해 사찰 낙가
사의 진면목을 즐길 수 있다. 낙가사는 역사가 오래 되었지만 이렇다 할
문화유적은 남아 있지 않다. 그러나 찾아가는 길이 그에 못지않은 문화
재급이어서 권할 만하다.

코스5 삼척

어촌에서 산촌까지 더듬어보는 옛사람의 자취

강원도에서도 가장 동남쪽 바닷물에 발을 담그고 있는 삼척은 본래 강원도내에서 가장 땅덩어리가 넓고 인구가 많은 군이었으나 1980년 북평읍을 동해시에 떼어주고, 이듬해에는 서쪽의 황지읍과 장성읍을 태백시로 독립시켰다. 태백시가 된 황지와 장성은 오십천 골짜기를 따라 놓인 철길말고는 찻길조차 직접 뚫린 것이 없었으며 서로 다른 생활권을 이루고 있던 터였다.

태백산맥의 영향을 받아 해안까지 산지가 발달해 평야가 적은 삼척의 자연은 '천길 푸른 석벽에 오십 맑은 냇물'로 대표될 만큼 오십천에 크게 의지하고 있다. 이 냇물을 따라 철로와 교통이 발달하였고 예나 지금이나 이곳 사람들의 생활과 관련이 깊다. 오십천 벼랑에 선 죽서루는 관동의 제1경이라 꼽힐 정도로 정취가 그윽하다. 관동팔경 가운데 유일하게 바다가 아닌 강을 끼고 있는 것이 특징이다.

두타산 동쪽 계곡에 숨은 듯 깊이 파묻힌 천은사는 이승휴가 대몽항쟁기에 민족의 자존심을 살리고자 『제왕운기』를 쓴 곳이다. 깊고 험하여 찾는 이가 드물었으나 근래 도로가 생겨 드나듦이 한결 나아졌다. 또한 조선을 창업한 이성계의 조상묘인 준경묘와 영경묘, 그에게 내침을 당한 고려의 마지막 임금 공양왕의 능이 같은 삼척군 안에 있어 왕조의 멸망과 생성에 얽힌 이야기에 귀기울이게 된다.

삼척항 부근 야트막한 육향산에 서 있는 척주동해비에는 전서(篆書)에 빼어난 솜씨를 지녔던 조선 시대 미수(眉叟) 허목의 글씨가 새겨져 있다. 이 비로 삼척의 물 난리를 물리쳤다는 이야기도 매우 재미있으며, 많은 사람들이 탁본을 욕심내는 비이다. 아주 별스럽다 할 정도로 순박한 추상 그림을 볼 수 있는 육향산 입구의 돌비석도 한참 눈길을 붙잡는다.

산골 중에서도 산골인 삼척의 도계읍 신리에서 볼 수 있는 너와집도 삼척이 아닌 다른 곳에서는 보기 힘든, 산골의 특수한 환경을 잘 살려 만든 집이며, 삼척의 끝바다 원덕에는 어촌마을에서만 볼 수 있는 독특한 성 신앙인 해신당이 있다. 삼척은 아름다운 동해변을 따라 궁촌·용화·호산 등 많은 해수욕장이 있어 관광지로 이름 높지만, 역사적 이야깃거리와 민속 또한 풍부해 답사지로도 손색이 없다.

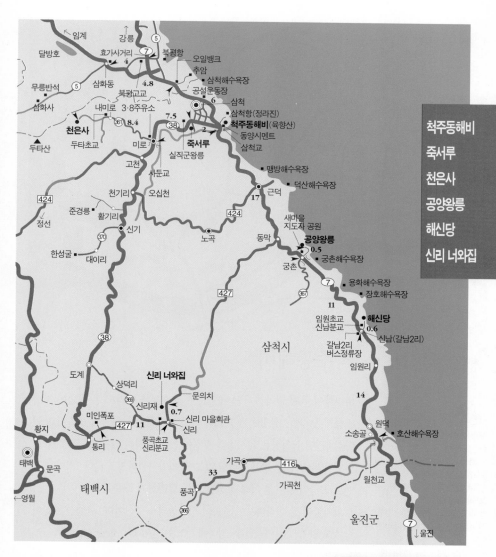

죽서루

삼척을 찾아가는 방법은 동해시와 거의 같다.
강릉에서 동해고속도로를 따라 동해시까지 와서 7번 국도를 타고 가면 된다.
울진 쪽에서도 7번 국도를 타고 올 수 있으며, 태백 쪽에서는 도계를 지나
38번 국도를 타면 된다.
고속버스와 시외버스도 서울, 강릉, 대구, 부산, 춘천, 원주 등 여러 지역과
연결되어 있다. 삼척시 곳곳의 해수욕장에는 호텔, 여관, 민박, 식당 등
숙식시설이 많이 있다.

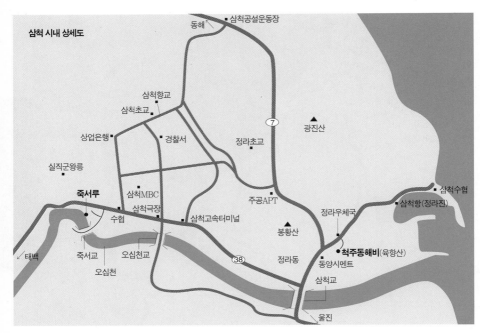

삼척 시내 상세도

척주동해비

삼척시 정라동에 있다. 동해시에서 7번 국도를 따라 삼척으로 가다가 공설운동장이 있는 곳에 우회전하면 삼척 시내로 들어가게 되는데, 우회전하지 않고 국도를 따라 조금 더 내려가면 삼척교 조금 못미처 동양시멘트 공장 앞 삼거리가 나온다.
여기서 좌회전해(삼척항으로 들어가는 길) 200m쯤 가면 왼쪽으로 정라우체국이 보이며 오른쪽으로는 육향산(척주비)으로 들어가는 길이 나온다. 이 길을 따라 100m 가량 가면 된다.
입구에는 대형버스도 여러 대 주차할 수 있는 넓은 공간이 있으며, 시내에서 삼척항까지 가는 버스도 자주 다닌다. 음식점은 여러 곳에 있으나 숙박은 시내의 여관을 이용하는 것이 좋다.

바닷물이 육지 안쪽까지 들어오고 좁은 수로를 따라 작은 배들이 조심스럽게 오가며, 선창에는 고요히 찌를 드리운 낚시꾼들의 모습이 보인다. 예전에 삼척항은 어시장과 횟집이 들어선 정취 있는 항구로 이름을 떨쳤지만, 지금은 그런 정취도 없고 또 왁자지껄하지도 않다. 커다란 시멘트 공장이 들어선 이래 풍경이 많이 달라졌기 때문이다.

삼척항이 잘 바라다보이는 곳이 정라동의 육향산이다. 육향산은 산이랄 것도 없이 낮은 언덕인데, 정상에 서 있는 높이 170.5cm, 너비 76cm, 두께 23cm의 척주동해비(陟州東海碑)가 눈길을 끈다. 화강석 기단 위 오석(烏石)으로 된 비신에 새겨진 전서체의 글씨가 첫눈에 보아도 예사롭지 않다.

조선 현종 2년(1661) 미수 허목의 글씨이다. 허목이 삼척 부사로 재임하고 있을 당시 심한 폭풍이 일어 바닷물이 고을까지 들어와 난리가 났다. 이에 허목이 동해를 예찬하는 노래를 지어 비를 세웠더니 물난리

가 잠잠해지고, 바닷물이 심술을 부리더라도 이 비를 넘지는 못했다고
한다. 조수를 물리치는 영험한 비이기에 퇴조비(退潮碑)라고도 부른다.

본래 정라항(삼척항의 옛 이름)의 만리도에 있었는데, 풍랑으로 마
멸이 심해 세운 지 48년 만인 숙종 34년(1708)에 허목의 글씨를 본따
다시 새기고 숙종 36년(1710) 2월에 육향산 동쪽에 옮긴 것을, 1966
년 지금의 자리로 옮겨왔다.

글씨가 뛰어나고 조수를 물리치는 신묘한 힘까지 지녔기에 집에 간직
하면 화재가 없고 잡귀가 없어진다 하여 사람들이 탁본을 많이 해갔다
고 한다. 탁본을 섣불리 하면 석질이 상하게 되므로 이를 방지하기 위해
보호각을 세워놓았는데, 그 보호각 때문에 비문을 제대로 읽지 못하는
것은 물론 비를 감상하는 데도 방해를 받고 있다. 비문 내용이라도 쉽게
풀이하여 보호각 근처에 세워두었더라면 좋았을 일이다.

일설에 의하면 허목이 비석의 분실을 예견하고 두 개의 비를 써놓았
다고 한다. 그의 예언대로, 10년 뒤 허목과는 반대편 정파의 사람이 삼
척 부사로 새로 부임하여 허목의 업적비나 다름없는 척주동해비를 깨어

삼척항
조선 시대에는 왜침을 막기 위한 수군기
지였으며, 한때는 동해안의 중심 항구이
기도 했다. 그러나 지금은 그 역할들을 동
해시의 여러 항구에 내주고 조그마한 어
항이 되어 있다.

조선 중종 15년(1520) 왜침을 막기 위
한 수군기지로 삼척에 정라진을 두었는
데, 정라진의 자취는 1916년 삼척항 축
조로 헐려 없어졌다.

육향산 입구에 있는 어느 비석 머리
순박한 추상 문양이 새겨져 있는 돌비석이 눈길을 끈다.

버렸다. 그러자 당장에 바닷물이 동헌 밑까지 밀려들었다. 백성의 원성이 자자해지자 아래 관리 한 사람이 대청마루 밑에 묻어두었던 또 하나의 비를 꺼내도록 귀띔해주었다. 그 뒤 물 난리가 잠잠해진 것은 물론이다. 지금 서 있는 비는 그 두번째 비라고 한다.

　'대한평수토찬비'(大韓平水土贊碑)와 함께 강원도 유형문화재 제38호로 지정된 이 비는 웅혼한 필치와 문장으로 자연을 다스린 한 위인의 신비한 예술품이 아닐 수 없다.

　대한평수토찬비는 허목이 삼척 부사로 있을 때, 중국 형산(衡山) 우제(禹帝)의 비석 글씨 중에서 48자를 골라 나무판에 새겨두었던 것을 240년이 지난 고종 41년(1904) 9월에, 돌에 새겨 현위치에 건립한 것이다. 비문은 옛날 하후 씨가 이 글씨로써 치산치수하니 중물(衆物)이 제압되었다는 등의 내용으로 그 역할이 동해송을 적은 척주동해비와 같다고 할 수 있다.

　삼각칼로 글씨를 파놓은 듯 가늘고 구불구불한 글씨가 색다르기는 하지만 척주동해비의 글씨가 워낙 뛰어나 기가 죽고 있다.

　육향산 입구 계단 옆에 7개의 돌비석이 서 있다. 가운데 있는 것이 이곳 관찰사를 지낸 홍상국의 비인데, 비석머리에 새겨진 무늬가 퍽 재미나다. 마치 산과 일렁이는 파도를 그린 듯 율동감 있는 곡선이 아래위로 새겨졌고, 가운데에는 크고 작은 동그라미가 불규칙하게 그려져 있다. 몹시 서툰 그림 솜씨처럼 보이지만 이 돌비석에 어떤 의미를 새기고자 일부러 그려놓은 추상 문양일 것이다. 척주동해비를 보러 육향산에 올라가는 길에 건너 뛰지 말고 꼭 챙겨 보아야 할 돌비석머리이다.

대한평수토찬비
척주동해비와 같은 역할을 한다는 대한평수토찬비가 좁고 답답한 작은 비각 안에 갇혀 있다.

동해송(東海頌)

바다가 넓고 넓어	瀛海漭瀁
온갖 냇물 모여드니	百川朝宗
그 큼이 끝이 없어라	其大無窮
동북은 사해여서	東北沙海
밀물 썰물이 없으므로	無潮無汐
대택이라 이름했네	號爲大澤
파란 물 하늘에 닿아	積水稽天
출렁댐이 넓고도 아득하니	渤潏汪濊
바다가 움직이고 음산하네	海動有曀
환한 저 양곡은	明明暘谷
해 뜨는 문이라서	太陽之門
희백이 공손히 해를 맞으니	羲伯司賓
석목의 위차요	析木之次
빈우의 궁으로	牝牛之宮

사해(沙海): 동해를 가리킨다. 미수(眉叟)의 척주기사(陟州記事)에 "동해는 모래 바다여서 비습(卑濕)한 기운이 없기 때문에 물이 쉬이 새므로 조수가 일지 않는다" 하였다.

양곡(暘谷): 해가 뜨는 곳. 『서경요전』(書經堯典)에 "희중(羲仲)에게 명하여 우이(嵎夷)에 살게 하였으니, 우이는 곧 양곡이다" 하였다.

희백(羲伯): 곧 희중(羲仲)으로 요(堯) 임금 때에 천문(天文)과 역상(曆象)을 맡은 관원.

석목(析木): 성차(星次)의 이름. 기(箕)·두(斗) 두 별 사이로 정동쪽인 인방(寅方)에 해당된다. 『이아석천』(爾雅釋天)에 "석목의 나루는 기·두의 사이에 있으니 은하수 나루이다" 하였다.

빈우(牝牛): 점성가(占星家)에서 기(箕)·미(尾) 두 별자리를 빈우궁(牝牛宮)이라 하는데, 이 두 별자리가 축방(丑方)에 있기 때문이라 한다. 『방산집 동해비주』(舫山集 東海碑注).

교인(鮫人): 물 속에 산다는 사람. 『술이기』(述異記)에 "교인은 고기와 같이 물 속에 살면서 베 짜는 일을 폐하지 않는데, 울면 눈물이 모두 구슬로 변한다" 하였다.

꿈틀거리는 그 상서: 용(龍)이 나타나는 상서를 말한다.

천오(天吳):『산해경』(山海經)에 "조양곡(朝陽谷)에 천오라는 신이 있는데 이가 바로 수백(水伯)의 몸으로, 몸은 범과 같고 얼굴은 사람과 같으며 머리·다리·꼬리가 모두 여덟이며 청황색이다" 하였는데, 여기서 머리가 아홉이라는 것은 착오인 듯하다.

기(夔):『산해경』(山海經)에 "동해로 7천 리를 들어가면 유산(流山)이 있고, 거기에 소의 모양에 몸이 푸르며 뿔이 없고 다리가 하나인 짐승이 있는데, 그 짐승이 물에 드나들 때에 비바람이 인다" 하였다.

부상(扶桑)……마라(麻羅): 부상은 동해 가운데 있는 신목(神木)인데 그 신목이 있는 곳을 가리키며, 사화(沙華)는 밀사화(密沙華)로 주옥 이름이며, 흑치(黑齒)는 일본을 이름하며, 마라는 지마라(芝麻羅)로 비단 이름이다.

보가(莆家):『삼재도회』(三才圖會)에 "보가는 동남해(東南海)에 있는 부족의 이름이다" 하였다.

조와(爪蛙): 옛날 파사국(婆沙國)으로 그 지방에는 원숭이가 많이 산다 한다.『속문헌통고』(續文獻通考).

해 돋는 동쪽의 끝이로다	日本無東
교인의 보배와	鮫人之珍
바다의 온갖 물산	涵海百産
많기도 하여라	汗汗漫漫
신기한 물건이 조화를 부려	奇物譎詭
꿈틀거리는 그 상서는	宛宛之祥
덕을 일으켜 나타남이로다	興德而章
조개 속에 든 진주는	蚌之胎珠
성쇠를 달과 함께하며	與月盛衰
기운을 토하여 김이 오르고	旁氣昇霏
머리 아홉인 천오와	天吳九首
외발 달린 기는	怪夔一股
큰 바람을 일으키며 비를 뿌리네	颷回且雨
아침에 돋는 햇살	出日朝暾
찬란하고도 휘황하여	輵軋炫熿
붉은 빛이 일렁거린다	紫赤滄滄
보름달 둥근 달	三五月盈
하늘의 수경(水鏡)이 되니	水鏡圓靈
별들이 빛을 감추네	列宿韜光
부상의 사화와	扶桑沙華
흑치의 마라와	黑齒麻羅
보가의 상투와	撮髻莆家

연만의 굴과 조개	蜒蠻之蠔
조와의 원숭이	爪蛙之猴
불제의 소들은	佛齊之牛
바다 저편 잡종으로	海外雜種
무리도 다르고 습속도 다른데	絶儔殊俗
한곳에서 같이 자라네	同囿咸育
옛 성왕의 원대한 덕화에	古聖遠德
오랑캐들이 중역(重譯)을 통하여	百蠻重譯
모두 복종하네	無遠不服
아아, 빛나도다	皇哉熙哉
거룩한 정치가 널리 미쳐	大治廣博
유풍이 끝없으니	遺風邈哉

불제(佛齊) : 남만의 변종으로 진랍(眞臘)과 파사국 사이에 위치하고 있으며, 그 나라 사람은 생우(生牛)의 피를 마시며 소를 잡는 사람은 사람을 죽인 것과 죄가 같다고 한다. 『방산집 동해비주』(舫山集 東海碑注).

중역(重譯) : 여러 번 통역을 거침. 지역이 너무 멀어 조공(朝貢)을 바치러 오는 동안 여러 나라를 경유하기 때문에 중역으로 통하게 된다.

미수 허목과 우암 송시열의 예송 논쟁

조선 시대 효종, 현종, 숙종, 그리고 경종 연간에는 권력을 잡기 위한 남인과 서인의 싸움이 치열했다. 양쪽의 대표적인 인물은 허목(1595~1682년)과 송시열(1607~1689년)이었다.

허목은 조선 후기의 문신으로 선조 28년부터 숙종 8년까지 살았으며 그림과 글씨, 문장에 능했다. 특히 글씨는 전서에 뛰어나 동방의 1인자라는 찬사를 받았다. 대표적인 작품으로 척주동해비가 있으며, 광명시의 영상이원익비(領相李元翼碑), 파주의 이성중표문(李誠中表文)이 있고, 그림으로 묵

죽도(墨竹圖)가 전한다. 예순이 넘은 나이에 벼슬에 올랐으나 남인의 영수로서 효종의 계모인 조대비의 복상 문제로 서인들(송시열이 영수)과 예송 논쟁을 벌여 삼척 부사로 좌천되었다. 이후 다시 대사헌, 이조판서까지 올랐으나, 1678년 관직을 사직하고 고향으로 돌아왔다.

1650년 효종이 즉위하자 옛 스승이었던 송시열을 이조판서로 등용하였다. 송시열보다 연배가 위인 허목은 일찍이 제자백가와 예학에 일가를 이룬 학자로 이름이 높았다. 그는 효종이 내린 벼슬을 여러 번 고사하다가 1657년 나이 환갑이 넘었을 때 지평(持平)이라는 언관의 벼슬을 받았다. 그리하여 허목과 송

시열 두 사람은 한 조정에 몸을 담게 되었다.

그런데 뜻하지 않게 효종이 죽었다. 그의 죽음은 회오리를 몰고 왔다. 효종의 계모인 조대비가 살아 있었는데, 과연 조대비가 얼마 동안 상복을 입어야 하느냐가 문제가 되었다. 이것을 두고 남인과 서인의 의견이 대립하였다.

서인 계열인 송시열(당시 이조판서) 등은 1년복을 주장하였고, 남인 계열인 허목 등은 3년복을 주장하였다. 효종은 맏아들이 아니었다. 그의 형인 소현세자가 죽자 왕위에 오르게 된 것이었다. 계모라도 맏아들이 죽으면 3년의 상복을 입어야 하지만 맏아들이 아니니 1년의 상복을 입어야 한다는 것이 서인의 주장이었고, 어엿한 임금으로서 종통(宗統)을 이었으니 효종을 맏아들로 여겨 3년 상복을 입어야 한다는 것이 남인의 주장이었다.

가통으로 보면 1년 상복, 왕통으로 보면 3년 상복을 입어야 하는 까닭에 이를 어떻게 보느냐에 따라 상복을 입는 기간이 달라질 수 있는 것이다. 그러나 이 논쟁의 이면에는 왕위 계승 원칙인 종법(宗法)의 이해 차이에서 비롯된, 율곡학파인 서인과 퇴계학파인 남인간의 이념 논쟁에다 둘째 아들로서 왕위를 계승한 효종의 자격 문제에 대한 시비가 깔려 있었다.

어쨌든 송시열의 주장대로 조대비는 1년 동안 상복을 입었다. 그러나 이것은 예송 논쟁의 시작에 불과했다.

이어 효종의 아내요, 현종의 어머니인 인선왕후가 죽자 또다시 문제가 일어났다.

이때에도 조대비가 살아 있어서 서인들은 9월복으로 결정했다. 이에 남인들은 지난번의 경우와 맞지 않는다고 들고 일어났고, 현종은 이 주장을 받아들여 남인의 주장대로 1년복으로 결정하였다.

이로써 당시 삼척 부사로 좌천당해 있던 허목은 다시 조정에 나와 대사헌, 이조판서가 되었고, 송시열은 유배의 몸이 되었다(1675년). 이것이 2차 예송 논쟁이다.

남인이 권력을 쥐자 또다시 분열이 일어났다. 송시열의 처벌을 놓고 강경론과 온건론으로 나뉘었고, 당시 임금이었던 숙종은 남인들이 너무 설친다고 생각하여 남인 일파를 견제하였다. 다시 조정은 서인들의 것이 되어 송시열은 귀양살이에서 풀려났다. 허목은 벼슬자리에서 물러나 있었으므로 제거의 대상에서 벗어나 있었다. 송시열이 등장하자 남인 처벌 문제를 놓고 강경파와 온건파의 감정이 대립하여 서인은 노론(송시열이 영수)과 소론으로 갈라졌다.

남인과 노론은 이후 허목과 송시열이 죽고 난 뒤에도 서로 상종도 하지 않고 사사건건 적대 관계를 이루어왔다. 그 뒤의 임금인 영조나 정조가 탕평책 등으로 화해를 도모했음에도 그 화해는 결코 쉽지 않았다. 너무나 성격이 강한 두 사람의 견해차로 일어난 오랜 정치적 싸움이었다.

미수 허목과 우암 송시열 초상
정치적 견해가 틀리고 성격이 강한 두 사람은 그 모습도 서로 대조적이다.

죽서루

"삼척시 서쪽 천리 절벽이 맑은 강을 위압하듯 다가섰는데, 그 위에 자리 잡은 누각이 죽서루(竹西樓)이다. 죽서루에 올라가 난간에 의지하면 사람은 공중에 떠 있고 강물은 아래에 있어 파란 물빛에 사람의 그림자가 거꾸로 잠긴다. 물 속 고기떼는 백으로 천으로 무리무리 오르락내리락 돌아가고 돌아오는 발랄한 재롱을 부린다. 가까이는 듬성듬성 마을 집이 있어 나분히 뜬 연기가 처마 밖에 감돌며, 멀리는 뭇 산이 오라는 듯 가뭇가뭇 어렴풋이 보이니 누대의 풍경이 실로 관동의 으뜸이다"(박종, 「동경 기행」, 『조선고전문학선집』 19, 1991년, 민족출판사).

오십천 절벽 위에 자리 잡고 있는 죽서루는 관동팔경 중 제일 큰 누정이며, 가장 오래 된 건물이다. 유일하게 바다에 접하지 않고 내륙에 들어와 앉은 것도 색다르다. 그만큼 오십천의 절경이 바다 못지않다는 말이 아닐까?

삼척시 성내동에 있다. 삼척항 입구에서 7번 국도를 따라 울진 방향으로 조금 가면, 삼척교 못미처 오른쪽으로 시내로 들어가는 38번 국도가 보인다. 이 길을 따라 태백 쪽으로 2km 가량 가면 오른쪽으로 수협이 보이고, 조금 지나면 왼쪽으로 죽서루 들어가는 길이 있다. 시내 곳곳에 표지판이 잘 설치되어 있으며 시내버스가 큰길 앞까지 수시로 다닌다. 시내 여러 곳에 숙식할 곳이 많다.

죽서루
관동팔경 중 유일하게 맑은 강을 끼고 있는 누대로, 관동팔경에 세워진 정자와 누대 중 가장 크고 오래 되었다.

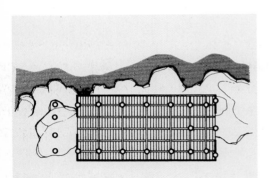

죽서루 평면도

입장료
어른 550(440) · 학생 330(270) · 어린이 220(160)원, 팔호 안은 30인 이상 단체

마루를 짤 때 우물 정(井)자처럼 귀틀을 짜고 그 사이를 판으로 막아 댄 마루를 우물마루라 부르며, 천장의 서까래가 그대로 드러나 보이는 것을 연등천장이라 한다.

죽서루는 정면 7칸 측면 2칸의 규모이며 겹처마에 팔작지붕을 이고 있다. 1층에는 길이가 모두 다른 17개의 기둥을 세웠는데, 그 중 8개는 다듬은 주춧돌 위에 세우고 나머지 9개는 자연석 위에 세웠다. 그 위의 누대에는 20개의 기둥이 있다.

기둥 사이는 벽이나 창호문 없이 모두 개방되어 있다. 누대는 우물마루이고 천장은 연등천장이다. 공포에서는 익공계와 다포계를 혼용하였다. 가운데 5칸 내부는 기둥이 없는 통칸이고 양측칸의 기둥 배열은 일정하지가 않다.

초기 정면 5칸이었던 것을 중건 때 양쪽으로 1칸씩 늘리면서 개량한 복합 형태가 아닌가 하는 견해와, 처음부터 의도한 대로 만들어진 건물이라는 설이 팽팽하다. 후자의 핵심은 7칸으로 증축한 것이라면 5칸의 구조를 허물고 7칸으로 연장하는 것이 일반적인지라, 완연히 다르다는 것은 오히려 동시적일 가능성이 높다는 것이다.

죽서루는 이 같은 견해차에도 불구하고 이전의 양식에 구애받지 않고 천진하고 자연스럽게 지어진 우리 건축의 자랑이라 하겠다. 보물 제213

죽서루 측면
자연석의 성질을 그대로 살린 돌 위에 길이가 모두 다른 17개의 기둥을 세웠다.

호로 지정돼 있다.

그러나 막상 건물의 우수함과 독특함에 마음을 주지 못한다면 죽서루 건물만 달랑 있는 이곳에 낸 입장료가 아깝다는 생각이 날는지 모른다. 그러나 죽서루는 오십천변에 자리 잡고 있다는 것을 상기하라. 오십천 건너 맞은편에서 절벽 위에 솟은 죽서루의 모습을 보아야 한다.

죽서루 내부
벽이 없이 탁 트여 있어 자연스럽게 밖을 바라볼 수 있으며 내부의 공간이 넓어 시원스럽다.

특히 단풍 때를 맞추어 가면 좋다. 여름이면 죽서루 옆의 나무가 무성해 누대를 가리고, 겨울에는 너무 삭막하기 때문이다.

고려 충렬왕 1년(1275) 이승휴가 벼슬을 버리고 두타산에 숨어 지낼 때 죽서루에 올랐다고 하니 창건 시기는 적어도 그때, 또는 그 이전까지 거슬러 올라간다. 태종 3년(1403)에 삼척 부사로 재임한 김효선이 한 차례 중건하였으며, 그 뒤에도 여러 번 중건되었다.

이 누각을 세울 당시 동쪽에 죽장사(竹藏寺) 또는 죽죽선(竹竹仙)이라는 이름 난 기생이 살던 집이 있어, 이름을 '죽서루'(서쪽에 지은 누대)라 하였다고 한다.

누대 안에는 수많은 현판이 걸려 있는데, '제일계정'(第一溪亭)은 현종 3년(1662) 허목의 글씨이며, '관동제일루'(關東第一樓)와 '죽서루'는 조선 숙종 때 이곳 부사였던 이성조의 글씨이다. 숙종의 어제시(御製詩)와 율곡의 시도 걸려 있다.

죽서루에서 오십천 너머를 잇던 다리(사람이 다닐 수 없는 관광용)가 있었는데, 매우 낡고 초라해져 가설한 지 22년 만인 1992년에 철거됐다.

죽서루 서쪽의 갈야산에는 실직군왕릉이 있다. 삼척 김씨의 시조인 실직군왕은 신라 마지막 임금인 경순왕의 손자 김위이다. 고려 태조는 신라를 복속시키면서 경순왕의 자손인 김위를 실직군왕이라 칭하며 대우하였는데, 조선 헌종 4년(1838) 삼척 부사 이규헌이 실직군왕릉(갈야

오십천 건너에서 바라본 죽서루
맑은 물이 흐르는 오십천 절벽 위에 죽서루가 사뿐히 올라앉아 있다.

능이라도 함)과 실직군왕비 밀양 박씨의 묘인 사직릉을 확인하면서 그의 무덤이 세상 사람들에게 알려지게 되었다. 사직릉은 실직군왕릉에서 조금 떨어진 사직동에 있다.

천은사

'천은사'(天恩寺)는 이승휴가 『제왕운기』를 저술한 곳이다. 두타 하면 무릉계곡과 청옥산으로 이어지는 등산길을 떠올리는 사람은 많지만, 두타의 동쪽 계곡에 있는 천은사는 잘 알지 못한다. 진입로가 비포장인 데다 험하고 외진 곳에 있기 때문에 드나듦이 쉽지 않았기 때문이다.

1990년 삼척과 태백을 잇는 38번 국도가 오십천길을 따라 포장되면서 교통이 원활해지자, 천은사도 원시림과 맑은 계곡을 밑천으로, 또한 이승휴가 거처하며 『제왕운기』를 지은 곳이라는 유서를 내세워 손님 맞을 준비를 하고 있다.

 삼척시 미로면 내미로리에 있다. 죽서루 입구에서 태백 쪽으로 38번 국도를 따라 7.5km 가량 가면 길 오른쪽으로 3·8주유소가 보이고, 조금 더 가면 사둔교 못미처 오른쪽으로 천은사가는 361번 군도로가 나온다. 이 길을 따라 8.4km 가면 된다.
두타초교에서 천은사까지의 2.1km 길은 비포장이다. 대형버스는 절 입구 일주

미로면 내미로리, 때묻지 않은 울창한 숲 속에 구슬 같은 물이 완만한 폭포를 이루며 흐르는 계곡에 폭 파묻힌 천은사는 그 내력 또한 자못 깊고 복잡하다.

신라 경덕왕 17년(738) 두타의 세 신선이 백련(白蓮)을 가지고 와서 창건했다는 백련대까지 그 역사가 거슬러 올라간다. 그 뒤 흥덕왕 4년(839)에 범일국사가 극락보전을 건립함으로써 사찰의 면모를 갖추기 시작했다. 고려 충렬왕 때 이승휴가 이를 중수하고 간장암(看藏庵)이라 하였다. 이곳에서 대장경을 다 읽었다는 뜻이다. 또한 조선 선조 때에는 청허 서산대사가 절을 중건하고, 서남쪽에 보이는 산빛이 검푸르다 하여 흑악사(黑岳寺)라 하였다. 다시 1899년 이성계 4대조의 묘인 목조릉을 미로면 활기리에 만들면서 이 절을 원당 사찰로 삼고, '하늘의 은혜를 입었다' 하여 천은사(天恩寺)라 불렀다. 한국전쟁 때 큰 불을 만나 완전 폐허가 되다시피 하였는데, 1984년 다시 일어섰다.

'미로'라는 지명의 '미'자는 미수 허목이 삼척 부사로 재임하면서 자신의 호를 따서 눈썹 미(眉)자를 썼는데, 영조 14년(1738) 허목의 반대편 정파 사람이 부임하자 아닐 미(未)자로 바꾸었다고 한다. 그 재미있는 이름의 뜻을 새기는 동안 두타교, 불이교, 해탈교를 차례로 지나고 잔자갈이 자분자분 밟히는 오솔길을 따라 경내로 들어선다. 오솔길 양쪽으로 서 있는 벚꽃나무들은 봄이면 엷은 분홍색 꽃을 흐드러지게 피

문 앞까지 들어갈 수 있고 승용차는 조금 더 들어갈 수 있다. 삼척에서 절 입구 내미로까지는 버스가 하루 6회 있다(삼척→내미로:05:30, 08:20, 10:20, 12:50, 15:00, 17:00, 내미로→삼척:06:30, 09:00, 11:00, 13:30, 15:40, 18:30).

도계읍의 육백산(1,244m) 남쪽에서 발원한 오십천이 심한 곡류를 이루며 삼척 군내를 가로질러 동해로 흘러든다.

오십천길은 삼척시와 도계읍 통리를 잇는 38번 국도를 말한다. 평범한 교통로로 생각하기 쉽지만, 우리 나라에서 손꼽히는 멋진 드라이브길이다.

오십천 물줄기는 오십 굽이에 이르고 또 여기에 걸쳐 있는 다리가 500여 개이며, 굽이굽이 감아 도는 오십천길 언저리에는 아름드리 나무들이 우거져 있다.

천은사
신라 경덕왕 때 창건된 오래 된 절이나 한국전쟁 때 폐허가 되어 근래에 다시 세워졌다.

천은사 오솔길
잔자갈이 자분자분 밟히는 오솔길은 저도
모르게 절로 가는 마음을 가다듬게 한다.

위댄다. 잔자갈 밟는 소리 끝에 고색이 물씬 풍기는 돌계단을 올라서는
맛이 매우 각별하다.

　돌계단을 올라서면 가정집의 정원처럼 잘 가꾸어놓은 아기자기한 꽃
밭이 있다. 꽃밭 뒤에 주지실이 있는데, 이승휴가 『제왕운기』를 집필했
던 터 위에 지은 건물이다. 이 이승휴 유허지는 강원도 기념물 제60호
이지만, 이곳에서 태어난 『제왕운기』는 제418호로 지정된 보물이다.

이승휴와 제왕운기

이승휴(1244~1330년)는 몽고 침입 후 강화도로 천도하기 전인 고종
11년에 태어나 충렬왕 때까지 개성, 강화, 삼척을 전전하며 항몽 전쟁
기를 살았다. 자는 휴휴(休休)이고, 호는 동안거사(動安居士)이다.

　이승휴는 감찰대부라는 높은 자리에까지 올랐다. 기울어가는 고려 왕
조를 일으켜 세우기 위해 국정을 문란케 하는 친원 세력의 횡포와 충렬
왕의 실정을 비판하였지만, 자신의 충정이 반영되기는커녕 왕의 미움만

사자 그는 미련 없이 외가가 있던 두타산 자
락으로 내려온다. 그리고 지금의 천은사 자
리에 용안당(容安堂)을 지은 뒤 은둔 생활
을 시작한다.

그렇게 은둔 생활을 하던 그가 침묵을 깨
고 『제왕운기』라는 대서사시를 쓰게 된 까닭
은 원의 지배와 간섭에 스러져가는 민족의 자
존심을 되찾기 위함이었다. 단군이라는 뿌

용안당
현재 주지실로 쓰이는 용안당터에 이승
휴가 머물며 『제왕운기』를 썼다고 한다.

리에서 나온 우리 겨레가 중국 못지않은 오랜 역사와 훌륭한 문화를 가
지고 있다는 사실을 상기하고자 하였으며, 선정을 편 왕과 악정을 편 왕
을 비교해 통치자로 하여금 선정을 펴도록 유도하였다.

상하 두 권인 『제왕운기』 하권의 처음은 다음과 같이 시작된다.

요하 동쪽에는 한 건곤이 따로 있으니
뚜렷하게 중국과 갈라지고 구분된다
큰 파도 넘실넘실 삼면을 둘러싸고
북쪽에는 육지가 실같이 이어져 있다
그 가운데 지방이 천리 여기가 조선이니
강산 좋은 형세 그 이름이 천하에 퍼졌다
밭 갈고 우물 파는 예의의 나라
화인이 이름해서 소중화라 일렀도다
처음에 누가 개국해서 풍운을 열었던고
석제의 자손 그 이름이 단군이라

遼東別有一乾坤
斗與中朝區以分
洪濤萬頃圍三面
於北有陸連如絲
中方千里是朝鮮
江山形勝名敷天

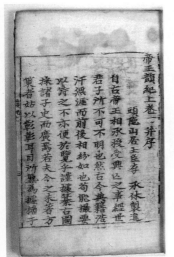

耕田鑿井禮義家
華人題作小中華
初誰開國啓風雲
釋帝之孫名檀君

민족사가 단군에서 시작되었다고 하는 사실의 전달에만 그치지 않는 감동이 전해진다. 역사 서술이라는 점에서 『삼국사기』와는 아주 다른 관점을 제시하였음은 물론이고 『삼국유사』에 견주더라도 더 진취적인 면모가 보인다. 한 예로 『삼국유사』가 주목하지 않은 발해사를 짧게나마 다루어 발해가 민족사의 범주에 든다는 것을 처음으로 밝혔다.

이승휴가 은둔 생활을 그치고 『제왕운기』를 지어가며 걱정하던 고려 왕조는 끝내 그가 눈을 감고 난 후 채 100년을 버티지 못했다. 이승휴가 은거하던 곳 지척에 도망 와 살던 목조 이안사의 5대손인 태조 이성계에 의해 비참한 종말을 맞았던 것이다.

제왕운기
이승휴가 대몽항쟁기에 민족의 자존심을 살리고자 지은 역사책이다.

공양왕릉

삼척시 근덕면 궁촌리 추천동에 있다. 삼척교에서 7번 국도를 따라 울진 쪽으로 17km 가면 궁촌리다. 궁촌리 초입(궁촌교 못미처) 왼쪽 새마을지 도자공원 사이로 난 길을 따라 0.5km 가량 가면 언덕 아래에 공양왕릉이 있다. 대형버스는 공원 한편에 주차해야 하며 승용차는 왕릉 아래까지 갈 수 있다. 삼척에서 1시간 30분마다 시내버스가 다니며 직행버스도 있어 교통에는 큰 불편이 없다. 해수욕장 부근에 민박집과 식당이 여러 곳 있다.

삼척시에서 동해를 바라보며 7번 국도를 따라 17km 정도 남쪽으로 내려가 고개를 넘으면 바다가 보인다. 그리고 왼쪽 낮은 야산 양지 바른 곳에 몇 기의 봉긋한 무덤이 있는 것도 눈에 띈다. 앞의 것이 공양왕 3부자, 뒤의 것이 빈이나 시녀 또는 말[馬]의 무덤으로 알려져 있다. 요란한 안내 표지판이나 길 안내는 없지만, 보통의 무덤보다는 월등히 커 예사 무덤이 아님을 쉽게 짐작할 수 있다.

이 고개 이름은 공양왕과 그 추종자들의 시신을 거두려는 사람들이 살해되었다고 해서 '살해재'이고, 궁촌리해수욕장으로 유명한 이곳의 '궁촌'이라는 지명은 왕이 피신해 머물던 곳이라는 뜻이다. 지명에서도 전설의 냄새가 물씬 풍긴다.

공양왕의 비극은 태조 이성계로부터 시작된다.   고려 우왕 14년

(1388)에 위화도 회군으로 실권을 잡은 이성계는 우왕과 그의 아들 창왕을 모두 왕씨의 후손이 아니라는 이유로 내쫓고, 개국하기 전까지 허수아비 왕 노릇을 해줄 사람으로 고려 신종의 7세손인 왕요(공양왕)를 골라낸다.

자신이 이성계에게 이용만 당할 뿐이라는 것을 눈치챈 왕요는 여러 번 고사하였으나, 억지로 왕위에 오르게 되었다. 이성계는 왕요를 앞세워 우왕과 창왕을 죽이고는, 3년 뒤 덕이 없다는 구실을 붙여 공양왕을 폐위시키고 마침내 스스로 왕위에 올라 새 왕조를 열었다.

공양왕은 간성에서 2년간 귀양을 살았으며 삼척에서 귀양을 산 지 한 달 만에 이성계가 보낸 사람에게 목이 졸려 목숨을 잃는다(1392년). 이때 공양왕의 나이 45세였다.

죽임을 당한 지 22년 만에 공양왕은 공양군으로 강등되었고, 태종 16년(1416)에 다시 왕으로 복위되어 이곳에 묻혔다고 한다.

그러나 이 무덤이 공양왕과 그 일족의 것이라는 주장에서 확실한 증거는 찾아볼 수 없다. 다만 이쪽 주민들이 그렇게 철석같이 믿고 있을 뿐이고, 문화재 당국은 『세종실록』의 "안성군 청룡에 봉안했던 공양왕의 초상을 고양군의 무덤 곁에 있는 암자로 옮기라고 명령했다"는 구절에 근거하여 경기도 고양시 원당에 있는 고릉을 공양왕릉으로 공식 인정하고 있다.

고려조의 왕릉은 대개 휴전선 이북에 있다. 남한에 남아 있는 것은 강화도의 석릉(21대 희종의 묘)과 홍릉(23대 고종의 묘), 그리고 공양왕릉뿐이다.

공양왕릉
궁촌리 야산 양지 바른 곳에 봉분이 퇴락한 채 초라하게 서 있다.

　한편, 공양왕이 삼척에서 죽어 묻혔다가 태종 때의 복위를 전후하여 고양으로 이전된 뒤 봉분을 그대로 남겨둔 것이 아닐까 하는 추측과 공양왕을 죽인 관리들이 사형 집행의 증거로 목을 잘라 상부에 보인 뒤 고양에 묻고 몸은 삼척에 남겨둔 것이라는 주장이 있다.

　나라 잃은 왕은 살아서도 고달프고 죽어서도 초라한 신세가 되는 것일까? 아무리 권력을 뺏긴 왕의 무덤이라지만, 또 진위 여부에 대한 시비가 있다지만, 기념될 만한 변변한 비석 하나 없어 다시 한 번 섧고 초라한 공양왕의 신세를 생각하게 된다.

　한 나라의 마지막 왕에 대한 사후 대접이 그런가 하면 나라를 세운 사람의 조상은 매우 후한 대접을 받는다.

　공양왕릉에서 자동차로 약 40분 거리에 있는 미로면 활기리에는 이성계의 5대조인 목조가 살던 집터와 그의 아버지 이양무의 무덤인 준경묘, 어머니의 무덤인 영경묘가 있다.

　동남향한 묘 주변에는 나이를 짐작할 수 없는 아름드리 소나무가 하늘을 찌를 듯 시원하게 위로 뻗어 있다. 공양왕릉의 쓸쓸함과는 자못 대조적이다.

　활기리(活耆里)는 황제가 나왔다는 황터, 곧 황기(皇基)가 변한 것이라고 한다. 공양왕과 관련된 살해재니 궁촌이니 하는 이름과도 그 어기(語氣)가 무척 다르다.

준경묘
울창한 소나무 숲 속에 잘 가꾸어져 있는 준경묘는 공양왕릉과 자못 대조적이다. 준경묘 주위의 소나무는 오랜 세월 잘 가꾸어야만 형질이 뛰어나게 되는 적송림(황장목)으로 연구 가치가 높다.

제사 잘 지내 후손을 왕으로 만든 이야기

고종 18년(1231) 전주의 지방 호족이던 이안사는 기생을 놓고 한 관리와 싸우다 관헌을 모독했다는 이유로 해침을 당할 위기를 맞았다. 이를 피해 삼척으로 이사하게 되었는데, 부친이 상을 당하고 명당을 구하던 차에 한 고승이 나타나 묏자리를 잡아주고, "소 백 마리를 잡아 제사를 지내고 금으로 관을 만들어 장사 지내면 5대 뒤에 왕이 나타날 것"이라고 하였다. 가난했던 이안사는 백우(百牛)를 백우(白牛)로 대신하여 처가의 흰 소를 잡고, 금관(金棺)은 황금색 귀리짚으로 대신하여 제를 지냈다.

이 '백우금관'의 전설에 따르자면 조선 왕조의 개국은 이안사가 발휘한 임기응변의 기지 때문이라 하겠다.

해신당

궁촌·용화·장호·호산 해수욕장이 있는 원덕면과 근덕면 일대는 무엇보다도 우리 나라 동해안에서 아름다운 해수욕장이 가장 많은 곳이다. 특히 장호해수욕장은 해안선의 경치가 빼어나다. 밤이면 오징어 배가 환히 불을 밝혀 이색적인 풍경을 자아낸다.

장호를 지나 갈남2리에 이르면 풍어와 자손의 번식을 기원하는 어촌의 독특한 서낭을 볼 수 있다. 행정구역으로는 갈산리와 신남리가 합쳐진 갈남2리이지만, 옛 습관이 남아 흔히 신남리(薪南里)라 불린다. 신남리의 더 오래 된 이름은 '섶너울'이다. 마을을 끌어안고 있는 바다 모습이 마치 울타리처럼 생겼다 하여.

동해 물결이 치올라오는 마을 북쪽의 벼랑 끝에 향나무와 마을 처녀의 초상을 모신 해신당이 있다. 조그만 정각인 해신당 안에 굴비 두름 엮듯 나무로 깎은 남근을 여러 개 매달아놓은 것이 독특하다. 향나무에는 동전이 들어 있는 복주머니 몇 개가 매달려 있다.

해신당의 주인인 처녀는 마을을 지켜주는 수호신이다. 지금부터 약 500년 전에 장래를 약속한 총각과 함께 돌김 뜯으러 바위섬에 간 처녀가 바닷물에 빠졌다. 총각이 점심을 가지러 간 사이였는데, 남자가 돌아왔을

삼척시 원덕읍 갈남2리에 있다. 공양왕릉이 있는 궁촌에서 7번 국도를 따라 용화해수욕장, 장호해수욕장 등을 지나며 울진 쪽으로 11km 가면 갈남2리가 나온다. 고개를 돌아 넘으면 왼쪽 바닷가에 마을이 보이며, 길가 쪽으로는 임원초교 신남분교가 보인다.

길 오른쪽 갈남2리 버스정류장 앞에서 좌회전해 초등학교 앞을 지나 북쪽으로 원을 돌며 600m 가량 가면 바닷가 파출소 위로 해신당이 있다.

큰길 버스정류장에서 1시간 30분 간격으로 지나는 속초행 시내버스를 탈 수 있으며, 조금 떨어진 임원에서는 직행버스를 탈 수도 있다. 마을 안에 민박집과 음식점이 조금 있다.

해신당
바닷가 절벽 위에 당집을 짓고 나무로 만든 남근을 바치며 어부들이 풍어를 비는 곳이다.

해신당 문은 굳게 잠겨 있고, 벼랑 끝의 해신목에는 남근이 없기 일쑤이다. 외지인들이 집어가는 경우도 있지만, 동네 아낙들이 이 남근을 품고 자면 아들을 낳는다 하여 가져가기 때문이다.
마을 이장님을 찾아가면 해신당 문을 열어주며 해신당 유래에 대해서도 설명해 준다.

해신목에 걸어놓은 남근
해신목이라 부르는 향나무에 나무로 깎은 남근을 굴비처럼 엮어 걸어놓았다.

때에는 갑자기 폭풍이 일어 배를 띄울 수가 없었다.

처녀가 그렇게 죽은 뒤, 바다에서는 씨가 마른 듯 고기가 잡히지 않았고, 뱃일을 나간 젊은이들이 죽어 돌아오기 일쑤였다. 지금도 그 바다에는 처녀가 애를 쓰다 죽었다 하여 ‘애바위’라고 부르는 섬이 있다.

어느 날 총각의 꿈에 나타난 처녀는 "처녀의 몸으로 죽은 것이 원통하니 나를 위로해달라" 하였다. 마을 사람들이 뜻을 모아 총각이 꿈에 보았다는 그곳에 향나무를 신목(神木)으로 모시고 제사를 지내 처녀의 넋을 위로하였다. 그런데도 이상스레 재앙이 그칠 줄 몰랐다.

마을 사람 하나가 정성을 들여도 보람이 없으니 무슨 소용이냐며 술기운에 신목에 대고 방뇨를 해버렸다. 그가 다음날 바다에 나가 그물을 건져 올리니 코마다 고기가 걸려 있었다. 곰곰이 생각해보니 지난 밤에 서낭산에 방뇨를 했기 때문이라는 생각이 들었

다. 그래서 좀 꺼림칙하기는 했지만 향나무에 다시 방뇨를 하고 바다에
나갔다. 역시 만선이었다.

　이 일로 마을 사람들은 처녀가 원하는 것이 제사 음식이 아니라 남자
의 양기임을 짐작하게 되어 남근을 깎아 제물로 바쳤다. 이후 바다와 마
을의 모든 생활이 예전처럼 풍요해졌음은 물론이다.

　지금도 매년 정월 대보름과 시월에는 정성껏 음식을 장만하고 남근을
깎아 바치는 치성을 드리고 있다. 특히 시월에는 오(午)날에만 제를 지
낸다. 오(午)날이 12간지 중에서 성기가 가장 큰 말의 날이기 때문이다.

　예로부터 성 신앙은 고기잡이나 사냥의 큰 수확, 자손의 번성을 기원
하던 민속이었다. 동해 곳곳에 해신당이 있었으나, 미신 타파와 새마을
운동이라는 미명 아래 대부분 자취를 감추고 말았다. 동해 해신당의 처
녀와 비슷하게 서해에는 어부를 보호하고 고기를 많이 잡아준다는 수성
당 할머니가 있다.

　해신당이 있는 서낭산 입구에 수령이 오랜 향나무가 당집을 지키는 목
장승과 함께 대문처럼 서 있다.

삼척에서 임원에 이르는 동
해안에는 해안 풍경을 즐기며 조용히 휴
식을 취할 수 있는 해수욕장이 여럿 있지
만, 특히 동해안 제일의 절경을 자랑하는
용화와 장호 해수욕장은 한번 찾아볼 만
한 곳이다.
두 해수욕장은 불과 1km 남짓한 거리에
있으며, 바닷속 모래가 들여다보일 정도
로 물이 맑다(용화해수욕장의 바다횟집
민박 T.033-572-4142, 장호해수욕장
의 양현이네집 T.033-572-4179)

신리 너와집

삼척시 도계읍 신리에 있다.
원덕에서 7번 국도를 따라 울진 쪽으로 조
금 가면 월천교(가곡천) 못미처 삼거리
가 나온다. 삼거리에서 우회전해 416번
지방도로를 따라 33km 가면 신리에 닿
는다.
신리 마을회관 상회 앞에서 427번 지방
도를 따라 0.7km 더 가면 길 왼쪽 언덕
으로 너와집이 보인다.
대형버스나 승용차 모두 길 한쪽에 잠시
주차해야 한다. 신리삼거리에 가게가
하나 있을 뿐 숙식할 곳은 없다. 원덕에
는 숙식시설이 몇 군데 있다.
태백에서 원덕(호산) 가는 버스가 하루
10회 신리를 지난다(태백→호산:06:35,
07:25, 08:50, 10:20, 11:25,
13:10, 14:20, 15:20, 17:05,
19:30, 호산→태백:07:50, 10:00,
12:40, 15:20, 16:40, 18:40,
19:10, 20:10, 20:40, 21:40).

해신당이 바닷가 마을의 독특한 민속이라면, 너와집은 산골 화전마을을 대표하는 가옥이다. 원덕읍 호산리까지 내려가 416번 지방도를 타고 은어가 뛰노는 가곡천을 따라 신리 너와집을 찾아간다.

삼척의 너른 바다와 깊은 산골, 성격이 판이한 이 두 곳을 자연스럽게 잇는 것은 강이다. 가곡면 풍곡리 육백산에서 발원해 심심산골인 신기면 신기리에서 흘러 들어오는 물줄기와 만나 그 방향을 동쪽으로 틀어 곧장 동해로 흘러가는 가곡천이 바로 그것이다. 가곡천변 풍경 역시 오십천 못지않다.

태백시에 가까운 통리에서부터 동해의 호산리에 이르는 산길 물길 100여 리는 구절양장의 고부랑 길과 수많은 계곡, 기암절벽, 원시림으로 이어져 있다. 아직까지 문명의 손길이 덜 닿아 옛 생활과 자연을 많이 간직하고 있다. 그 모습 그대로가 너무 좋아, 꼭꼭 숨겨두고 혼자만 보면 안 될까 하는 엉뚱한 생각에 미처 길 긴 줄 모르다가 신리 너와집에 이른다.

너와집 바로 앞으로 도로가 너무 바투 나 있어, 너와집의 등장이 갑작스럽다는 느낌이 든다. 너와집 앞의 산사과나무가 심심산골을 환히 밝혀준다. 너와집은 너세집 또는 널기와집이라고도 한다.

너와집의 가장 큰 특징은 기와로 지붕을 얹지 않고 두꺼운 나무껍질이나 널조각으로 잇는다는 점이다. 너와의 크기는 일정하지 않으나 보통 가로 20~30cm, 세로 40~50cm, 두께 4~5cm 정도이다.

논이 흔한 평야 지대에서는 흔한 볏짚으로 지붕을 이었듯이, 화전민들은 산중에서 쉽게 구할 수 있는 나무껍질과 나무판자로 지붕을 이었다. 너와가 바람에 날리는 것을 막기 위해 10~15cm 정도의 무거운 돌을 얹거나 통나무를 처마와 평행으로 지붕면에 눌러놓기도 하였다.

누우면 하늘이 보이고 불을 때면 연기 펄펄 새어 나가는 틈새가 우스워보이지만, 그것이 환기 작용을 하는 데 유용하고 비가 오면 습기를 먹은 나무가 방수 효과를 낸다는 것은, 직접 살아보지 않으면 느낄 수 없는 너와집의 이점이다. 너와의 수명은 10~20년 정도인데, 이은 지 오래 되면 2, 3년마다 부식된 너와를 새것으로 갈아 끼워야 한다.

신리 너와집 산비탈 기슭에 있는 너와집 뒤로 빨갛게 감이 익었다. 신리 여러 곳에서 너와집의 흔적을 간직한 집들을 볼 수 있다.

가곡의 풍경
임원에서 신리 가는 길에 보이는 가곡의
산과 들에 가을이 찾아왔다.

　신리 너와집 바로 못미처 오른
쪽 개울 건너에는 물레방아와 함께 아직
도 사람이 살고 있는 너와집 한 채가 있
다. 또 신리 너와집을 지나 427번 지방
도를 따라 2km 가량 가면 문의치 아래
문이골이 나오는데, 이곳에도 역시 사람
이 살고 있는 너와집 한 채가 있다.

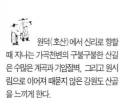
　원덕(호산)에서 신리로 향할
때 지나는 가곡천변의 구불구불한 산길
은 수많은 계곡과 기암절벽, 그리고 원시
림으로 이어져 때묻지 않은 강원도 산골
을 느끼게 한다.
특히 풍곡리 금소나무 휴게소라는 음식
점 뒤에는 잎이 사철 누런 금빛을 띠고 있
어 금소나무라 불리는 특이한 소나무가
한 그루 있는데, 지나는 길에 한번 보아
둘 만하다.

　또 한 가지 특징은 방과 부엌, 외양간이 사각의 단일 건축물 안에 붙
어 있다는 것이다. 이런 폐쇄적인 구조만이 산짐승이나 외부의 침입으
로부터 가축을 보호하고, 겨울에는 보온 효과를 극대화시킬 수 있었던
것이다.
　원래 너와집은 개마고원을 중심으로 한 함경도 지역과 평안도 산간 지
역, 태백산맥을 중심으로 한 강원도, 그리고 울릉도 지역 등 수목이 울
창한 지대에 분포한 것으로 알려져 있는데, 대체로 화전민 분포 지역 범
위와 일치한다. 정부는 산림을 황폐화시키고 수해를 일으키는 주범을 화
전이라 단정하고, 1973년부터 본격적으로 화전을 정리하였다. 현재 산
에 불을 내 밭을 일구는 화전은 거의 없다. 삼척군 신기면 대이리 일대
에 화전과 너와집의 흔적이 그래도 많이 남아 있는데, 온전히 남아 있는
것은 많지 않고 대개 벽체 등에 그 흔적이 남아 있다.
　너와집말고도 가구와 집기들이 중요민속자료 제33호로 지정돼 있다.

△물레방아와 통방아 △김칫독(피나무의 속을 완전히 파낸 뒤 풀을 이겨 발라 국물이 새지 않도록 한 통나무 그릇인데, 추위에도 보온이 잘 되어 김치 맛이 좋다고 한다) △화채라 불리는 싸리로 만든 식량 저장용 독(싸리를 항아리처럼 배가 부르게 엮고 바닥을 네모진 널판으로 막아 쇠똥을 바른 후 그

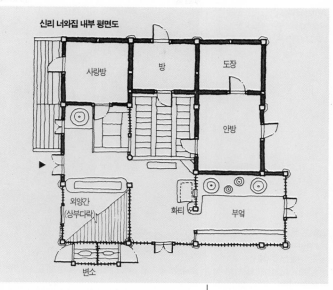

신리 너와집 내부 평면도

사랑방

방

도장

안방

외양간
(상부다락)

화티

부엌

변소

위에 진흙을 덧발라 말렸으며, 여기에 감자나 콩 들을 저장했다) △불씨를 보관하는 화티(부뚜막 옆에 진흙을 쌓아 만든 화구로 불씨가 죽으면 집안이 망한다 하여 중요하게 여겨졌다. 화로 역할도 겸했다) △굴뚝식 조명 시설이자 난방 구실까지 겸하고 있는 고콜(아랫방 모서리에

너와집 지붕
크기가 일정하지 않은 두꺼운 나무널 조각으로 지붕 전체를 차곡차곡 덮었다. 너와집 하나를 지으려면 산 하나를 깎아먹어야 한다는 말이 있을 정도로 나무를 많이 쓰게 된다.

대이리 너와집
신기면 대이리에는 사람들이 살고 있는
너와집이 여러 채 있다.

삼척에서 38번 국도를 따라 태백으로 가
다보면 신기면 소재지가 나오는데, 여기
서 우회전해 천연기념물로 정해진 환선
굴 방향으로 길을 잡으면 대이리라는 작
은 마을이 나온다.
현재 5가구 정도가 토종꿀과 황기 등을
재배하며 살고 있는데, 이곳에서는 아직
도 옛날 화전민 생활을 엿볼 수 있다. 너
와집과 굴피집이 남아 있으며, 통방아와
디딜방아를 비롯하여 조명 및 난방 기구
인 고콜 등 민속문화재가 아직도 생활 속
에 쓰이고 보존되고 있다.
마을 사람들이 생활하는 곳이므로 이곳
을 찾을 때에는 주민들이 불편해 하지 않
도록 조심해야 한다.

흙을 원통처럼 쌓아 올려 온기가 천장을 통해 부엌으로 나가게 되어 있
다. 원통 밑부분에 구멍을 뚫고 관솔을 지폈다) △살피(눈이 올 때 신
고 다니던 신발, 설피라고도 한다), 창 등이다. 그 밖에 장롱, 솥, 화로,
그릇 등이 더 있었는데 지금은 다 없어졌다.
　이 민속 유물은 산간 지대의 생활을 반영하듯 거의 모두가 나무로 만

통방앗간
대이리 사람들은 아직도 물을 끌어들여
방아를 찧고 있다. 방앗간은 지붕을 나무
껍질로 덮은 굴피집이다.

들어졌다. 산골에 너와
집 하나 지으려면 산 하
나를 깎아먹어야 한다
는 말이 있을 정도이다.
현재 신리 너와집은
사람이 살지 않는 데다
가, 너와집의 지붕도 2,
3년마다 갈아주어야
하는데 그렇게 하지
못해 흉가처럼 변해가
고 있다.

화전과 화전민

국유림이나 사유림을 불문하고 농경지조성법의 절차를 밟지 않고 임의로 개간하여 농경지로 사용하는 토지를 화전이라 한다. 화전(火田)과 산전(山田)으로 나누는데, 화전은 또다시 부덱이와 통상적으로 일컬어지는 화전으로 구분된다.

부덱이는 산간오지의 원시림에서 동남향을 택해, 이왕이면 침엽수보다는 활엽수, 곧 낙엽이 많은 곳에 불을 놓아 괭이만으로 종자를 뿌려 수확을 거두는 당년치기의 경작법으로 산림의 황폐가 가장 심한 형태이다. 통상 화전은 2년 이상 경작하고 지력이 약해지면 농사를 멈추고 새로운 곳에 불을 놓아 경작지를 만들고, 5~6년 뒤에 다시 지력이 회복된 휴경지로 옮겨와 경작한다. 산전은 화전이라도 고정 경작지로서 등기를 필한 것을 말한다.

화전의 발생 시기나 유래는 확실치 않은데, 문헌상으로는 두만강변의 여진족들이 만주와 한반도에서 화전을 경작한 것이 처음이다. 조선 효종 때 산지 개간을 인정한 사실이 있으며, 이후 영조 때 화전을 육등전(六等田)이라 해서 최하급의 세금을 부과한 기록이 있다. 일제 시기와 해방 뒤의 혼란기에 화전이 급격히 늘었으나 행정 체계가 확립됨에 따라 점차 그 수가 고정되었다.

강원도의 화전은 주로 태백산맥을 중심으로 영서 내륙의 화천, 춘성, 인제, 홍천, 횡성, 영월, 평창에 분포했다. 1974년 삼척군 도계읍 신리 화전마을이 민속자료 보호구로 지정되었다.

미인폭포

도계읍 통리 오봉산과 백병산이 만나는 곳에 V자형의 암석이 있는데, 그 위에서 오십천 물줄기가 모였다가 낙하하면서 장엄한 폭포를 이룬다. 미인폭포라는 이름이 붙은 데는 다음과 같은 전설이 있다.

아름다운 처녀가 이곳에 살고 있었는데, 이상스럽게도 이 처녀와 혼담이 오가는 총각은 모두 변사해 이를 비관한 처녀가 이 폭포에서 떨어져 죽었다고 한다.

또 다른 이야기는 이렇다. 콧대가 높은 미모의 처녀가 신랑을 고르다가 나이가 들었는데 한번은 마음에 드는 사람이 나타났기에 허혼을 하려 하니, 그 총각이 뒤로 물러나며 할머니가 무슨 농담이냐 하면서 거절하였다고 한다. 얼굴을 물에 비춰 할머니처럼 늙어버린 자신의 모습을 본 처녀는 절망하여 치마를 뒤집어쓰고 폭포에 빠져 죽었다. 그 뒤 진짜 신랑감이 나타났으나, 신부는 이미 죽었다는 소식이 전할 뿐이었다. 신랑도 낙망하여 물로 뛰어들었고 미인폭포라는 이름이 붙여졌다고 한다.

제3부 강릉

온전히 지켜온 관동문화의 핵심

강릉

경포호 주변

3 강릉

대관령길은 늘상 긴장과 설렘으로 기억에 남는다. 해발865m의 고도에서 깎아지른
듯한 계곡을 따라 강릉으로 이어지는 굽이굽이 산길은 가벼운 두려움과 함께 긴장감
을 불러일으키며, 바다의 대명사 '동해'를 대면하기 직전의 기쁨을 맛보게 한다.

　대관령에서 내려다보는 강릉땅의 모습은 실로 장관이다. 멀리 높지막하게 선을 긋
고 있는 동해의 수평선과 긴 해안선을 따라 수긋이 앉아 있는 호수들이 보이며, 강
릉 시가가 요란하지 않게 펼쳐진다. 1955년 강릉시와 명주군으로 나뉘었다가
1995년 다시 강릉시로 통합되었다. 여기서는 나름대로 독특한 문
화적 특색을 공유하고 있는 강릉과 경포호 일대를 답사
해본다.

　오랫동안 지방 행정의 중심지가 되어온 강릉
은 비록 경주나 공주, 부여 같은 왕도(王都)
는 아니었지만 그에 못지않게 많은 문화유적
을 간직하고 있다. 그 특징은 '지방문화'라 할
수 있겠는데, 우선 객사문이니 칠사당, 강릉 향교
가 그러하다. 객사문은 중앙의 관리가 지방 출장시
이용하던 숙박시설이며, 칠사당은 관찰사나 원이
백성을 다스리던 관아였다. 강릉 향교는 말할 것
도 없이 성균관에 입성하기 전, 지방 유학생이
반드시 거쳐야 할 지방 최고의 교육기관이었다.
객사문과 칠사당이 남아 있는 강릉 용강동과 명
주동은 지금도 행정의 중심지이며, 강릉 향교는 명
륜고등학교 안에 있으니, 예와 오늘의 행정과 교육을 함께 견
주어볼 좋은 기회가 아닌가.

　한편 강릉에는 불교 문화재가 많다. 보현사와 굴산사터, 신복사터, 한송
사터 같은 사찰 및 절터가 대표적인데, 특히 굴산사터의 당간지주는 현존하
는 우리 나라 당간지주 중 최고라 할 만큼 그 규모가 거대하다. 규모뿐만 아
니라 그 큰 돌을 거침없이 다룬 솜씨가 뛰어나다. 신복사터, 한송사터에 있

양양
속초

양인

삼산리
(장천동)

무릉계곡

소금강(청학동)

노인봉
1,338

진고개

평창군

선자령

월정사

병내리
↓진부

영동고속도로

④

는 석탑과 석불좌상은 강릉 지방에서만 볼 수 있는 독특한 모습이다.

강릉시 북쪽의 경포호는 바다와 호수와 소나무 숲, 그리고 비교적 너른 들판 등 갖가지 자연 환경이 잘 어우러져 관동 제일경을 자랑한다. 자연을 감상하기 좋아했던 선조들은 예외없이 이 아름다운 호수에 많은 누정과 별당을 세웠다. 경포대, 방해정, 해운정 들이 대표적이며, 그 밖에도 선교장은 조선 후기 양반이 살던 집으로 일반적인 양반 주택의 법식에 구애받지 않고 자유로움을 중시해 지은 건축술이 매우 뛰어나다.

경포호 주변이 율곡 이이와 사임당 모자, 그리고 허균과 허난설헌 오누이가 나고 자란 고향이었다는 점도 잊을 수가 없다. 그들의 문학과 예술과 학문과 삶을 돌이키다보면 어느덧 해는 태백산맥을 넘어 가고, 강릉이 얼마나 유서 깊은 고장인지 새삼 깨달아진다.

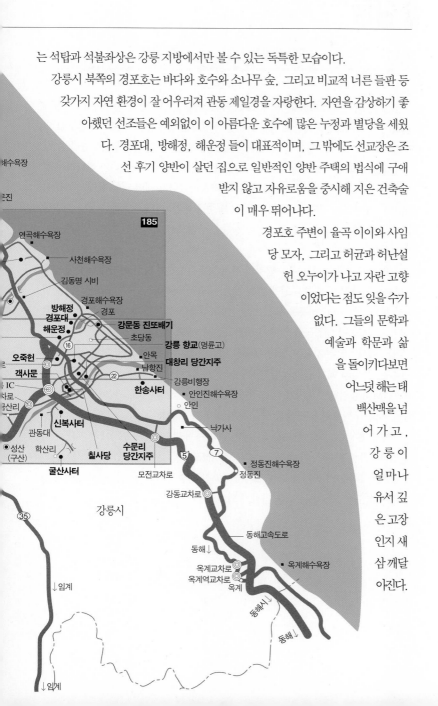

코스 6 강릉

면면히 일궈온 관동문화의 정수를 찾아서

구절양장 대관령을 넘을 때 시원스레 보이는 동해 안쪽의 땅이 강릉시이다. 강릉은 지리적 이유로 임진왜란과 병자호란 등의 병화를 입지 않아 옛모습과 전통을 많이 간직하고 있으며, 강원 문화의 중심지로 독자적인 문화권을 형성해왔다.

연혁은 고대 국가 예(濊)로부터 시작된다. 고조선에 복속되었다가 한나라가 설치한 임둔군이 되었고, 고구려의 하서량, 하슬라였다가 세력 다툼 끝에 신라땅이 되었다. 통일신라 경덕왕 16년(757)에 명주로 개칭되었으며, 특히 통일신라 말 강력한 세력을 형성한 호족 왕순식이 강릉을 중심으로 독자적인 지방문화를 이루기 시작했다.

통일신라 37대 원성왕 때 무열왕의 직계손인 김주원이 왕권 차지에 실패해 명주군왕으로 봉해진 이래 그 후원을 받은 굴산사(범일국사 창건)를 비롯해 신복사, 한송사 등의 절이 크게 선풍을 떨쳤으나, 고려 성종이 왕권을 강화하기 위해 지방호족의 근거지였던 대찰들을 없애기 시작하면서 폐찰되었다.

이들 폐사지에는 강릉 지방의 독특한 양식을 보여주는 불상 및 석탑 들을 비롯하여, 우리 나라 최대 규모의 당간지주 등 문화재가 많다. 굴산사터 당간지주는 소박하면서도 웅건한 조형미가 매우 뛰어난 작품이다. 강릉 시내를 벗어나 대관령 기슭에 자리 잡은 보현사도 산간 절집 분위기가 그윽하다.

이와 같은 불교 문화재말고도 강릉 시내에는 유교 및 건축 문화재가 제대로 남아 있다. 강릉 향교는 지방 향교로서 가장 규모가 잘 갖추어져 있으며, 객사문과 칠사당은 각각 고려 말기와 조선 초기에 세워진 관청 건물로 당시의 건축 양식과 지방 관청 제도를 고증하는 귀한 자료가 되고 있다.

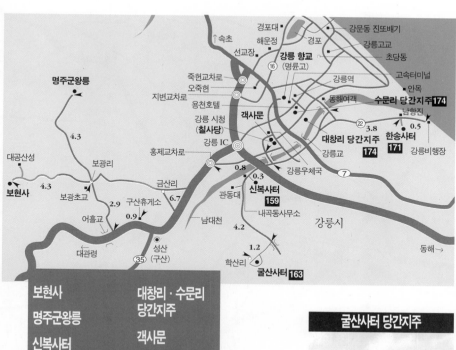

명주군왕릉

보현사   대창리·수문리
       당간지주
명주군왕릉
       객사문
신복사터
       칠사당
굴산사터

한송사터   강릉 향교

굴산사터 당간지주

강릉 향교

관동의 중심 강릉으로 찾아갈 때는 영동고속도로를 타고 대관령을 넘는 것이
가장 대표적인 방법이다. 부산·울진 등 남쪽 지역에서는 7번 국도와
동해고속도로를 이용해서 강릉으로 갈 수 있으며, 강릉의 북쪽인 설악·속초
지역에서도 7번 국도를 이용해 강릉으로 갈 수 있다.
청량리에서 강릉까지 영동선 기차가 다니며, 강릉시와 여러 면지역과는
시내버스 연결이 잘 되어 있다. 서울에서 강릉까지는 비행기로도 갈 수 있다.
강릉 시내에는 숙식할 곳이 많이 있으나 일부 지역에는 숙식시설이
없는 곳도 있다.

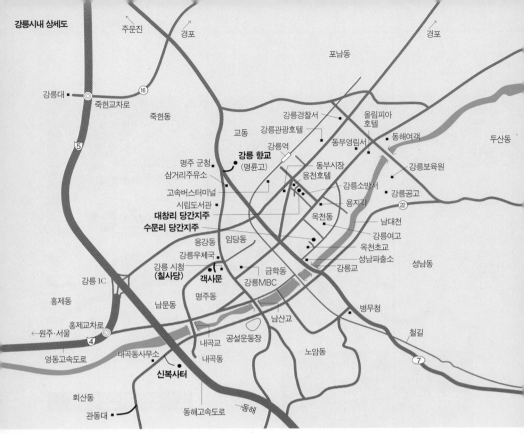

강릉시내 상세도

주문진 / 경포 / 경포 / 포남동 / 강릉대 / 16 / 죽헌교차로 / 죽헌동 / 5 / 교동 / 강릉경찰서 / 올림피아 호텔 / 동해여객 / 두산동 / 강릉관광호텔 / 명주 군청 / 강릉역 / 동부영림서 / 강릉 항교 (명륜고) / 동부시장 / 강릉보육원 / 삼거리주유소 / 용천호텔 / 강릉소방서 / 강릉공고 / 고속버스터미널 / 용지각 / 22 / 시립도서관 / 대창리 당간지주 / 옥천동 / 남대천 / 수문리 당간지주 / 용강동 / 임당동 / 강릉여고 / 강릉우체국 / 옥천초교 / 성남파출소 / 성남동 / 강릉 시청 (칠사당) / 객사문 / 금학동 / 강릉교 / 강릉 IC / 명주동 / 강릉MBC / 홍제동 / 남문동 / 병무청 / ←원주·서울 / 홍제교차로 / 남산교 / 철길 / 4 / 내곡교 / 공설운동장 / 영동고속도로 / 내곡동사무소 / 내곡동 / 노암동 / 7 / 신복사터 / 회산동 / 동해고속도로 / 동해 / 관동대

보현사

강릉시 성산면 보광리에 있다. 강릉 홍제교차로에서 영동고속도로를 따라 대관령 쪽으로 6.7km쯤 가면 길오른쪽으로 구산휴게소가 나온다. 휴게소를 지나 0.9km 더 가면 어흘교가 나오는데, 다리 못미처 오른쪽으로 시멘트길이 보인다.
이 길을 따라 2.9km 가면 보광사거리가 나오는데 계속 직진하면 명주군왕릉으로 가는 길이고, 왼쪽 다리 건너 마을길을 따라 4.3km 가면 보현사에 닿는다 (마을을 지나 산길을 따라 계속 가다보면 대공산성 안내표지판이 있는 두 갈래길이 나온다. 이곳에서 왼쪽으로 산모퉁이를 조금 돌아가면 보현사다).
승용차는 절 앞까지 갈 수 있으나 대형버스는 길이 좁아 좀 곤란하다. 절 쪽에서 나오는 차와 만나면 차를 돌리기가 쉽지

대관령의 동쪽 사면 보현산(만월산으로도 불린다) 기슭에 자리 잡은 '보현사'(普賢寺)를 찾아가는 길은 즐겁다. 계곡의 물소리를 들으며 완만한 산길을 한참 오르면, 울창한 소나무숲과 낙엽수림 속에 고즈넉하게 안겨 있는 절이 나선다.

교통량 많기로 둘째 가라면 서러운 대관령이지만, 대개는 대관령을 그냥 넘어가는 고개로만 여길 뿐 대관령에 무엇이 있는지에는 무관심하다. 덕분에 이렇게 오롯한 절이 살아 있음은 다행이지만……

보현사는 영동 지방에서 가장 오래 된 절이다. 경내에 남아 있는 낭원대사의 부도 및 부도비를 비롯한 보물급 문화재와 150년 전에 중수됐다는 고색 짙은 대웅전이 절의 내력이 만만치 않음을 귀띔해준다.

그 내력은 신라 말인 신덕왕 2년(914)까지 거슬러 올라가는데 당시에는 낭원대사가 세운 지장선원이었다. 낭원대사는 김개청이란 이로 홍

덕왕 8년(834)에 태어났으며, 경애왕 때 국사를 지낸 분이다. 96세에
이곳에서 입적하였다.

　절의 중심에 자리 잡은 대웅전은 정면 3칸 측면 3칸의 겹처마 팔작지
붕의 다포집으로, 150년 전에 중수됐다. 대웅전 안에는 흙으로 구운 불
상이 모셔져 있다. 고색창연한 대웅전 앞에는 돌로 만든 짐승과 탑의 부
재 몇 가지가 깨어진 채로 있는데, 어설프게 복원된 것보다 차라리 낫지
싶다.

　곰 인형처럼 둥글둥글한 몸매에 강아지를 닮은 얼굴을 한 돌짐승은 목
을 뒤쪽으로 돌려놓고 있다. 탑 부재 몇 개가 차곡차곡 쌓여 아담한 이
층석탑을 이루고 있는데, 마멸이 심해 조각들이 선명하지 않지만, 기단
부분의 연꽃무늬와 몸돌의 보살상은 뚜렷이 윤곽을 드러내고 있다.

　대웅전을 중심으로 보현각, 삼성각, 영산전 등이 늘어서 있는데, 보
현각 뒤쪽에서 강릉 쪽을 내려다보면 강릉비행장이 보인다. 대관령 꼭
대기에서 보는 동해와 강릉의 전경 못지않다. 그 전경을 바라보며 신라
시대 천축국에서 왔다는 문수와 보현, 두 보살의 전설을 떠올려본다.

없다.
절 근처에는 숙식할 곳이 없다. 시내에서
보광리까지는 1시간 간격으로 버스가
다닌다.

　영동고속도로 어흘교에서 보
광리, 보현사로 이어지는 계곡은 화려하
지는 않지만 소나무 숲과 낙엽수림이 울
창하여 아늑한 느낌을 준다. 특히 단풍이
들 때는 조용하고 고즈넉해 온종일 쉬어
가고 싶어진다. 여름철에는 계곡 관리를
위해 마을에서 입장료를 받는다.

보현사 전경
보현보살이 쏜 화살이 떨어진 곳에 세웠
다는 전설이 전해지는 보현사는 영동 지
방에서 가장 오래 된 절이다.

대웅전 앞의 돌짐승
곰 인형같은 둥글둥글한 몸 위에 강아지를 닮은 머리를 올려놓았다.

대관령 중턱 어흘리에 들어선 대관령 자연휴양림(033-641-9990)은 울창한 숲과 함께 다양한 휴식시설을 갖추고 있어, 가족 단위 휴식 및 산림욕을 즐기기 위한 장소로 널리 알려져 있다. 야영장 2개소에 200여 명을 수용할 수 있으며, 넓은 주차장과 자연관찰원, 산책로, 물놀이장, 산림욕장 등이 있다. 강릉에서 어흘리까지 버스가 30분 간격으로 다녀 교통도 무척 편리하다.

보현사 입구 부도밭
모양새가 조금씩 다른 20여 기의 석종형 부도가 절 입구 한편에 모여 있다.

전설에 의하면 강릉시 동남쪽인 남항진 해안에 당도한 문수보살과 보현보살이 문수사(지금의 한송사터)를 세웠다. 어느 날 보현보살이 "한 절에 두 보살이 있을 수 없으니, 내가 활을 쏘아 화살이 떨어진 곳을 절터로 삼아 떠나겠다"고 하며 시위를 당겼다. 그 화살이 떨어진 곳이 바로 이 보현사터였다고 한다.

절 입구에 보물 제192호로 지정된 낭원대사 부도비(낭원대사 오진탑비)가 서 있고, 주위에 커다란 돌절구 2개와 20여 기의 석종형 부도가 있다. 이로써 절의 유구한 내력과 사세를 짐작할 수 있지만, 창건 이후 절의 사적은 전하지 않는다. 20여 기의 부도는 같은 석종형으로 단순한 모양새이지만, 그 단순함 속에서도 꼭대기를 조금씩 달리 장식해놓고 있다. 낭원대사 부도비 뒤쪽으로 높은 석축이 있고 대웅전을 비롯한 몇몇 건물들이 경내를 이루고 있으며, 삼성각 뒤쪽 산속으로 100m 정도 올라가면 보물 제191호로 지정된 낭원대사 부도(오진탑)가 있다.

낭원대사 부도비

사각의 지대석 위에 용머리 형상의 거북이를 얹고 그 위에 높은 비신을 세웠으며, 용 네 마리가 여의주를 놓고 다투는 모습을 실감나게 투각(透刻)한 이수를 얹은 전형적인 부도비의 모습이다.

주목할 만한 것은 이수 중앙에 올려놓은 보주이다. 탑의 상륜부에 해당하는 복발과 보륜 위에 화염에 싸인 보주를 얹었는데, 마치 용 네 마리가 이 보주를 여의주로 여기고 서로 차지하기 위해 다투는 형상이다.

높이가 약 2m에 달하는 부도비의 꼭대기를 이렇듯 자세히 볼 수 있는 것은 이 부도비가 위치한 독특한 지형 때문이다. 부도비 주위로 높은 석축이 있어서, 석축 위에 올라가면 부도비를 내려다볼 수 있다. 경내의 각 건물들은 이 석축 위에 조성돼 있다.

비신에는 보현사를 창건한 낭원대사의 일대기를 적어놓았다. 낭원대사는 고려 태조 13년(930) 96세로 입적하였는데, 태조가 이때 내린 시호가 '낭원'(朗圓)이며, 탑명을 '오진'(悟眞)이라 하였다. 이 비는 낭원대사가 세상을 떠난 지 10년 뒤인 태조 23년(940) 7월 30일 세워졌으며, 비문은 구족달(仇足達)이 썼다.

낭원대사 부도비
이수 위에 탑의 상륜부에 해당하는 보륜
과 복발이 있는 특이한 형태이다. 범종각
에서 내려다보면 더욱 잘 볼 수가 있다.

강릉시 해수욕장 주변 민박 안내

강릉시 수협(T.033-662-3633)

　주문진 어촌계(T.033-662-2106)

　사천 어촌계(T.033-641-8201)

　사근진 어촌계(경포대, T.033-644-2587)

　정동진 어촌계(T.033-644-5229)

낭원대사 부도

삼성각 뒤쪽 꽤 가파른 산비탈길을 올라 약 100m쯤 간 곳에 있다. 그러나 얼기설기 놓은 계단을 따라 올라가기 때문에 그다지 힘들지는 않다. 계단 옆에는 키 작은 산죽이 무성하여 산바람에 장단 맞추는 댓잎소리가 듣기 좋다. 주위의 잡목에 단풍이 들면 산죽의 푸른색과 멋진 조화를 이룬다.

연꽃무늬의 기단 위에 팔각의 몸돌을 얹고 지붕돌을 놓은 팔각원당형의 부도로 중대석과 상륜부 등 일부가 손실되었다. 현재의 높이는 2m이나 없어진 상륜부의 부재를 감안한다면 본래는 이보다 조금 더 높았

낭원대사 부도
중대석과 상륜부 일부를 잃은 채 산죽이 무성한 산비탈 한쪽에 조용히 홀로 서 있다.

을 것이다. 팔각 몸돌에 사리를 장치했다는 상징적 표현으로 문과 자물쇠 모양이 새겨져 있을 뿐 달리 장식은 없다. 지붕돌은 폭이 좁고 두꺼운 편인데, 아랫면에 3단의 층급받침이 있다. 추녀는 반전이 뚜렷하고 낙수면의 경사는 매우 급하다. 지붕돌 모서리에 귀꽃이 있었던 흔적이 남아 있다.

낭원대사 부도비와 함께 고려 태조 23년(940)에 만들어졌다.

대공산성

보현사 입구 못미처 오른쪽으로 난 산길을 따라 오르면 대공산성이 있다. 약 4km의 석축 산성이다. 백제 시조 온조왕 또는 발해 왕족인 대씨가 쌓았다는 전설이 있으나 확실하지는 않다. 기록에는 이곳을 보현산성이라고 적고 있다. 고종 32년(1895) 을

미의병 때 민용호가 이끄는 의병이 이곳에서 일본군과 치열한 전투를 벌이기도 했다.

북쪽의 성벽은 험준한 절벽 지형을 이용해 쌓았는데 거의 무너져 있고, 남쪽에는 다듬지 않은 돌로 쌓은 높이 2m 정도의 성벽이 있으며, 동·서·북쪽에 문터가 조금 남아 있다. 성 안에는 약 1,000년 전에 쌓았다는 우물터가 있다. 강원도 기념물 제28호이다.

명주군왕릉

명주군왕릉은 강릉 김씨 시조인 김주원의 묘이다. 김주원은 태종무열왕의 5세손으로, 그가 명주군왕으로 봉해지고 강릉 김씨의 시조가 된 내력에는 신라 중대에서 하대에 이르기까지 왕위 계승을 놓고 벌어진 치열한 다툼의 사연이 있다.

785년 왕위를 이을 아들이 없이 선덕왕이 죽자 군신들이 의논하여 선덕왕의 친족이며 당대의 실력자로서 여러 귀족들의 지지를 받고 있던 김주원을 추대하려 했다. 그러자 선덕왕의 즉위와 더불어 상대등에 올라 세력을 잡고 있었던 김경신이 돌발적인 정변을 일으켜 스스로 왕위에 올랐다. 그가 바로 원성왕이다.

왕위에 오르지 못한 김주원은 원성왕에게 위협을 느끼고 멀리 강릉 지방으로 물러나고 말았다. 김주원이 강릉에서 기반을 잡고 힘을 키워 왕권과 대립하는 독자적인 세력을 형성하자, 원성왕은 김주원을 명주군왕으로 추대하여 지방 세력으로만 묶어둠으로써 중앙을 넘보지 못하도록

강릉시 성산면 보광리에 있다. 강릉에서 보현사를 찾아가는 길과 같으나 보광사거리에서 계속 직진해(좌회전은 보현사 가는 길) 4.3km 더 가면 명주군왕릉이다.
능 입구에는 대형버스도 여러 대 주차할 수 있는 넓은 주차장이 있으며, 명주군왕릉에서 보광리사거리(보현사 입구)를 거쳐 시내까지 가는 버스가 1시간 간격으로 다닌다. 숙식할 곳은 없다.

명주군왕릉
신라 원성왕에 의해 명주군왕으로 봉해진 김주원의 능으로, 넓은 묘역 주위로 소나무가 병풍을 친 듯 둘러서 있다.

하는 회유책을 썼다.

그리하여 강릉에 머물게 된 김주원은 강릉 김씨의 시조가 되었고, 그의 후손들은 강릉 지방을 중심으로 신라 말까지 지방 호족 세력으로 성장하였다. 또한 이들은 신라 말 크게 세력을 확장한 구산선문 중 강릉 일대에 둥지를 튼 사굴산파의 본산 굴산사를 적극 지원하여, 지방의 중요한 정치 및 종교 세력이 되었다.

한편 『삼국유사』에는 김주원이 왕위에 오르기 위해 서울, 곧 경주로 입성하려 하였으나(당시 김주원의 집은 경주 북쪽 20리 지점에 있었다고 한다) 북천의 물이 불어나 강을 건너지 못하게 되어 대신 김경신이 왕위에 올랐다는 이야기도 전한다. 원성왕의 변칙적인 즉위를 자연의 신성한 힘에 의한 것으로 합리화하기 위한 설화라고도 볼 수 있다.

명주군왕릉을 삼왕릉(三王陵)이라고도 하는데, 김주원의 2대손까지 명주군왕직을 세습하였기 때문이다. 명주군왕릉 일대의 관련 건물들로는 능을 수호하기 위해 세운 삼왕사, 위패를 모시고 제례를 지내는 숭의재, 능향전, 명왕비각, 그리고 매월당 김시습의 영정을 봉안한 청간사 등이 있다. 김시습은 명주군왕의 후손(강릉 김씨)이며, 청간(淸簡)은 김시습의 시호이다.

강릉 일대에서 가장 막강한 세력을 갖고 있는 강릉 김씨 시조의 묘소인지라 규모도 크고 관리에도 소홀함이 없다. 눈썰매 타기 좋게 경사진 비탈에 4개의 장대석을 잇대어 만든 방형(方形)의 군왕 묘가 있고, 비탈에 쌓은 층층의 축대 위에 동자석과 문신석, 망주석, 사자석 등이 한 쌍씩 세워져 있다. 병풍을 친 듯 소나무가 묘역을 둘러싸고 있으며, 묘역은 대관령을 향해 있다. 강원도 기념물 제12호로 지정돼 있다.

신복사터

강릉시 내곡동에 있다. 영동 고속도로 홍제교차로에서 강릉 시내 쪽으로 직진해 800m쯤 가면 오른쪽으로

야산이 둘러져 있는 아늑한 절터에 삼층석탑과 석불좌상만이 뚜렷이 남아 있다. 절터는 북쪽이 트인 오메가(Ω)형인데, 주변의 지세로 보아 신복사의 호시절에도 절의 규모는 그리 크지 않았던 듯싶다. 그렇다면 절

규모에 비해 석탑과 보살상이 유난스레 크지 않은가 싶기도 하다. 탑 동쪽에 금당 터로 추정되는 유적지가 발굴

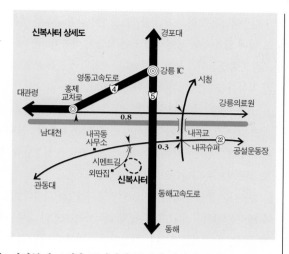

신복사터 상세도

경포대

영동고속도로

강릉 IC

대관령

홍제교차로

시청

강릉의료원

④

⑤

0.8

남대천

내곡동사무소

내곡교

내곡슈퍼

㉒

공설운동장

0.3

시멘트길

외딴집

신복사터

관동대

동해고속도로

동해

내곡교가 나온다.

내곡교를 건너 내곡슈퍼를 끼고 우회전해 관동대 쪽으로 300여 미터 가면(내곡동 사무소 못미처 동해고속도로 교각 바로 밑 지점) 길 왼쪽으로 작은 시멘트 다리 건너 산길이 보인다. 이 길을 따라 100m 가량 가면 신복사터다.

승용차는 절터 지나 민가 앞에 주차할 수 있으나 대형버스는 고속도로 교각 아래 한쪽에 주차해야 한다. 시내에서 관동대로 가는 버스를 타고 내곡동 사무소에서 내려 걸어가기도 되며, 숙식은 시내에서 해야 한다.

신복사터 삼층석탑과 석불좌상

야산으로 둘러싸인 아늑한 신복사터에는 중후하고 안정감이 느껴지는 고려 초의 삼층석탑이 남아 있으며, 석탑 앞에는 탑을 향해 공양하는 자세의 석불좌상이 있다.

되고 있으며, 기단부에 쓰였을 큼지막한 부재와 깨어진 기와도 보인다.

삼층석탑은 고려 초기의 작품으로 안정감과 중후한 멋을 느끼게 하며, 그 앞에 탑을 향해 공양하고 있는 모습의 석불좌상은 세련되고 풍만한 조각으로 인간미가 물씬 풍겨난다. 원통형의 관을 쓰고 그 위에 다시 팔각 지붕돌을 이고 있는 독특한 형상이다.

달리 유물이 남아 있지도 않지만 특히 삼층석탑과 석불좌상이 주목을 받고 있는 것은 강릉 지역에서만 볼 수 있는 독특함, 곧 탑과 석불좌상이 어우러진 형상이기 때문이다. 이러한 모습은 월정사와 한송사터에서도 공통적으로 나타나고 있다.

신복사는 문성왕 12년(850) 범일국사가 창건하였다고 하는데, 그 이후 내력은 전해지지 않고 있다. 범일국사는 고향인 강릉 지방에 신복사와 굴산사를 창건하였으며, 강릉땅과는 인연이 매우 깊은 인물로 보현사의 낭원대사도 그의 문하에서 공부하였다. 범일국사에 대한 이야기는 굴산사에서 자세히 다루기로 한다.

심복(尋福), 또는 신복(神伏)이라 표기되어왔으나 1936년과 1937년에 신복(神福)이라고 씌어진 880년 전후의 기왓장이 발견되어 현재의 신복사(神福寺)로 그 이름이 굳어졌다.

석불좌상의 얼굴 부분
부드럽고 복스러운 얼굴에는 웃음기가 감돌고, 입은 안으로 꼭 다물어 입술선만 남아 있다.

신복사터 석불좌상

삼층석탑 앞의 석불좌상은 탑을 향해 공양하는 모습으로 왼쪽 무릎을 세운 채 꿇어앉아 있다. 왼팔을 무릎 위에 올리고 두 손을 모아 쥔 채 가슴에 꼭 붙이고 있는데, 손에 쥐고 있던 물건을 고정시킨 철기 등의 흔적이 그대로 남아 있다.

부드럽고 복스러운 얼굴은 웃음을 머금었고, 입은 안으로 꼭 다물어 얇은 입술선만 남아 있다. 눈썹은 초생달 같은 곡선을 이루고, 어깨까지 내려오는 긴 귀 양끝에는 구멍이 뚫려 있다. 귀걸이를 단 흔적이다. 이마의 중앙에는 백호가 선명하게 찍혀 있다. 목에는 삼도가 부드럽게 층을 이루며 선명히 새겨져 있다.

신복사터 석불좌상
탑을 향해 공양하는 모습의 석불좌상은
원통형 관을 쓰고 그 위에 다시 팔각 지
붕돌을 이고 있는 독특한 형상이다. 세련
되고 풍만한 느낌을 준다.

원통형 관을 약간 뒤쪽으로 젖혀 쓰고, 그 위에 다시 팔각 지붕돌을 이고 있다. 이 석불좌상이 쓰고 있는 관의 높이가 월정사나 한송사터 석불좌상의 그것보다 약간 낮은 이유도 바로 이 지붕돌 때문에 생기는 높이를 감안했기 때문이다. 원통형 관 정면에는 중앙에 하나, 좌우에 각각 세 개의 구멍이 있고, 뒷면에는 중앙에 위아래로 하나씩, 좌우에 대칭되게 두 개씩 모두 여섯 개의 구멍이 있다. 양쪽 옆면에도 여러 개의 구멍이 있는데 모두 장식을 달았던 구멍으로 여겨진다.

그 밖에 관 밑에서 꼬여진 머리카락이 어깨 너머로 길게 늘어져 있고, 보관의 가장자리에도 스카프를 맨 듯 장식이 달려 있다. 몸에도 목걸이, 팔찌, 숄처럼 두른 천의, 그리고 천의를 묶은 세 줄의 띠가 장식되어 있

신복사터 옆 묘 주위에 있는 문인석
신복사터에서 왼쪽 산등성이로 난 계단을 따라 오르면 오래 된 무덤 하나가 눈에 띈다. 무덤 옆에는 광대뼈가 툭 불거지고 기세가 등등한 문인석과 오종종하니 울상을 짓고 있는 문인석들이 서 있다. 절터의 화려한 석불좌상과 비교되는 소박한 조각으로 한번 보아둘 만하다. 여기에 서면 신복사터가 한눈에 잘 내려다보인다.

다. 신체에 표현된 천의의 휘늘어진 주름이 매우 아름답다.

두 다리 사이의 옷자락에는 직경 약 4cm의 금속제 기둥 같은 것이 두 개 서 있는데, 지금은 구부러져 그 원형을 파악할 수 없다. 석불좌상에는 원형의 대좌받침이 있어 이것을 안이 움푹한 연화대좌에 끼워 넣게 되어 있는데, 현재는 대좌받침의 앞부분이 없어졌다. 원래 이 금속 기둥은 대좌받침과 연화대좌를 연결하는 역할을 했을 것으로 여겨진다.

석불좌상이 앉아 있는 연화대좌는, 폭이 좁은 중대석 아래위로 각각 복련과 청련이 조각된 모습이다.

그러나 신복사터 석불좌상의 가장 큰 특징은 원통형 관 위에 이고 있는 팔각의 지붕돌이다. 눈이나 비로부터 불상을 보호하기 위해 불상 위에 지붕돌을 씌우는 것은 고려 시대에 들어와 옥외에 불보살상을 조성하면서 유행했던 것이다. 논산 관촉사나 부여 대조사의 석조보살이 각각 사각의 지붕돌을 이고 있으나, 팔각의 지붕돌을 이고 있는 예는 흔치 않다.

지붕돌 안쪽에는 각 모서리마다 세 개의 구멍이 나란히 뚫려 있는데, 모두 장식을 달았을 것으로 생각된다. 원통형 관과 맞닿는 지붕돌의 원주위에는 연꽃잎이 둘러져 있어, 이 천개가 다른 석물의 지붕돌을 잘못 올려놓은 것이 아니냐는 의혹을 명쾌히 풀어주고 있다. 높이는 1.81m이며, 보물 제84호로 지정돼 있다.

신복사터 삼층석탑

기본적으로는 2중의 기단 위에 3층의 탑신을 세우고 그 위에 상륜부를 올려놓은 형식이지만, 쌓아 올린 수법이 매우 특이하다. 1, 2층 기단 사이와 탑신 각층의 몸돌과 지붕돌 사이에 별도의 괴임돌을 놓은 것으로, 마치 이형탑 같은 느낌을 준다. 이와 같이 별도의 괴임돌을 놓는 양식은 고려 시대의 특징으로, 특히 신복사터 삼층석탑에서 강조된 느낌이다.

탑의 각 부재는 높이에 비해 폭이 넓어 안정감을 느끼게 하는데, 층마다 끼여 있는 별개의 괴임돌 때문에 높이가 높아져 전체적으로 균형을 이룬다.

각층마다 놓은 별도의 괴임돌과 더불어, 귀꽃이 있는 복련이 조각된 지대석, 하층 기단 면석의 안상, 1층 몸돌의 문비를 달았던 흔적 등은 모두 탑에 화려함을 주는 요소들이다. 상륜부에도 노반, 복발, 앙화, 보륜, 보주 등 각 부재가 완전하게 남아 있다.

흔히 볼 수 없는 양식의 석탑이라 한참 눈길을 주게 된다. 전체 높이는 4.55m, 보물 제87호로 지정돼 있다.

굴산사터

대관령에서 굽이쳐 내려온 산줄기가 이름 그대로 학이 날개를 펼친 듯 웅장한 산세를 드러내는 강릉시 구정면 학산리. 너른 들판에 우뚝 솟은 높이 5.4m의 당간지주 두 기가

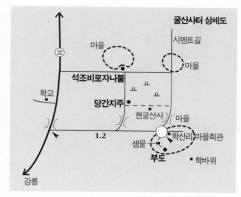

굴산사터 상세도

강릉시 구정면 학산리에 있다. 신복사터 앞에서 큰길을 따라 4.2km 가면 길가에 구봉산 표지판이 있는 다리(관동대 지나 두번째 다리)가 나온다.
다리 바로 앞 시멘트길을 따라 우회전해 1.2km 가면 굴산사터가 있는 학산리 마을회관 앞에 이르는데, 회관 앞 버스정류장에 대형버스도 충분히 주차할 수 있다. 숙식할 곳은 없으며 시내에서 학산리까지는 40여 분 간격으로 버스가 다닌다.

그 웅장한 산세의 기선을 제압하듯 묵직하고 당당하게 서 있다. 거인의

굴산사터 부도에서 내려다본 학산리
놀기 좋기는 성산이요, 살기 좋은 곳은 학산이라는 이야기가 전하는 학산리. 마을 전부가 옛 굴산사터였다.

굵고 힘찬 두 팔뚝이 불끈 땅 위로 솟구친 듯하다. 이렇듯 거대한 자연
석을 제대로 다듬지도 않고 땅 위에 불쑥 던져놓은 그 큰 배포는 어디에
서 비롯된 것일까? 자못 굴산사에 대한 궁금증이 발동한다.

　굴산사는 범일국사가 신라 말 문성왕 9년(847) 창건하였으며, 구산
선문의 하나인 사굴산파의 본산으로 유명하다. 지금은 폐사터이지만 당
시는 강릉 일대에서 가장 큰 절로서, 사찰 당우의 반경이 300m에 이르
렀고 수도 승려가 200여 명에 달했으며 쌀 씻은 물이 동해까지 흘렀다
고 한다.

　그러나 이 큰 절이 어떻게 발전되었고 언제 폐사되었는지는 전해지지
않고 있다. 다만 1936년 홍수로 6개의 주춧돌이 노출되었을 때, '문굴
산사'(門掘山寺)라고 새겨진 기와가 함께 발견돼 굴산사라는 명칭과
절의 면모가 일부 드러났을 뿐이다.

　『삼국유사』에 의하면 범일은 당나라에 유학하였을 때 명주 개국사에

서 왼쪽 귀가 떨어져 나간 한 승려를 만났다. 그 승려는 신라 사람으로서 집이 명주 익령현인데, 범일이 귀국하거든 자신의 집을 지어줄 것을 간청하였다. 귀국한 범일이 그의 청에 따라 그가 고향이라 일러준 곳, 사굴산(闍堀山)아래에 굴산사를 지었다.

강릉 김씨의 후손인 범일국사는 당에서 귀국한 뒤 김주원 일파의 큰 후원을 받아 굴산사를 짓고 선풍을 떨쳤다. 절이 왜 폐사되었는지는 자세히 알 수 없지만, 고려의 왕권 강화 정책과 관련이 있을 것으로 추측된다.

지방 호족과 연합해 나라를 세운 왕건은 지방 호족과 원만한 관계를 유지했지만, 점차로 왕권 강화의 필요성이 절실해지자 성종 때에 이르러 지방 세력을 약화시키는 정책을 택하게 되었는데, 지방 세력이 거세 또는 약화되는 과정에서 그의 후원을 받았던 굴산사도 몰락의 길을 걷게 되었으리라는 것이다.

굴산사터의 주요 문화재로는 우리 나라에서 가장 규모가 큰 당간지주와 화려한 범일국사의 부도가 있다. 통일신라 말기 구산선문의 하나인 굴산사를 강원도 강릉땅에 개창한 범일국사와 그의 탄생에 얽힌 전설이 학산마을 곳곳에 그 흔적과 함께 남아 있으며, 굴산사터에서만 볼 수 있는 독특한 모습의 불상들도 있다.

당간지주에서 서북쪽으로 100여 미터 떨어진 작은 암자(현재 굴산사라 부른다)에 가면 지권인을 한 석조비로자나삼존불상을 볼 수 있다. 형체는 완전하지만 마멸이 심해 얼굴 표정을 알 수 없게 된 두 불상과 최근 새로 조성된 불상, 합해서 모두 셋이다.

약 1m가 채 안되는 높이의 본존비로자나불상은 떨어져 나간 불두를 다시 붙여놓았는데, 목은 짧고 상대적으로 넓은 두 어깨는 둥글다. 어깨에서 무릎으로 흘러내리는 두꺼운 법의는 팔을 비롯한 신체의 각 부분을 둔중하게 덮고 있다. 전체적으로는 불두에서

옛 굴산사의 금당터는 마을 우물가 뒤에 있었는데, 발굴조사 후 밭으로 변해버려 지금은 그 흔적을 찾아보기 어렵게 되었다.

석조비로자나불좌상
당간지주에서 동남쪽으로 조금 떨어진 곳에 있는 석조비로자나불좌상은 얼굴과 팔의 일부분이 떨어져 나가고 심하게 파손된 채 보호각 안에 보존되어 있다. 머리에 팔각 지붕돌을 쓰고 있는 특이한 형태이다.

범일국사와 그의 탄생에 얽힌 이야기

범일(梵日, 810~889년)은 구산선문의 하나인 사굴산파를 개창한 선승이며, 대관령의 서낭신으로 강릉 일대에서는 신격화된 존재이다. 성은 김씨, 이름은 품일(品日), 시호는 통효대사(通曉大師), 탑호는 연휘(延徽)이다.

흥덕왕 6년(831) 2월에 당나라에 유학해 여러 고승을 만난 범일은, 중국 마조선사의 제자인 제안(齊安)이라는 고승에게서 성불(成佛)하는 법을 듣는다. 곧 "도는 닦는 것이 아니라 더럽히지 않는 것이다. 부처나 보살에 대한 소견을 내지 않는 평상의 마음이 곧 도"라는 깨우침을 얻은 것이다.

문성왕 6년(844)에 귀국하여 851년까지 백달산에 머무르다가 명주도독의 청으로 굴산사로 옮겨 40여 년 동안 후학을 가르쳤다. 당시 경문왕, 헌강왕, 정강왕이 차례로 그를 국사(國師)로 모시려 하였으나 모두 마다하였다. 대표적인 제자로는 보현사를 세운 낭원대사 개청(開淸, 835~930년)과 행적(行寂, 832~916년)이 있다.

학산리에 내려오는 그의 탄생설화는 매우 실증적이다. 그 설화 속의 우물 석천(石泉)이 마을 삼거리에 있다.

학산마을에 사는 한 처녀가 석천(石泉)에서 바가지로 물을 뜨니 물 속에 해가 떠 있었다. 물을 버리고 다시 떴는데도 여전히 해가 있었다. 그 물을 마신 뒤로 처녀에게 태기가 있었다. 아이를 낳았으되 아비가 없는 자식이니, 마을 뒷산 학바위 밑에 버렸다. 아이를 낳은 처녀가 잠을 이루지 못하고 이튿날 그곳에 다시 가보니 뜻밖에도 학과 산짐승들이 모여 젖을 먹이고 있었다. 이 광경을 보고 아이를 비범히 여겨 데려다 키웠다. '해가 뜬 물을 마시고 태어난' 그 아이가 바로 범일(梵日)이었다.

큰스님이 되어 학산에 돌아와 절을 지은 범일은, 난리가 나자 대관령에서 술법을 써 적을 물리쳤다. 그런데 이 난리는 임진왜란을 말하는 것으로, 신라 시대 사람이 조선 시대에까지 등장하는 것이 괴이하지만 다분히 설화적인 요소임을 감안해야 할 것이다. 어쨌든 사굴산파의 본산 굴산사를 창건하여 불법을 전파하고 고향을 지킨 그는 죽어서 대관령 서낭신이 되었다. 강릉 단오제 때 '대관령국사서낭신'에게 지내는 제사가 바로 범일에게 지내는 제사이다. 이처럼 범일국사는 강릉 지방에서는 신적인 존재로 받들어지고 있다.

무릎을 이은 선이 정삼각형에 가까울 정도로 불균형한 비례를 보이고 있다. 얼굴은 타원형인 데 비해 목이 짧고, 가슴팍이며 두 무릎 사이가 넓어 몸체가 지나치게 짧고 넓은 느낌이다. 가부좌한 상태에서 아래위로 압력을 가해 좀 눌러놓았다는 표현이 어울릴는지. 그것은 본존비로자나불상 옆에 있는 협시비로자나불상도 마찬가지이다. 법의는 편편하고 손은 작은데 두 무릎 폭만 넓어서 추상화된 느낌이 든다.

본존비로자나불상과 본래 짝을 이루는 협시비로자나불상은 굴산사 대웅전 법당에 모셔져 있다. 이 비로자나불상은 몸체만 남아 있다.

조각 수법만 보자면 점수를 줄 만한 것이 못되지만, 좌우 협시까지 비로자나불이라는 점과 당간지주의 동남쪽 방향 마을 안의 보호각에 안치된 석조비로자나불좌상(강원도 문화재자료 제38호)도 이와 같은 수법이라는 점 등으로 미루어 굴산사의 석조비로자나삼존불상은 교리상으로나 도상학적으로 중요한 고려 시대의 조각이라 하겠다.

한편, 굴산사를 창건한 범일의 탄생에 얽힌 전설의 사실성을 높여주는 학바위, 돌우물 들이 마을 곳곳에 있다.

굴산사터 당간지주

굴산사 초입에 해당하는 들판 가운데 웬만한 3층 건물은 돼 보이는 엄청난 크기의 당간지주가 한눈에 들어온다. 높이 5.4m의 이 거대한 당간지주는 현재 우리 나라에 남아 있는 것 가운데 가장 규모가 큰 것이다. 당간지주 두 기가 모두 하나의 거대한 석재인데, 현재 당간지주의 아랫부분이 땅에 묻혀 있어서 당간을 세워놓은 기단석 등의 구조는 알 수 없다.

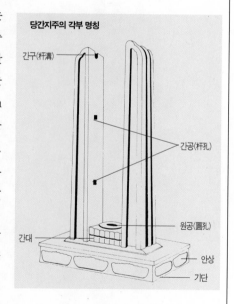

당간지주의 각부 명칭

간구(杆溝)

간공(杆孔)

원공(圓孔)

간대

안상

기단

당간(幢竿)은 사찰을 알리는 깃발인 당(幢)을 달아두는 장대로서 사찰 입구에 세워지며, 찰간(刹竿), 장간(長竿), 번간(幡竿)이라고도 부른다.

주로 나무나 구리, 철 등으로 만들기 때문에 세월이 흐르면서 삭아 없어지고, 당간지주, 곧 당간을 지탱하기 위해 당간 좌우에 세우는 돌기둥만 남게 되는 경우가 대부분이다. 현재까지 확인된 당간지주는 모두 통일신라 이후에 제작된 것이다. 이로 미루어보아 당간지주는 8세기경부터 조성되기 시작한 것으로 추정된다. 한편 청주시 용두사터와 공주군 갑사에 철당간이, 나주시 동문 밖과 담양 읍내에 돌당간이 드물게 남아 있다.

대개의 당간지주는 아무리 장식성이 없다고 해도 바깥쪽 모서리의 모를 죽인다거나 곽선을 두른다거나 지주 꼭대기가 유려한 사분원을 그리는 게 흔한 일인데, 이 당간지주는 지주 네 면에 아무런 조각도 없으며, 아랫부분에는 돌을 다듬을 때 생긴 잡다한 정 자국이 그대로 남아 있다.

거의 꼭대기까지 직선을 이루고 있으나 꼭대기에 이르러서는 차츰 둥글게 깎아 곡선이 되도록 하였다. 그래서 꼭대기에 와서는 첨형을 이루고 있는데, 그나마 남쪽 당간지주의 꼭대기는 약간 파손되었다.

당간을 고정시키는 간공(杆孔)을 아래위로 두 군데에 마련하였는데, 위쪽은 상단 가까이에, 아래쪽은 밑둥치에서 4분의 1 되는 부분에 둥근 구멍을 관통시켜 당간을 고정시킬 수 있게 하였다.

지주의 규모가 엄청나 이 당간지주에 세워졌을 당간의 높이가 얼른 상상이 되지 않을 정도이다. 일반적으로 당간이 지주의 서너 배가 된다고 보면 어림 잡아도 10층 건물의 높이 정도는 되었을 것이다. 하늘을 찌를 듯한 긴 당간 위에서 깃발이 펄럭거렸다면 아마도 10리 밖에서까지 이 절의 위용을 실감할 수 있었으리라.

그러나 이 당간지주의 위대함이 규모에서만 느껴지는 것은 아니다. 그 규모에 맞도록 간결하고 강인한 기법을 보이고 있어 누구라도 통일신라 시대의 웅대하고 힘찬 기력을 느낄 수 있다. 보물 제86호로 지정돼 있다.

굴산사터 당간지주 정면
보는 방향에 따라 그 모양이 조금씩 바뀌는 이 거대한 당간지주는 학산마을 넓은 논 가운데 당당히 서 있다.

부도

굴산사터 북쪽 마을의 뒷동산에 범일국사의 부도라 전해지는 높이 2.05m의 부도가 서 있다. 부도를 만들 당시부터 현재의 위치에 서 있던 것으로 굴산사가 얼마나 큰 절이었던가를 실감할 수 있다.

범일은 889년에 입적하였으므로 전하는 대로라면 이 시기에 조성된 것으로 보아야 하겠으나, 부도 자체의 구조와 조각 수법으로 보아서는 그보다 늦은 고려 시대에 만들어진 것으로 추정된다.

팔각원당 형식을 기본으로 삼았으나 여러 군데에 새로운 수법이 가미되었다. 팔각의 넓은 지대석 위에 갑자기 큰 폭으로 줄어든 높은 단을 만들어 하대석을 받게 하였는데, 그 잘록한 모습이 마치 술잔을 받치고 있는 것 같다.

아래에서 위로 퍼지는 구름무늬가 아로새겨진 하대석은 팔각의 괴임돌 위에 얹혀진 원형이다. 위쪽 평면에 수구(水溝) 같은 홈이 파여져 중대석을 받들고 있다. 이러한 수구의 수법은 고려 시대 석조 유물의 특징이다. 팔각의 중대석은 모서리마다 세운 기둥에 구름무늬를 3단으로 새

굴산사터 당간지주 측면 ◄
우리 나라에 남아 있는 것 가운데 가장 큰 당간지주로 아무런 장식 없이 간결하게 다듬어 놓은 것이 특징이다.

부도 중대석의 조각상
중대석 8면에는 악기를 연주하는 비천상
과 공양상을 새겨놓았는데, 모두 다 귀엽
고 통통한 모습이다.

굴산사터 부도
마을 뒷동산에 서 있는 부도로 범일국사
의 것이라 전해지고 있으나, 부도의 구조
나 조각 수법으로 보아 고려 때 만들어진
것으로 추정되고 있다.

기고 그 사이에 악기를 연주하는 비천상과 공양상을 입체적으로 조각하
였다. 상대석에는 앙련을 돋을새김하였으며 연꽃잎 안에는 다시 꽃무늬
를 돋을새김하였다.

　몸돌은 아무런 장식 없이 팔각으로 다듬었으며, 팔각 지붕돌은 지붕
면의 경사가 급하여 육중한 느낌을 준다. 지붕돌 위에는 연화문을 돌린
둥근 보주를 얹었다. 비록 몸돌이 지나치게 낮고 작은 데 비해 지붕돌은
너무 크고 무거워서 균형감이 다소 떨어지지만 조각 하나하나를 뜯어보
면 매우 아름답고 화려한 부도이다. 보물 제85호로 지정돼 있다.

한송사터

강릉시 동쪽 강릉비행장 옆 소나무 숲 한가운데에 한송사(寒松寺)터가 있다. 신라 때

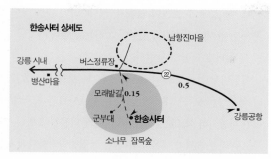

한송사터 상세도

남항진마을
강릉 시내
버스정류장
병산마을
모래밭길 0.15
군부대
한송사터
소나무 잡목숲
강릉공항

문수와 보현 두 보살이 세운 문수사(文殊寺)라는 창건 설화가 전하나 그 이후의 내력과 폐사 연대는 알 수 없다.

조선 시대 이곡이 지은 『동유기』(東遊記)라는 책에 의하면 이 절터에 문수보살과 보현보살의 석상이 있었고, 절터 동쪽에는 4기의 비석과 귀부 등이 있었다고 하며, 또 구전에 따르면 전성기에는 200여 칸에 이르는 큰 절이었다고도 한다.

우거진 숲 속 절터 한쪽에 기와와 그릇 파편들을 모아둔 무더기가 있고, 5층의 층급받침이 뚜렷한 탑의 지붕돌이 아무렇게나 엎어져 있으며, 암자가 하나 있지만 어수선한 모습이 을씨년스럽다.

근처에 비행장이 들어서기 전이라면 바로 절 앞이 바다 모래톱이었을

강릉시 남항진동 강릉공항 바로 못미처에 있다. 강릉역에서 경포대 쪽으로 가다보면 강릉경찰서 사거리가 나오는데, 여기서 우회전해 조금 가면 남대천 다리가 나온다. 다리를 지나(다리를 넘기 전 왼쪽으로 동해여객이 있음) 계속 가면 강릉공항에 이른다.

공항 0.5km 못미처 남항진마을 입구에는 한송사라는 작은 표지판이 있다. 버스정류장 옆 오른쪽으로는 모래밭길이 있는데, 이 길로 150m쯤 들어가면 한송사터.

절 입구까지는 승용차가 들어갈 수 있으며, 남항진마을 버스정류장 주변에는 대형버스까지 주차할 수 있다. 마을 주변에는 횟집 겸 식당, 여관이 몇 군데 있으나 시내에서 숙박할 것을 권한다. 버스는 시내에서 공항까지 1시간 간격으로 다닌다.

한송사터 전경
한송사터에 근래 작은 절이 새로 들어섰다. 옛 한송사터에는 5층의 층급받침이 뚜렷한 탑의 부재가 남아 있다.

것이다. 과연 문수와 보현 보살이 동해로부터 와서 이곳에 닿았을 법하다. 또한 서쪽 대관령을 바라보면 보현사의 위치가 짐작되는데, 보현보살이 "한 절에 두 보살이 있을 수 없다" 하며 활을 쏘아 화살이 떨어진 곳에 절을 지어 문수사를 떠났다고 하는 전설이 생각난다. 그 화살 떨어진 곳이 바로 지금의 보현사이다.

이곳에서 석불상 둘이 출토되었는데, 보물 제81호로 지정된 한송사터 석불상은 오죽헌내에 있는 강릉 향토사료관에, 국보 제124호로 지정된 한송사터 석조보살좌상은 국립중앙박물관에 있다. 대리석을 흙 주무르듯 다룬 솜씨가 매우 뛰어나다. 국립중앙박물관에 있는 석조보살좌상은 일본인 화전웅치가 빼내가 동경제실박물관에 두었는데, 1966년 봄 반환되었다.

한송사터 석불상

몸의 높이가 56cm로 머리 부분과 오른쪽 팔을 잃었으며 마멸이 심하다. 국립중앙박물관에 있는 한송사터 석조보살좌상과 짝을 이루는 작품이다.

가부좌의 좌상이 아니라 발을 편안히 두는 서상(舒相)을 취하고 있는데, 오른쪽 다리를 안에 두고 왼쪽 다리를 바깥으로 하는 우서상(右舒相)으로, 한송사터 석조보살좌상과는 반대의 자세를 취하고 있어 두 보살상이 짝을 이룬다는 추측을 확실히 설명해주고 있다.

머리 부분이 파손돼 원래 쓰고 있던 관의 형태는 알 수 없으나 남아 있는 신체로 보아, 그리고 등과 어깨 부분에 보관에서 내려오는 장식이 없는 것으로 보아 한송사터 석조보살좌상처럼 수식이 있는 관은 아니었을 것으로 짐작된다. 몸의 단면을 살펴보면 중앙에 구멍이 있는데, 이는 몸과 머리 부분을 따로 만들어 붙였기 때문일 것이다.

신라 조각의 전통을 따른 고려 초기(10세

한송사터 석불상
비록 머리와 오른팔을 잃어버렸고 마멸도 심하지만 신체 각 부분을 사실적으로 표현해 입체감이 잘 드러난다.

기 전반)의 작품으로 추정된다. 보물 제81호이다.

한송사터 석조보살좌상

고려 시대의 작품이지만 석굴암 감실의 보살상과 같은 통일신라 조각의 전통을 충실히 따른 정교한 작품이다. 높이 92.4cm로 머리에 높은 원통형의 보관을 쓰고 있는 것이 두드러진 특징이다.

　얼굴이 통통하고 둥글며 눈은 반쯤 지긋하게 감았는데, 눈꼬리가 길고 눈썹이 깊게 패어 있다. 입술에 붉은 채색을 한 흔적이 보이고, 미소

한송사터 석조보살좌상
우리 나라에서는 보기 드물게 흰 대리석으로 만든 석조보살좌상으로, 조각 수법이 원숙하고 정교하다.

한송사터 입구
옛 한송사터에서 나온 기와들과 깨어진 그
릇들이 절 입구 한쪽에 무더기로 쌓여 있
다.

짓는 입 언저리에서 풍기는 인자함은 신복사
터나 월정사의 석불좌상 들과 같다. 귀는 어
깨에 닿을 정도로 길고, 이마에는 백호 속에
박혀 있던 수정이 조금 남아 있다.

　　손은 크고 사실적으로 조각되었는데, 오
른손으로는 연꽃을 쥐고 왼손은 검지손가락
만 길게 편 독특한 손 모양을 하고 있다. 목
에는 굵은 삼도가 새겨져 있고, 옷주름이 선
명하며 넓고 편편한 편이다. 특히 두 다리는 좌서상(左舒相)을 취하고
있다. 반원형의 대좌 위에 앉아 있는데, 이것은 본래의 대좌에 끼워 넣
기 위한 심지로 생각된다. 신복사터 석불좌상처럼 연화대좌는 따로 만
들어졌을 것이다. 보살의 명칭에 대해서는 단정할 수 없으며, 앞으로
더 연구되어야 할 부분이다. 국보 제 124호이다.

대창리·수문리 당간지주

🐴　강릉시 옥천동에 있다. 시내
에서 7번 국도(남강로)를 따라 강릉교 쪽
으로 오면 강릉교 바로 못미처 왼쪽으로
성남파출소가 있다. 성남파출소 옆 골목
길을 따라 200m 가량 가면 옥천초교가
나오는데, 학교를 지나 두번째 왼쪽 골목
길로 30여 미터 들어가면 수문리 당간지
주다.
수문리 당간지주에서 다시 골목길로 나와
왼쪽으로 조금 가면 삼거리 골목인데, 왼
쪽으로 가면 큰길이고 큰길에서 오른쪽으
로 더 가면 용지각이 있는 삼거리다. 여
기서 다시 왼쪽 길을 따라 200m 가량 가
면 왼쪽으로 용천호텔이 보인다. 호텔 못
미처 왼쪽으로 난 시장 골목길로 30m쯤
들어가면 왼쪽 공터에 대창리 당간지주가
있다.
시내 한가운데 당간지주들이 있으므로 걸
어다닐 것을 권한다.

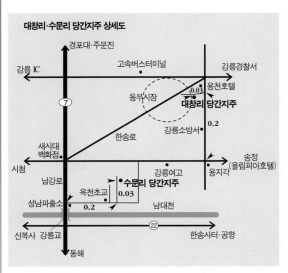

대창리·수문리 당간지주 상세도

경포대·주문진
강릉 IC
고속버스터미널
강릉경찰서
용천호텔
0.03
동부시장
대창리 당간지주
강릉소방서
0.2
한송로
새시대
백화점
송정
(올림피아호텔)
시청
강릉여고
용지각
남강로
옥천초교
수문리 당간지주
0.03
성남파출소
0.2
남대천
22
신복사 강릉교
한송사터·공항
동해

강릉시 옥
천동에는
어느 절을
지키고 있
었는지 알
수 없는
당간지주
가 둘 있
다. 보물
제82호로
지정된 대
창리 당간

지주와 보물 제83호로 지정된 수문리 당간지주이다.

　대창리 당간지주는 동부시장 옆 큰길가에 서 있는데 아무런 장식이 없는 두 기의 지주가 남북으로 1m의 간격을 두고 마주보고 있다. 지주의 아랫부분은 네모꼴이고 윗부분은 사분원의 곡선을 그리고 있다. 높이는 5.1m로, 쭉 뻗은 모습이 매우 장쾌하다. 기단부가 땅속에 묻혀 있으니 실제로는 그보다 좀더 높았을 것이다. 지주 바깥쪽의 모서리만 모를 죽여 부드러운 인상을 갖게 하였으며, 지주의 꼭대기에 장방형의 간구(杆溝)를 마련해 당간을 끼우도록 하였다.

　수문리 당간지주는 옥천초등학교 뒤 일반 주택가의 좁은 골목길에 1m의 간격을 두고 동서로 서 있다. 지주는 한 변의 길이가 각각 75cm, 80cm인 네모꼴이며 높이는 3.7m이다. 역시 아무런 장식이 없는 간소함을 보이고 있으며, 지주 꼭대기가 사분원을 이룬다. 당간을 고정시키기 위해 꼭대기에 간구를 마련하였고, 당간을 받치는 간대나 기단부가 상당 부분 매몰돼 있다.

　동쪽 지주의 남쪽 면에 '조선 23대 순조 17년'(1817)이라는 해서체

의 음각 명문이 남아 있다. 글씨가 음각돼 있는 동쪽 지주
의 바깥면에 돌을 따낸 흔적이 울퉁불퉁한 채 그대로 남
아 있어 투박한 맛을 느낄 수 있다.

두 당간지주는 모두 간구나 지주 꼭대기의 자연스
러운 곡선 처리로 보아 통일신라 시대에 만들어진 작
품들로 추정되고 있으며, 만들어진 당시의 위치에 원
형대로 보존되고 있다고 한다.

객사문

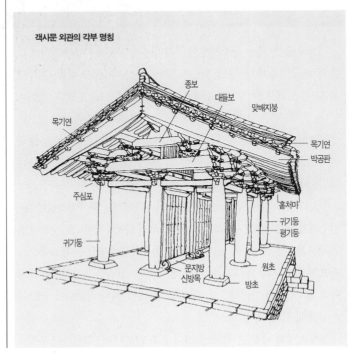

강릉시 용강동에 있다. 강릉
시청 옆 우체국이 있는 사거리에서 우체
국을 끼고 강릉 시청 뒤쪽으로 조금 들어
가면 된다. 소형차는 객사문 근처에 잠시
주차할 수 있으나 대형버스는 곤란하다.

시청, 우체국 등 관공서가 몰려 있는 강릉시 용강동에 역시 고려 시대 관
청 건물의 일부였던 '객사문'이 남아 있다. 객사문에서 걸어서 채 몇 분

객사문 외관의 각부 명칭

목기연 · 종보 · 대들보 · 맞배지붕 · 목기연 · 박공판 · 주심포 · 홑처마 · 귀기둥 · 평기둥 · 귀기둥 · 문지방 · 신방목 · 원초 · 방초

객사문
빼어난 비례와 아름다운 구조를 지니고
있어 고려 주심포 건축의 정수로 평가된
다.

도 안되는 가까운 거리에 조선 시대 관아였던 칠사당도 남아 있어 용강
동 일대가 오래도록 행정의 중심지로 이어져왔음을 눈치 챌 수 있다. 우
선 강릉 시청 뒤에 남아 있는 고려 시대 객사문을 살펴보자.

객사는 중앙에서 파견된 사신들이 이용하던 숙박 시설이다. 객사 본
전에는 국왕을 상징하는 전패('전'[殿]이나 '궐'[闕] 같은 글자나 용을
비롯한 상징적인 그림)를 모시고 관리들이 각종 의식과 더불어 유흥을
즐기기도 하였다.

이러한 기능 때문에 객사는 통치 건물인 관아 건축과 주택 건축의 결
합형이기 마련이었고, 중앙에서 오는 사신과 관리를 위한 건물이었기에
해당 지방에서 제일 경치 좋은 곳에 세워졌다.

강릉 객사의 일부인 객사문은 규모는 작으나마 고려 주심포 건축의 정
수로서 정연하고 아름다운 비례와 구조를 지니고 있어 한국 건축의 대
표적인 작품으로 일컬어진다. 국보 제51호로 지정돼 있다.

강릉 객사는 고려 태조 19년(936) 임영관이라는 이름으로 총 83칸
이 건설되었다. '임영관'(臨瀛館)이라는 지금의 현판 글씨는 공민왕 15
년(1366) 공민왕이 낙산사 가는 길에 들러 남긴 친필이다. 이후 여러

주심포란 기둥 위에만 공포(처마 끝의 하
중을 떠받게 하는 구조물)를 설치하는 것
으로 보통 주심포계 건물은 외관상 단아
한 맛을 낸다.
다포란 기둥 위뿐만 아니라 기둥과 기둥
사이에도 공포를 설치하는 것으로 다포
계 건물은 크고 화려하게 보인다.

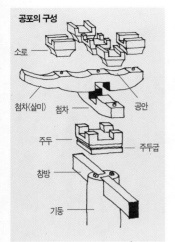

공포의 구성

소로

첨차(살미) 첨차   공안

주두

창방   주두굽

기둥

현재 남한에 남아 있는 고려 시대의 목조 건축물들은 모두 다 주심포계 목조 건물로 안동 봉정사 극락전(12세기 중엽), 영주 부석사 무량수전(1376년 개건)과 조사당(1377년), 예산 수덕사 대웅전(1308년), 그리고 강릉 객사문(14세기 말)이 있다. 북한에 남아 있는 고려 목조 건축물로는 황해도 황주 심원사 보광전(1374년), 안변의 석왕사 응진전(1386년)이 있는데, 이들 모두가 다포계 건축물이다.

객사문 배흘림 기둥
현존하는 목조 건축 가운데 배흘림수법이 가장 두드러진다.

차례 중수되어오다가 1929년 일제 때 강릉공립보통학교 시설로 이용되면서 헐리고 지금은 객사문만 남아 있다.

현재 임진왜란 직후 경주에 있었던 태조 이성계의 영정을 옮겨와 모셨던 집경전(集慶殿, 1631년 화재로 소실되었음)을 복원 공사하고 있다.

객사문을 도로 쪽에서 바라보면 기단은 비교적 높고, 정면에 돌계단이 있으며 옆과 앞면은 잡석으로 석축을 만들었다. 원래는 지금과 같은 석축 기단이 없었는데, 일제 시대 때 객사문 앞쪽으로 도로를 내면서 언덕을 깎아 내림으로써 층이 생겼다.

정면 3칸 측면 2칸의 단순하면서도 강렬한 단층 맞배지붕 집이며, 화려하면서도 날카로운 첨차 구성이 뛰어나다. 주두와 소로에 굽받침이 있으며, 공포에는 살미형 첨차를 두드러지게 사용하였고, 단장혀로 외목도리를 받게 하였다.

초석은 일률적인 형태를 갖지 않고 몇 가지 형태로 된 것을 다양하게 이용했다. 기둥은 가운데 기둥에 3칸 판문을 달고 앞뒤로 기둥을 또 세웠는데, 앞뒤 줄 기둥에는 배흘림을 이용하고, 판문이 달린 가운데 줄은 민흘림의 사각 기둥을 이용하였다. 독립된 앞뒤의 기둥에 강한 배흘림을 주어 시각적으로 안정감을 주는 효과를 내고 있다. 기둥 높이의 3분의 1 되는 지점이 가장 굵고 여기서 위아래 방향으로 차츰 줄어들어 위쪽에서 가장 가늘게 되는 배흘림 기둥의 모습이 매우 두드러진다.

고려 시대의 건축 양식을 살펴보면 대개 백제의 땅이었던 곳에는 백

제다운 건축이, 신라 터전에는 신라다운 것이, 고구려 옛터에는 고구려계의 건축물이 세워졌음을 알 수 있는데, 이 객사문도 그런 법식에 다분히 들어맞으므로 고구려계 고려 건축이라 할 수 있다. 봉정사 극락전, 수덕사 대웅전, 부석사 무량수전 등이 고려 시대의 건축물로 남아 있지만 절집이 아닌 목조 건축물로는 이 객사문이 가장 오래 되었다.

칠사당

전국 팔도의 지방 통치자인 관찰사(또는 감사)나 팔도 아래 행정 단위의 통치자인 원이 업무를 보던 곳이 관아이다. 흔히 관찰사가 있던 관아를 '감영'이라 하고, 원이 있던 관아를 '아사'라 한다.

관아 건물은 보편적으로 해당 지방에서 가장 중심이 되는 곳에 자리를 잡았으며, 관찰사 또는 원이 있는 본전, 하급 관리들이 있는 사무청, 그 밖에 관리의 생활을 뒷받침해주는 건물, 창고, 여러 개의 문, 정원 등으로 이루어져 있다.

현재 강릉 시청 오른쪽에 자리 잡고 있는 칠사당은 조선 시대 관공서 건물로서 호적, 농사, 병무, 교육, 세금, 재판, 풍속 등 일곱 가지 정사를 베풀었다 하여 '칠사당'(七事堂)이라는 이름이 붙어 있다. 강릉 시청과 나란히 이웃해 있어 관공서의 과거와 현재를 동시에 생각해볼 수 있다.

현재 26칸집 1채가 남아 있으며, 최초의 건립 연대는 확실치 않으나 인조 10년(1632), 영조 2년(1726)에 크게 중수되었고, 고종 3년(1866)에는 진위병의 진영으로 쓰였으며, 이듬해 화재를 당한 것을 강릉 부사 조명하가 중건하였다고 전해진다. 일제 때는 일본 수비대가 사용하였고, 이후 강릉 군수의 관사로 사용되었으며, 한국전쟁 당시에는 민사 원조

강릉시 명주동 강릉 시청과 붙어 있다. 칠사당 정문은 항상 잠겨 있으므로 시청 안에 있는 옆문으로 들어가야 한다. 소형차는 시청 안 주차장에 주차할 수 있으나 대형버스는 곤란하다.

칠사당
지방 행정 업무를 처리했던 관가 건물답게 기둥 간격이 넓고 층이 높다.

단이, 1958년까지는 강릉 시장이 관사로 이용하였다.

예전에 향리들이 지방 행정 업무를 처리하던 곳으로 관가 건물답게 기둥 간격이 넓고 층이 높다. 평면 구성은 ㄱ자를 기본으로 하고 있으나 부분적인 변형도 주저하지 않고 있다. 대청마루는 대청과 툇마루가 맞붙은 형식이나 특이하게도 두 마루 사이에 기둥이 없어 경계가 불분명하다. 대청마루의 우물천장과 기둥 위에 단풍잎을 등에 진 물고기를 조각 장식해놓았는데, 눈여겨볼 만하다.

칠사당의 오랜 역사를 말해주듯 관내에 서 있는 큰 느티나무와 은행나무는 가을이면 고색창연한 건물 앞의 마당을 온통 노랗게 물들인다.

강릉 향교

강릉 교동의 명륜고등학교 교정 왼쪽에 자리 잡고 있는 강릉 향교는 지방 향교로서는 거의 완벽한 규모와 기능을 갖춘 유교식 건축이다. 나주, 장수의 것과 더불어 3대 향교를 이루는데, 특히 대성전이 보물 제214호로 지정돼 있다. 강릉 향교는 평지에 세워지는 여느 향교와는 달리 경사 지형을 이용한 전학후묘(前學後廟)의 영역 형성 방법이 독창적이다. 향교라는 조선 시대의 학교와 오늘날의 고등학교가 한 영역내에 있다는 점도 매우 흥미롭다.

향교는 초등 교육 기관에 해당하는 서당을 마친 유생들이 중등 교육을 받는 지방 최고의 교육 기관이었다. 이곳에서 공부한 뒤 사마시(司馬試)에 응시하여 합격하면 진사나 생원이 되었고, 진사와 생원에게는 서울의 성균관에 입학할 수 있는 자격이 주어졌으며, 그런 이후에 문과에 응시해 고급 관리에 오를 수 있었다.

강릉 향교는 특히 규율이 엄격하고 면학 분위기가 높아 대무관(大撫館)이라는 칭호를 받았다.

전학후묘를 이루는 8동의 건물은 대략 15세기 말경에 지어졌다. 조선 성종 3년(1472) 과거 시험에

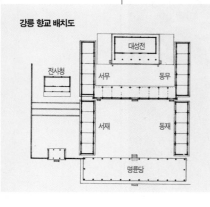

강릉시 교동에 있다. 강릉 시청에서 주문진·경포 쪽으로 1km 정도 가면 7번 국도와 만나는 삼거리가 나오는데, 이곳에는 삼거리주유소가 있다. 삼거리 오른쪽에 있는 명륜고교 안 운동장 한편에 강릉 향교가 있다. 학교 입구에는 대형버스도 주차할 만한 공간이 있다.

강릉 향교 배치도

전사청　대성전

서무　동무

서재　동재

명륜당

강릉 출신의 여러 선비가 합격하였는데, 이들이 주동이 되어 고려 인종
5년(1127)에 세워진 낡은 학교를 다시 일으켜보자는 논의를 하였다. 성
종 17년(1486) 공사를 시작하여, 그해에 공자 및 그의 제자들을 비롯
한 성현을 모시고 제사를 지내는 문묘(文廟)인 대성전(大成殿)과 동
·서무(東西廡)가 지어지고, 이듬해에 강학(講學) 기능을 갖는 명륜당
(明倫堂)과 유생들의 기숙 시설인 동·서재(東西齋), 그 밖의 부속 건
물인 전사청(典祀廳), 제기고(祭器庫), 교수아(敎授衙), 유사방
(有司房) 등이 준공되었다. 이듬해에 남루(南樓)를 짓고 전랑(前廊)
을 세우니 건물 규모가 총 70여 칸에 이르렀다. 그후 인조 22년(1644)
중수하고 그 중의 12칸은 새로 지었다. 명륜당은 따로 중수된 바 있으
며, 임진왜란 때 큰 피해를 입지 않아 비교적 잘 보존되어 있다. 명륜당
앞의 문루(門樓)와 행각(行閣)은 없어졌다.

문묘인 대성전과 동·서무가 한 영역을 이루어 성현에 대해 제를 지내
는 기능을 갖춘 후묘(後廟)가 되고, 명륜당과 동·서재가 그
앞쪽으로 또 다른 한 영역을 이루어 학생들이 공부하는 곳인
전학(前學)이 되었다. 이런 배치법을 '전학후묘'라 하며, 현
존하는 지방 향교와 성균관이 대략 이와 같은 배치법을 따르
고 있다.

명륜당은 지형의 높낮이를 이용하여 누다락 형식으로 지은
대형 건물이다. 대형 교육을 실시했던 기능에 알맞게 내부는

대성전
정면 5칸 측면 3칸의 맞배지붕 집으로 엄숙성과 절제성이 훌륭하게 구사된 건물이다.

길이 7칸으로 길고 넓게 지었으며, 명륜당 뒤쪽은 대성전 영역인데, 높은 축대로 나뉘어 있어 아늑하고도 친근한 공간을 형성하고 있다.

문묘의 중심을 이루는 대성전은 정면 5칸 측면 3칸에 주심포계 구조를 갖춘 홑처마 맞배지붕의 건물이다. 장대석으로 기단을 쌓고 둥근 주초를 놓아 대성전을 지었다. 측면 3칸 중에서 앞툇간은 모두 개방하고 정문에는 빗살문을 달았다. 엄숙함과 절제성을 훌륭하게 구사하여 대성전의 모범을 보이고 있다.

한 가지 눈에 띄는 것은 여러 건물들이 대개의 불교 건축물들과 달리 붉은 벽과 녹색을 주제로 전체적으로 비교적 검소하고 단정하게 처리되었다는 점이다. 자연석 위에 세운 기둥도 흰색과 검은색, 황토색을 짙게 발라 매우 엄숙한 분위기를 돋우고 있다. 검소하고 검약함을 좇는 성균관이나 향교의 이상은 건물의 단청에도 나타난다. 화려한 금단청 같은 치장이 아니라 긋기단청으로 고상한 기품과 겸양의 미덕을 표현하였던 것이다. 명륜당 옆의 은행나무는 마치 학교의 교목처럼 성균관이나 향교 등에서 반드시 볼 수 있는 것으로, 행단(杏檀)이라 한다. 이는 공자가 은행나무 아래에서 제자들을 가르쳤다는 데서 유래한다.

긋기단청이란 가장 간소한 문양과 색조로 이루어진 단청을 말하는데, 보통 백색과 흑색만으로 장식한다. 금단청은 문양과 색조가 다양하며 화려하다.

강릉 단오제

중요무형문화재 제13호로 지정된 강릉 단오제는 현재 우리 나라에서 치러지는 향토 축제 가운데 가장 규모가 큰 제전으로, 천여 년이 넘는 역사와 전통을 지니며, 풍요와 안녕을 기원하고 즐기는 성격을 갖는다.

음력 3월 20일 신주(산신제 및 국사서낭제에 쓸 제수용 술) 빚기로 시작해서, 4월 15일에 산신제와 국사서낭제(대관령국사서낭제라고도 함)를 지내고, 신목 잡기(4월 5일, 신목을 찾아 서낭신을 강신시키는 의식), 구산서낭제(4월 15일, 국사서낭신을 여서낭신에게 모셔 가는 도중 성산면 구산리 주민들이 올리는 제례), 봉안제(4월 15일, 국사서낭신과 여서낭신을 합사하는 제례), 영신제 및 영신행렬(5월 3일, 국사서낭신을 단오장으로 모심), 조전제(5월 4~7일, 단오장에 모신 국사서낭신에게 올리는 아침 제례), 굿(5월 4~7일, 서낭신을 모신 단오장에서 무격들이 안녕과 태평을 기원하는 의식으로 열두 거리의 큰 굿을 행함), 관노가면극(5월 4~7일) 등 각종 절차를 거쳐 5월 7일 송신제(단오제가 끝나는 날 굿에 사용했던 물건을 모두 태움)를 끝으로 50일간의 대대적인 행사가 막을 내린다.

강릉 단오제의 큰 흐름은 국사서낭신과 여서낭신을 함께 제사 지내는 것으로 파악되며, 본격적인 제의는 음력 5월 1일부터 시작되는데, 단오굿과 관노가면극을 비롯해 그네뛰기, 씨름, 민요 및 시조 경창, 농악 경연, 궁도, 투호 같은 놀이와 민속 행사가 남대천변 모래밭에서 치러진다. 이 기간 동안에는 강릉뿐만 아니라 전국 각지에서 구경꾼 수십만 명이 모여들어 온통 축제 분위기를 낸다.

강릉 단오제의 꽃은 단연 단오굿이다. 대관령의 산신에게 제사를 지내고 강릉을 수호하는 국사서낭신(굴산사를 창건한 범일국사)과 여서낭신을 함께

모시고 지역 주민의 안녕과 태평을 기원하는 무속으로 부정굿, 축원굿, 조상굿, 세존굿, 성주굿, 군웅굿 등 12거리의 큰 굿이 벌어진다. 근래에는 15~19거리로 행해지기도 하는데 그 순서는 경우에 따라 달라지기도 한다.

관노가면극은 탈놀이로서 춤과 동작으로만 펼쳐지는 우리 나라 유일의 무언 가면극이다. 발생 시기는 알 수 없으나 17세기 이전으로 추정하고 있으며, 구한말까지는 관노라는 특수 계층에 의해 전승되어 왔으나, 지금은 민간 단체인 관노가면극보존회에 의해 전승되고 있다. 양반광대, 소매각시, 시시딱딱이, 장자마리와 악사들이 등장하며, 모두 다섯 마당으로 진행된다. 해학성과 신앙성이 강조된 전승 민속극으로서 풍요와 안녕을 제가 아닌 놀이로써 기원한다.

『고려사』에 남순식이 신검을 정벌하러 가는 도중 대관령에서 제사를 지냈다는 기록이 있으며, 남효온의 문집 『추강냉화』(秋江冷話, 1477년)와 허균의 『성소부부고』(惺所覆瓿藁, 1611년)에 나오는 기록으로 예전의 모습을 짐작할 수 있다.

범일국사를 국사서낭신으로 모신 유래는 '굴산사' 편에서 밝혀두었으니, 여서낭에 대한 전설만 간략하게 알아보자.

강릉에 정씨가 살았는데, 나이 찬 딸이 있었다. 하루는 꿈에 국사서낭신이 장가를 오겠다고 하였으나 서낭신에게 딸을 줄 수가 없다고 거절하였다. 그러던 어느 날 마루에 앉아 있는 정씨의 딸을 호랑이가 업고 달아나는 일이 생겼다. 딸을 잃은 정씨가 딸을 찾아보니 이미 죽어서 혼은 없고 몸만 대관령 서낭당에 비석처럼 서 있었다. 국사서낭신이 호랑이를 시켜 정씨 딸을 데려와 혼인하였던 것이다. 그날이 바로 4월 15일, 그래서 지금도 4월 15일에 두 신을 함께 모셔 제사를 지낸다.

코스 7 경포호 주변

호수와 누정과 사람의 삶

경포호와 해수욕장 및 주변 소나무 숲 지대를 일컬어 흔히 '경포대'라 한다. 많은 사람이 철을 가리지 않고 찾아드는 명소이지만 정작 그 이름의 원조격인 '경포대'(鏡浦臺)에 올라본 사람은 많지 않다. 바다의 유혹이 너무 짙기 때문일는지 모른다.

그러나 경포대에 올라 경포 주변의 무성한 정자에게 눈길을 준다면 사뭇 다른 느낌의 답사가 될 것이다. 경포호 주변의 누정은 경포대를 비롯해 경호정, 금란정, 방해정, 호해정 등 열두 곳에 이른다. 자연 속에 살기를 좋아하였던 선인들은 풍치 좋은 해변이나 계곡에 누정을 세우고 시를 읊는 것을 가장 좋은 오락으로 생각하였던 모양이다. 명산대천을 찾아 호연지기를 기르는 일이야 어쩌다 있는 것이니 누정이라도 지어 자연을 가까이하려던 지혜가 아닐까 싶다.

누정은 유흥의 용도로 쓰였을 뿐더러 사랑방 또는 집회장으로 이용되기도 했으며 전시에는 지휘본부나 관측지의 기능도 수행했다. 따라서 누정은 그 지역에서 경치와 전망이 가장 좋은 곳에 자리 잡기 마련이었다. 특유의 기능과 입지 조건에 따르는 조화미를 갖춘 누정은 조선 시대 목조 건축물 중에서 흥미를 불러일으키는 연구 대상이다.

경포호 주변에서 눈여겨 볼 것은 누정뿐만이 아니다. 강릉은 태백산맥을 경계로 중앙과 격리된 지방 행정 중심지로서 경제 및 문화적 독립성이 비교적 두드러졌다. 그 대표적인 예가 조선 후기 양반 주택인 선교장이다. 양반 주택의 법식에 구애받지 않고 자유로움을 중시하며 사랑채와 안채, 별당, 행랑 등을 유기적으로 지었는데, 노비들이 살았던 초가도 함께 남아 있어 엄격했던 계급사회의 면모도 엿볼 수 있다. 선교장에 딸린 별당, 경포 호안이 가장 아름답게 보인다는 해운정, 그리고 선교장 앞뜰 연못의 활래정 구경도 빼놓을 수 없다.

한편 강릉땅이 배출해낸 걸출한 인물도 적지 않았다. 신사임당과 율곡, 거의 동시대에 살았으며 그들 못지않게 문재(文才)를 갖추었으되 명예와 영광과는 거리가 멀었던 허균과 허난설헌 오누이가 그러하다.

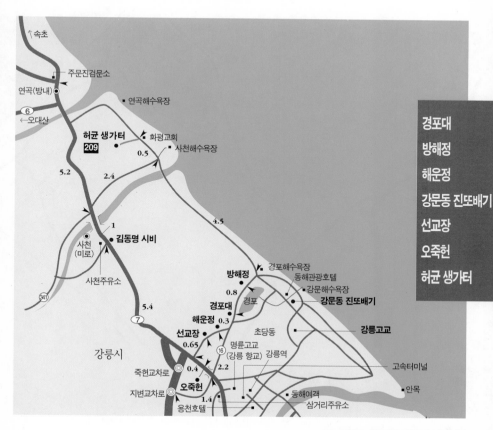

강문동 진또배기

경포호 주변의 문화유산을 찾아가는 길은 강릉과 거의 같다.
영동고속도로를 타고 대관령을 넘어서 직접 경포호 일대로 찾아가려면
강릉 초입인 홍제교차로에서 시내로 들어가지 말고, 왼쪽으로 이어진 영동·동해
연결 고속도로를 타고 강릉대 입구 지변교차로까지 가서 그곳에서 좌회전해
경포호로 찾아가는 것이 편리하다.
동해고속도로를 이용할 때도 위와 같다. 또한 영동고속도로 상진부교차로에서
6번 국도로 길을 바꿔 오대산 진고개를 넘은 후 연곡삼거리에서 다시 7번 국도를
타고 강릉·경포호 쪽으로 찾아가는 길이 있는데, 조금 돌아가는 길이지만
오히려 소요시간은 조금 단축되며, 무엇보다도 오대산 비경을 보면서
경포호 일대로 갈 수 있다는 색다름이 있어 좋다.
교통편과 숙식은 강릉과 같으며, 경포대 일대에도 숙식할 곳이 많이 있다.
그러나 여름철에는 무척 붐빈다.

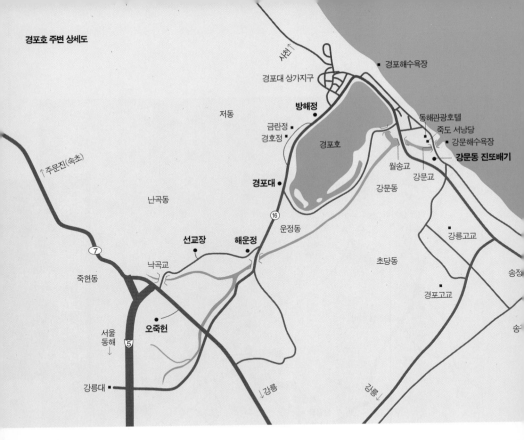

경포호 주변 상세도

경포대 상가지구

경포해수욕장

방해정

저동

동해관광호텔

금란정
경호정

죽도 서낭당

경포호

강문해수욕장

↑ 주문진(속초)

월송교

강문동 진또배기

강문교

경포대

강문동

난곡동

16

해운정

운정동

선교장

낙곡교

강릉고교

죽헌동

7

초당동

송정

오죽헌

경포고교

서울
동해
↓

5

송

강릉대

↓강릉

강릉

경포대

강릉시 저동에 있다. 원주나 삼척에서 영동·동해 고속도로 연결로를 따라 주문진 쪽으로 가다가 강릉대 입구인 지변교차로에서 우회전해 1.4km 가면 7번 국도와 교차되는 사거리가 나온다.

이곳에서 좌회전해 군정교를 건너 조금 가면 오죽헌으로 갈 수 있으며, 직진해 0.8km 가면 선교장 쪽으로 나오는 길과 합쳐지는데, 여기서 곧장 1.4km 더 가면 오른쪽으로 경포호가 시작되며 왼쪽 낮은 동산 위에 경포대가 서 있다. 경포대 입구에는 넓은 주차장이 있으며 시내에서 경포해수욕장까지는 버스가 자주 다닌다. 해수욕장 주변에는 관광단지가 조성돼 있어 숙식에 불편함이 없다.

동해안 해수욕장의 대명사처럼 여겨지는 경포해수욕장을 찾는 이는 매년 수십만 명에 이르지만 정작 '경포대'를 찾는 이는 그리 많지 않다. 대개 호수를 바라보며 차로 달려 잠깐 사이에 해수욕장에 닿기 때문인데, 호숫가 동북쪽 찻길 건너편 언덕 위에 있는 경포대는 아름드리 소나무와 벗나무 숲에 가려 있어 그냥 지나치기 쉽다. 실은 푸른 동해 바다를 조금이라도 빨리 보고 싶은 조바심 때문에 놓치는 이유가 더 크다. 하나 강릉 경포대에 와서 정작 '경포대'를 보지 못한다면 알맹이는 놓치고 겉만 훑고 가는 큰 아쉬움이 남게 될 것이다.

정면 6칸에 측면이 5칸, 대청을 받치는 기둥이 28개나 되는 당당한 규모의 경포대는 팔작지붕으로 지은 익공계 양식의 누대로, 관동팔경 가운데 첫손으로 꼽히는 경치를 지니고 있다. '제일강산'(第一江山)이라는 큰 현판은 암묵적으로 그 명성을 뒷받침해준다. 기실 삼척의 죽서루

경포대
제일 관동팔경이라 불리는 경포대. 팔작
지붕에 정면 6칸 측면 5칸의 당당한 규모
이며, 봄이면 누대 주위로 벚꽃이 화사하
게 핀다.

경포대도립공원 관리사무소 T.033-
644-2800

에도 '관동제일루'(關東第一樓)라는 현판이 있어 '제일'이란 말은 붙
이기 나름이겠다 싶지만, 각각 주변 환경도 다르고, 또 설사 어느 편이
좀 처진다 하더라도 그 정도야 제 고장을 사랑하는 마음에서 나온 충정
으로 어여삐 봐줄 만한 치사라고 생각된다.

여하간 경포대는 바다와 호수를 한아름으로 안고 있는 빼어난 경치 때
문에 예로부터 많은 시인묵객들이 찾아들었다. 그들이 남긴 경포대 유
감(有感)이 경포대 누각 안에 현판으로 걸려 있다. 우선 '경포대'(鏡
浦臺)라는 현판은 전서체로 쓴 것과 해서체로 쓴 것 두 개가 있다. 전서
체는 조선 후기의 서예가 유한지가 쓴 것이고, 해서체는 조선 순조 때 승
지를 지낸 명필 이익회가 쓴 것이다. '제일강산'은 명나라 사신 주지번
또는 조선 전기 4대 서예가의 한 사람인 양사언이 썼다고 하는데 확실
치 않고, 뒷부분의 파손된 두 글자는 후세 사람이 써서 덧붙인 것이다.

그 밖에도 숙종의 어제시, 명문으로 알려진 조하망의 상량문 등 여러
명사의 시와 글귀가 남아 있다. 율곡이 10세 때 지었다는 「경포대부」(鏡

浦臺賦)도 판액돼 있다. "하늘은 유유하여 더욱 멀고, 달은 교교하여 빛을 더하더라"(天悠悠而益遠 月皎皎而增輝,「경포대부」의 한 구절).

노송에 둘러싸인 채 맑고 고요한 호수를 차분히 내려다보고, 눈을 들어 동해의 망망대해가 어울리는 경포대의 선경에 십분 몰입한 것은 율곡만이 아니었다. 일찍이 강릉 사람들은 경포대에서 볼 수 있는 여덟 경치를 일러 경포팔경이라 부르며 풍광을 즐겨왔다. 경포대에서 보는 해돋이와 낙조와 달맞이, 고기잡이배의 야경, 노송에 들어앉은 강문동, 그

경포대

강릉부에서 10리허에 있어 바다까지 단 하나의 평탄한 초원을 사이에 두고 파랗게 호수로 된 것이 곧 경포이다. 경포는 산이 서쪽으로부터 바로 경포의 허리로 들어와서 호수가 거의 끊어지려다 다행히 연결되어 있으므로 대개 두 개의 구로 형성되었다. 산 남쪽의 반듯하고 둥글게 된 것이 또 한 구로서 이를 외호라 하고 산 북쪽의 반듯하게 된 것이 또 한 구로서 이를 내호라 한다. 외호를 볼 때에는 내호가 있는 것을 알지 못하고 내호를 볼 때에는 외호가 있는 것을 알지 못한다. 절벽에서 외호를 누르고 서 있는 정자를 경포대라 하는데 여기에 오르면 안계가 멀고 질펀하여 흥금이 스스로 트이게 되며, 봉우리 기슭에서 내호를 굽어보고 서 있는 정자를 호해정이라 하는데, 여기에 오르면 아늑하고 그윽하여 심신이 스스로 안정되니 이것이 두 구로 구별되며 각기 정취를 달리하게 된 소이이다. 산 모습과 물빛, 구름과 안개의 변화, 풀과 나무들의 색채, 모래 언덕과 물새들의 노는 풍경은 대개 같으나 그 규모에 있어서 약간 내호는 작고 외호는 크다는 구별이 있다. 그러나 아득히 바다 멀리 하늘가에 돌아가는 돛배가 석

양을 가로 띠고 돌아가는 광경을 바라보는 맛은 내호, 외호가 다 같으면서도 호수가 바다와 더불어 마주 대하고 서로 이웃한 점으로는 내호가 외호보다 승하다.

외호 정자의 창건과 보수는 다 관가에서 하여왔다. 현판에는 숙종의 어제시가 있고 또 율곡의 서문이 있다. 이 서문은 율곡이 나이 겨우 학령일 때 지은 것으로서 앞으로의 선생의 진퇴와 사업의 지향이 이미 여기에 함축되어 있었다 하리로다.……내호 정자의 창건과 보수는 다 선비들이 하여왔다. 삼연은 일찍이 제자 몇 사람과 더불어 이 정자에서 주역을 토론하였고 현판에는 여러 편의 시도 남겼다. 또 민섬촌의 중수 서문도 있다.

대개 이 호수의 풍경을 논한다면 진실로 절승하여 치성의 비홍호보다 그 판국에 있어서는 훨씬 작아도 환경은 더 묘하며 동련호보다 그 환경에 있어서는 흡사해도 판국은 더 크다. 저것과 이것이 서로 걸맞아 백중간이라 하겠으나 이것은 이름 나고 저것은 문혔으니 어찌 하나는 북쪽 마감 끝에 있는 까닭이 아니겠는가, 가석한 바 아닐 수 없다.

(박종, 「동경 기행」, 『조선고전문학선집』, 1991년, 민족출판사)

언덕 위의 경포대
아름드리 소나무와 벚나무에 둘러싸여 있어 미처 발견하지 못하고 그냥 지나치기 쉽다.

경포호와 인접한 초당동의 초당 두부는 전국적으로 알려진 강릉의 별미다. 두부를 만들 때 소금물 대신 바닷물을 간수로 사용하기 때문에 유달리 맛이 좋다고 하는데, 마을 여러 곳에서 팔고 있다.

이른 새벽 일출을 보고 난 다음 초당마을로 가서 두부를 맛보는 것도 경포대 여행에서 빼놓을 수 없는 재미이다(초당할머니 순두부집 T.033-652-2058).

리고 초당마을에서 피워 올리는 저녁 연기 등이 경포팔경에 속한다. 특히 누각 안 호수를 바라보는 쪽 면에다 단을 하나 더 높여놓은 것은 경포호를 보는 시야를 좀더 넓히려는 배려이다.

누대를 만들어놓은 까닭은 그 누대에 올라 주변의 경치를 감상하려는 생각에서이다. 그런 사실을 잊고 '누대 출입금지'라는 표지판을 양쪽 출입구에 세워둔 행정 편의주의 처사가 아쉽다.

경포대는 원래 고려 충숙왕 13년(1326) 강원도의 한 관리였던 박숙정이 신라 4선(四仙)이 놀던 인월사 옛터(현재의 방해정 뒷산)에 세웠는데, 조선 중종 3년(1508) 강릉 부사 한급이 현위치로 옮겨 지은 뒤 여러 차례의 중수 끝에 현재의 모습을 갖추게 되었다.

대개 맞배지붕에는 연등천장, 팔작지붕에는 우물천장을 하게 마련인데, 팔작지붕이면서도 연등천장을 하고 있는 점이 눈에 띄며, 주춧돌도 자연석을 그대로 놓은 뒤 기둥에 닿는 부위만 둥글게 다듬어놓았다.

경포대 현판
조선 후기 서예가 유한지가 썼다. 누대 곳곳에는 옛 시인묵객들이 남긴 글귀가 남아 있다.

이중환이 『택리지』에서 "작은 산기슭 하나가 동쪽을 향해 우뚝한데 축대는 그 산 위에 있다. 앞에 있는 호수는 20리이며 물 깊이는 사람의 배꼽에 닿을 정도여서 작은 배는 다닐 수 있다. 동쪽에 강문교가 있고 다리 너머에는 흰 모래 둑이 겹겹으로 막혀 있다. 호

경포호

'거울처럼 맑다'고 해서 이름이 붙은 경포호(鏡浦湖)에는 달이 네 개 뜬다는 풍류가 있었다. 하늘에 뜬 달이 하나요, 바다에 하나, 호수에 하나, 그리고 술잔에도 똑같은 달이 하나 뜬다는 것이다. 혹자는 여기에 한 가지를 덧붙인다. 하늘, 바다, 호수, 술잔, 그리고 그대의 눈동자에. 이렇듯 사람의 마음을 움직이는 경포호는 사람에게 유익함을 준다 하여 군자호(君子湖)라고도 불렸다.

경포호는 운정동, 저동, 초당동에 걸쳐 있는 자연 석호(파도나 해류의 작용으로 모래나 자갈이 쌓여서 만 입구가 막혀 형성된 호수, 우리 나라 동해안에 분포된 호수는 거의 석호이다)로, 강문교를 사이에 두고 담수와 해수가 교차되고 있다. 이때 휩쓸려 오는 모래가 계속 호안에 쌓이는 바람에 12km에 달했던 경포호의 둘레는 현재 약 4km에 불과하다. 지금도 경포호에 쌓이는 모래를 퍼내는 준설 공사가 계속되고 있다.

주변의 유흥시설 및 상가에서 나오는 폐수, 계속 쌓이는 모래, 수초와 갈대의 왕성한 번식 등으로 지금의 경포호는 결코 거울처럼 맑지도 않고, 갈매기나 기러기 같은 철새도 드물어져 예전 같은 풍류와 낭만은 찾기 힘들지만, 아직도 외면할 수 없는 경치를 간직하고 있다.

경포호는 경관이 뛰어난 해안이나 계류에 들어서는 정자를 열두 채(금란정, 경호정, 방해정, 해운정 등)나 거느릴 정도로 경치가 뛰어나다. 경포대는 그 가운데 가장 규모가 크고, 높은 곳에 위치하여 중심이 되는 누각이다.

호수 한가운데는 각종 철새가 찾아와 논다 하여 이름이 붙은 새바위가 있다. 그 위에 작은 정자가 서 있고 '조암'(鳥岩)이라는 현판이 걸려 있는데, 조선 숙종 때 우암 송시열이 쓴 글씨라고 하나 확인된 바는 아니다.

'경포대 놀러 와서 경포 잉어회와 초당두부를 못 먹고 돌아가는 사람은 멋을 알지 몰라도 맛은 모르는 사람'이라고 한다. 또한 찌갯거리로 애용되는 일명 '때복이'라는 민물 조개도 유명한데, 다음과 같은 재미있는 전설이 전한다.

경포호 자리에 최부자가 살았는데, 시주를 청한 스님에게 똥을 퍼주어 내쫓았다. 그런데 갑자기 물이 솟아올라 마을은 호수로 변하고 최부잣집 곳간에 쌓여 있던 곡식들은 모두 조개로 변하였다고 한다.

경포호
본래 그 둘레가 12km에 달하는 넓은 호수였다고 하나, 지금은 약 4km 정도에 불과하다.

신사임당 동상
누대 주변에 세워진 신사임당 동상, 정철
시비, 충혼탑 등의 기념물들로 인해 경포
대의 고요한 멋이 많이 사라지고 말았다.

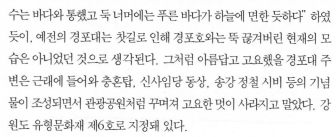

경포대 내부
단을 하나 더 올려 경포호를 좀더 잘 볼
수 있도록 하였다.

수는 바다와 통했고 둑 너머에는 푸른 바다가 하늘에 면한 듯하다" 하였
듯이, 예전의 경포대는 찻길로 인해 경포호와는 뚝 끊겨버린 현재의 모
습은 아니었던 것으로 생각된다. 그처럼 아름답고 고요했을 경포대 주
변은 근래에 들어와 충혼탑, 신사임당 동상, 송강 정철 시비 등의 기념
물이 조성되면서 관광공원처럼 꾸며져 고요한 멋이 사라지고 말았다. 강
원도 유형문화재 제6호로 지정돼 있다.

관동별곡

고려 성종 때 오늘날의 서울, 경기 일원을 관내도(關內道)라 했는데, 관동(關東)이란 말은 그 동쪽에 있는 땅이란 뜻으로 생겨났다. 오늘날의 행정구역으로는 강원도 일대를 다 아우르게 되지만, 대관령의 동쪽(영동 지방)을 일컫는 말로 더 흔히 쓰이고 있다.

아름답기로 이름 난 관동 지방의 경치 중에서도 특히 빼어난 여덟 곳을 뽑아서 '관동팔경'이라 하였는데, 휴전선에 가로막혀 갈 수 없는 통천의 총석정(叢石亭)과 고성의 삼일포(三日浦)를 포함하여, 간성의 청간정(淸澗亭), 양양의 낙산사(洛山寺), 강릉의 경포대, 삼척의 죽서루, 울진의 망양정(望洋亭), 평해의 월송정(越松亭)이 이에 속한다.

관동팔경에는 가는 곳마다 정자나 누대가 자리 잡고 있어 많은 문인들이 풍류를 즐기고 그 심경을 시로 읊어냈으며, 화가는 화폭에 절경을 담아냈다.

이 관동팔경을 노래한 대표적인 문학 작품으로는 두 편의 「관동별곡」(關東別曲)이 있다. 하나는 고려 말의 문인 안축(安軸, 1282~1348년)이 강원도에서 존무사라는 벼슬을 지내고 돌아가는 길에 관동 지방의 경치와 유적, 특산물 등에 감흥하여 지은 경기체가 「관동별곡」이고, 다른 하나는 조선 선조 때의 문인인 송강 정철(松江 鄭澈, 1536~1593년)이 1580년 45세 되던 해 강원도 관찰사로 근무하던 중 내금강, 외금강, 해금강을 두루 거쳐 관동팔경을 유람하며 남긴 기행시가 「관동별곡」이다.

안축의 경기체가(벼슬을 하던 문인들이 함께 모여 놀면서, 한 대목씩 부르던 고려 시대의 돌림 노래) 「관동별곡」 제1장을 살펴보면, 화려한 행차를 꾸며 관동 지방을 순찰하는 것이 경치를 구경하자는 게 아니라, 오랫동안 전란에 시달린 북방 백성들의 생활을 보살피고 의로운 풍속을 일으켜 왕의 덕화가 거기까지 미치게 하는 임무 수행임을 확인하는 내용을 담고 있다.

바다는 천첩, 산은 만첩인 관동의 별다른 지경
푸른 장막, 붉은 장막을 친 병마영의 영주가 되어
옥띠 띠고, 일산 기울고, 검은 창, 붉은 깃발로,
명사길을
아, 순찰하는 광경, 그것이야말로 어떤가!
북방 백성 재물로 의로움 본받는 기풍 일으키며
아, 왕의 덕화를 중흥시키는 광경, 그것이야말
로 어떤가!

「성산별곡」, 「사미인곡」, 「속미인곡」, 「관동별곡」 등의 가사로 유명한 정철. 특히 조선 시대 맹목적인 중국 성리학을 추종하는 절대적 분위기에서 벗어나 우리 나라에서 이상 세계를 찾고자 했던 사상적 바탕(퇴계 이황과 율곡 이이 등) 속에서 국토애와 조국애를 고취시킨 작품으로 기려지는 「관동별곡」의 서두는 다음과 같다.

강호에 병이 깊어 죽림에 누웠다가
관동 팔백리에 방면을 맡디시니
어와 성은(聖恩)이야 가디록 망극하다

향리에 묻혀 살던 송강이 갑자기 강원도 관찰사로 임명을 받고 임지로 떠나는 거동인데, 걸음마다 흥이 묻어나 있다. 이와 같은 심경으로 춘천, 철원, 회양을 거쳐 금강산으로 들어가서 만폭동, 정양사, 진갈대, 개심대, 화룡소 등 금강산 일만이천봉을 구경하고, 동해로 가서는 명사십리, 금란굴, 총석정, 삼일포, 낙산 의상대, 강릉 경포대, 삼척 죽서루를 거쳐 망양정에 올라 바다 위에 뜬 달을 보고 그 밝은 달빛 아래 술을 마신 뒤 신선이 되는 꿈을 꾸는 내용인데, 가는 곳마다 경치를 노래하면서 득의만만한 심정으로 현란한 수식을 거칠 것 없이 늘어놓았다.

송강이 우리 말로, 그것도 한문투가 아닌 일상어로, 우리 체질에 맞는 형식으로 조국 산천의 장엄함을 낭만적으로 노래했다면, 조선 중기 최고의 화가 겸재 정선(謙齋 鄭敾, 1676~1759년)은 금강산과 관동 지방을 찾아다니면서 느낀 감동을 관념 산수가 아닌 실경 산수라는 독특한 수법으로 그려냈다. 그의 화첩 「관동팔경」은 담담하면서도 진취적인 수묵 정신으로 평가받고 있는 수작이다.

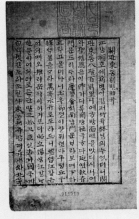

관동별곡 『송강가사』에서

방해정

경포호를 한눈에 내려다볼 수 있도록 높은 언덕 위에 자리 잡은 경포대와는 달리, 방해정은 평지에 자리 잡고 있다. 경포호와 도로를 사이에 두고 있는데, 우거진 소나무 숲 속의 초당마을(허균이 자랐다는 동네)을 호수 건너편에 두고 있으며 경포 호안이 가장 아름답게 보이는 곳이다.

조선 철종 10년(1859) 통천 군수를 지낸 이봉구란 이가 관직에서 물러난 뒤 객사의 일부를 헐어다가 선교장의 부속 별장으로 지었다고 하며, 정자이기는 해도 온돌방과 마루방, 부엌 등을 ㄱ자형으로 갖추어 살림집으로도 사용했다. 1940년 그의 후손인 이근우가 중수하고 1975년 보수하였다. 강원도 유형문화재 제50호로 지정돼 있다.

옛날에는 집 앞까지가 호수여서 대청마루에서 낚시를 드리우고 놀았으며, 출입할 때에는 배를 이용했다고 한다. 사람이 살고 있는 살림집으로 대개 문을 잠가두고 있지만, 때로 안에 사람이 있으면 문을 열어주

강릉시 저동에 있다. 경포대에서 경포호를 끼고 해수욕장 쪽으로 0.8km 더 가면 길 왼쪽 낮은 담장으로 둘러싸인 방해정이 나온다. 방해정 조금 못미친 언덕 위로는 금란정, 경호정 등이 있다.
주차장은 따로 없어 길 한쪽에 잠시 주차하고 둘러보아야 하며 그외 교통편과 숙식은 경포대와 같다.

40여 년 전의 방해정 ↘

집 바로 앞까지가 호수여서 대청마루에서 낚시를 드리우고 놀았으며, 배로 출입하였다고 한다.

경포해수욕장에서 해안길을 따라 남쪽으로 조금 내려가면 남대천과 만나는 안목해변이 나온다. 찾는 이가 별로 없는 조용한 해변이다.
안목해변 뒤로는 작은 동산이 있는데, 산죽이 워낙 무성해서 대나무로 둘러싸인 모습이 마치 섬 같다고 해서 죽도라 부른다. 이곳의 달맞이는 매우 유명하며, 해안가에는 숙식할 곳이 조금 있어 조용히 쉬어갈 만하다.

방해정
경포 호안이 가장 아름답게 보이는 곳에 지은 선교장의 부속 별장이다.

금란정
방해정 뒤편 경포호가 잘 내려다보이는 곳에는 금란정 등 여러 정자가 있다.

기도 한다. 마루에 올라 경포호를 바라보는 맛이 그윽하다. 기실 건물 자체보다 호수를 끌어안은 조경이 더욱 좋다.

방해정 옆 낮은 언덕빼기에 금란정이 있다. 정면 3칸 측면 2칸의 팔작지붕 집인 금란정은 온통 연두색으로 금방 눈에 띈다. 강원도 유형문화재 제5호로 지정돼 있으며, 원래는 조선 말기 이 고장 선비 김형진이 경포대 북쪽 시루봉 아래에 건물을 지어 매화를 심고 노닐던 '매학정'이었는데, 이후 금란계원으로 주인이 바뀐 뒤 지금의 자리로 이사 와 '금란정'으로 바뀐 것이라 한다.

해운정

강릉시 운정동에 있다. 경포대에서 선교장 쪽으로 300m쯤 가면 길 오른쪽 산 언덕 아래로 해운정이 보인다. 대형버스도 주차할 수 있는 주차장이 있다. 그외 교통편과 숙식은 경포대와 같다.

해운정과 맞붙어 있는 심상진 가옥(033-644-3516)에서는 민박이 가능하다. 오래된 옛집에서 하루를 묵으며 옛 시인묵객이 된 기분으로 경포호 주변을 산책하는 것도 답사여행에서만 맛볼 수 있는 낭만이다.

조선 중종 25년(1530)에 지어진 매우 간결하면서도 소박한 별당이다. 솟을대문에 들어서서 바라보고 있노라면 마음이 차분하고 맑아짐을 느끼게 된다. 경포호 남쪽, 선교장 가는 길에 볼 수 있다.

해운정은 정면 3칸 측면 2칸의 단층 팔작지붕 집으로 자연석으로 쌓은 낮은 3단의 축대 위에 남쪽을 향해 올라앉아 있다. 정면에 계단이 있으며 계단 양쪽에 정원수를 심었고, 솟을대문에 이르기까지 넓고 긴 마당이 시원스레 펼쳐져 있다. 단청도 없이 높지막한 축대 위에 오두마니 앉은 모습이 초라해 보일 법도 한데, 외려 꿋꿋하게 오랜 세월을 견뎌온 당찬 기운이 더 크게 전해진다.

조선 초기의 초익공 건물로 모양이 매우 간결하며 동쪽의 두 칸은 대청으로 되어 있고 서쪽의 한 칸은 온돌방으로 되어 있다. 주위에는 쪽마루를 둘렀고 모두 사각 기둥(방주[方柱])을 사용했으며, 처마는 홑처마이다.

건물 외부는 소박한 모양을 하고 있으나 내부는 비교적 세련된 조각으로 장식되었다. 천장은 합각 밑에만 우물천장을 만들었는데, 천장의 연꽃 조각과 대들보 위의 도리를 받는 대공 등이 정교하다. 대청에는 4분합의 띠살문을 달아 전부 개방할 수 있도록 했으며, 그 위에는 교창(交窓, 빛받이 창)을 만들었다.

해운정 현판
우암 송시열의 글씨. 내부에는 율곡 등 여러 문사들의 시와 기록들이 현판으로 걸려 있다.

이 별당을 지은 어촌 심언광(1487~?)은 중종 2년(1507) 진사가 된
후 부제학, 이조 및 공조 판서 등을 역임하였으며 문장에 뛰어났다. 그
가 강원도 관찰사로 있을 때 지은 집이다.

'해운정'(海雲亭)이라는 현판은 송시열의 글씨다. 별당 내부에는 권
진응, 율곡 이이 등 여러 문사들의 기록과 시가 현판에 새겨져 걸려 있
다. 또한 중종 12년(1537) 심언광이 명나라 사신 공용경과 오희맹을
맞이한 일이 있었는데, 이때 공용경이 쓴 '경호어촌'(鏡湖漁村)이라는
글씨와 시, 오희맹이 쓴 '해운소정'(海雲小亭)이라는 글씨도 걸려 있다.

해운정 오른쪽에 맞붙어 있는 심상진 가옥은 심언광의 후손이 지은 살
림집으로 해운정보다 후대에(안채는 해운정보다 100년 뒤에, 사랑채는
150년 뒤에) 지어졌다. 민가 구조인 겹집에 사대부집 구조인 ㅁ자형을
결합한 특이한 구조를 보이고 있다. 예를 들면 안채와 바깥채가 각각 ㄱ
자와 ㄴ자로 이루어져 있어 전체적으로 보면 사대부집의 형식이지만, 고
방과 마루방이 발달한 것은 민가의 형식에서 온 것이다. 강원도 유형문
화재 제79호로 지정돼 있다.

강문동 진또배기
우리 나라 여러 솟대중 가장 아름답고 조
형성이 뛰어나다. 강문마을에서는 솟
대를 진또배기라 부른다.

강릉시 강문동에 있다. 경포
해수욕장에서 해안도로를 따라 강문해수
욕장 쪽으로 가다보면 강문교를 건너게
된다.
강문교를 건넌 후 100m도 채 못가서 길
오른쪽으로 넓은 공터가 나오는데, 공터
끝에 진또배기가 서 있다. 강문교 건너기
바로 전 오른쪽에는 서낭당이 있다.
진또배기 앞 공터에는 대형버스도 충분
히 주차할 수 있으며, 교통편과 숙식은 경
포대와 같다.

강문동 진또배기

경포호와 동해안 해안선 사이에 낀 강문이라는 포구마을, 약 5m의 짐
대 위에 세 갈래로 갈라진 나뭇가지가 가로로 얹혀 있고, 각 갈래마다 정
교하게 만든 나무 오리가 올라앉아 있다. 목을 길게 빼고 멀리 경포 호
수 쪽을 바라보고 있는 모습이 곧 푸드득 날아오를 새처럼 생동감 있다.
우리 나라의 여러 솟대 가운데 가장 아름답고 조형성이 뛰어나다는 평
판이 자자하다.

진또배기가 이곳에 세워지게 된 유래는 다음과 같다. 어느 날 대관령
쪽(또는 함남 해안)에서 떠내려온 짐대가 강문 해안에 닿자, 마을 사람
들이 이를 건져 세우고 제사를 올렸다. 이후 동네가 번성하는 기운이 뚜

솟대

아침에 까치가 울면 좋은 소식이 들리거나 반가운 손님이 오신다는 이야기가 있다. 우리 마음속엔 은연중에 새에 대한 그런 믿음이 있다. 그래서일까? 시골마을에 가면 장승과 함께 긴 장대나 돌기둥 위에 나무나 돌로 만든 새를 얹어놓은 것을 종종 볼 수가 있다.

장승과 함께 마을 지킴이로 일컬어지는 솟대는 새를 앉힌 장대나 돌기둥을 말하는 것으로, 마을의 안녕과 수호, 풍농과 풍어를 위하여 동제 때 마을 입구에 세우는 신앙 대상물이다.

마을 입구말고도 마을의 허한 곳이나 마을 밖으로 통하는 사방에 세우는데, 대체로 마을 입구에 두는 것은 외부와의 경계 지점인 마을 어귀에 세워 마을 안의 신성을 보호하고 마을 밖의 부정이 들어오지 못하도록 한다는 뜻이 크다.

한편 마을의 지형이 배의 형상일 때나 또는 과거에 급제한 것을 기념하기 위해 솟대를 세우기도 했는데, 이런 경우에는 마을의 액을 막거나 개인의 안녕을 기원하는 신앙 대상물이 되기도 한다.

그 형태는 단독인 경우도 있지만 대부분 장승과 함께 존재하는 경우가 많고, 돌무더기나 신목, 선돌 등과 함께 있는 경우도 있다.

솟대의 기원은 삼한 시대의 '소도'까지 거슬러 올라간다. 소도를 세울 때 신성한 진영임을 표시하기 위해 긴 장대 위에 새를 올려놓았는데, 이것이 하늘과 땅, 그리고 인간을 연결하는 신목(神木)의 역할을 하였던 것이다.

짐대 위에 올려놓는 새는 주로 오리나 기러기, 갈매기, 따오기, 원앙새 들인데, 그 수는 한 마리 또는 두 마리, 세 마리가 대부분이며, 그 중에서도 세 마리의 경우가 가장 많다.

새를 올려놓는 이유는 새가 하늘과 땅과 물 모두에서 사는 짐승이라는 데서 찾아볼 수 있다. 또한 천지사방을 날아다닐 수 있으니 전령으로서의 역할을 해내는 데도 안성맞춤인 것이다. 따라서 새는 곧 인간의 소원을 하늘과 땅과 물에 전하는 전령사였다고 볼 수 있다.

새가 바라보고 있는 방향은 거개가 마을과 반대쪽에 있는 산 또는 바다, 계곡이며, 위치도 마을 어귀가 90퍼센트 이상이었다.

재료가 나무인지라 수명이 짧았으므로 해마다 혹은 3년마다 동제나 서낭제를 지낼 때 다시 깎아 세웠다. 그러나 동제는 근대 격동기를 거치면서 농촌이 피폐해지고 마을 공동체가 해체되면서 차츰 사라지게 되었고, 솟대는 솟대 자체에 대한 믿음이 약화된 채 장승과 함께 마을 서낭신의 부속 신앙으로 인식되고 있는 실정이다. 게다가 미신으로 몰리는 악재까지 겹쳐 무자비하게 뽑혀버린 경우도 있다. 이제 솟대 신앙은 언제 부활될지, 아니 살아남을 수 있을지조차 기약이 없다. 근래 들어 그 조형적인 가치로 일부 민속학자나 미술사학자들에게 재평가받고 있음을 그나마 불행중 다행이라 해야 할지.

대전 괴정동 출토 농경문 청동기
다산과 풍요를 기원하는 제의적 용도로 사용되었을 것으로 추정된다. 청동기 한쪽 면에는 두 갈래의 나뭇가지 위에 각각 새 한 마리씩이 앉아 있는 모습이 새겨져 있다. 현재 국립중앙박물관에 소장되어 있다.

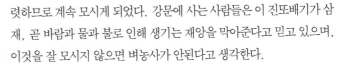

동해안 여러 곳에서 솟대를 볼 수 있지만 뛰어난 조형성을 가진 솟대는 그리 흔치 않다. 그중 삼척 원덕읍 임원리의 솟대와 천은사에서 가까운 삼척 미로면 고촌리의 솟대는 강문동 진또배기 못지않는 정교함과 생동감을 지닌 솟대들이다.

진또배기란 '짐대박이'의 사투리로 솟대를 지칭하는 '짐대'에 사람이나 짐승 또는 물건에 무엇이 박혀 있다는 뜻의 접미어 '박이'가 첨가되고, 'ㅣ 모음동화'를 일으켜 짐대백이가 된 것이다.

렷하므로 계속 모시게 되었다. 강문에 사는 사람들은 이 진또배기가 삼재, 곧 바람과 물과 불로 인해 생기는 재앙을 막아준다고 믿고 있으며, 이것을 잘 모시지 않으면 벼농사가 안된다고 생각한다.

강원 영동 지방의 솟대는 대부분 솟대 단독형으로 해안 지방에 주로 분포되어 있으며, 중요한 마을 신의 하나로 동제와 깊은 관계를 맺고 있다.

강문동 진또배기는 역시 서낭으로 모셔지며, 마을 사람들이 한 해에 동제를 세 번(매년 음력 정월 15일에 예축제[豫祝祭], 4월 15일에 풍어제, 8월 15일에 추수제)지내는데, 따로 3년에 한 번씩 음력 4월 15일에 규모가 큰 별신굿(용왕굿)을 벌인다. 진또배기는 3년마다 한 번 갈아 세워지며 굿 날짜가 잡히면 대개 이날에 앞서 세운다.

한편 강문마을에는 진또배기 서낭말고 남서낭과 여서낭이 따로 있는데, 남서낭은 1칸 정도의 당집으로 마을에서 남쪽으로 100m 떨어진 소나무 숲 속에 있으며, 여서낭은 마을 북쪽에 있는 조그만 동산의 모퉁이(동해관광호텔 밑)에 자리 잡고 있는 3칸 정도의 당집이다. 남서낭과 여서낭은 200m 가량 떨어져 있는데, 두 서낭 사이에 진또배기가 서 있다.

선교장

　강릉시 운정동에 있다. 경포대에서 시내 쪽으로 조금 가면 두 갈래 길이 나오는데, 오른쪽으로 0.7km쯤 가면 길 오른쪽에 선교장이 나온다. 입구에는 넓은 주차장이 있고 주변에 민속음식점이 있으나 식사할 곳으로 그리 적합치는 않다.
숙식은 경포대나 강릉 시내를 권한다. 강릉 시내로 나가는 버스가 자주 있다.

경포대에서 대관령 쪽으로 향하면 노송 수백 그루가 우거진 골짜기가 있고 그 사이로 날아갈 듯 추녀를 살짝 드러내고 있는 살림집이 있다. 강원도내의 개인 주택으로서는 가장 넓은 집인 선교장은 조선 시대 상류 계급이었던 전주 이씨 일가의 호화 주택이다. 당시 이씨 일가는 '만석꾼'이라는 소리를 들을 정도로 대지주였는데, 평야가 적은 이곳에서 '만석꾼'이란 너른 남도의 그것과는 엄청나게 다른 부(富)였을 것이다.

경포호가 지금보다 훨씬 넓었을 때는 배를 타고 건너 다닌다 하여 '배다리마을'[船橋里]이라고 불렸는데, 선교장(船橋莊)이란 이름은 바로 거기서 유래한다.

전주 이씨 일가가 이 집으로 이사 온 것은 효령대군의 11세손인 이내

번 때였다. 이내번은 처음에 경포대 주변의 저동에서 살았는데, 족제비
떼를 쫓다가 우연히 뒤쪽에 그리 높지 않은 산줄기(시루봉)가 평온하게
둘러져 있고 앞으로는 얕은 내가 흐르는 천하의 명당을 발견하고는 곧
새집을 짓고 이사했다고 한다. 그 뒤로 가세가 크게 번창하면서 여러 대
에 걸쳐 많은 집들이 지어졌다. 지금도 그 후손이 살고 있다.

　총건평이 318평에 달하며, 긴 행랑에 둘러싸여 있는 안채, 사랑채, 동
별당, 가묘 등이 정연하게 남아 있고, 문 밖에 활래정까지 있어 정원까
지 갖춘 완벽한 짜임새를 보여주고 있다.

　선교장의 특징을 살펴보면, 우선 전체적으로는 일반 사대부집과 달리
일정한 법식에 구애받지 않고 자유스러우면서도 유기적으로 연결되어
있음을 알 수 있다. 긴 행랑채 가운데에 사랑으로 통하는 솟을대문과 안
채로 통하는 평대문을 나란히 두었다.

　선교장의 또 다른 특징은 추운 지방의 폐쇄성과 따뜻한 지방의 개방
성이 공존하고 있다는 점이다. 우리 나라의 살림집은 대개 지역적인 특
성이 있다. 곧 춥고 눈이 많이 오는 산골짜기 집과 따뜻하고 넓은 들판
에 자리 잡은 남쪽 집의 성질이 판이하게 다른 것이다. 선교장 사랑채의
높은 마루와 넓은 마당은 아주 시원한 느낌을 주며, 안채의 낮은 마루와
아늑한 분위기는 사랑채와 대조를 이룬다.

선교장 전경
이내번이 족제비 떼를 쫓다 우연히 발견한 명당터에 지었다는 선교장은 강원도에서 제일 큰 상류 개인 주택이다.

　　한편 상류 계급의 호화로운 주택인 선교장 주변에 하층 계급의 초가들이 모여 있어 조선 시대의 엄격했던 계급 사회상을 짐작하게 한다. 본채인 선교장으로 들어서기 전, 행랑채 바깥 마당에 있는 수십 평의 연못에는 온갖 정자의 멋을 살려 만든 호화로운 활래정(活來亭)이 세워져 있는 데 반해, 그 주변에는 초라하기 이를 데 없는 노비의 집들이 다닥다닥 붙어 있다.

　　활래정은 연못 속에 네 개의 돌기둥을 세우고 그 위에 건물을 올렸는데, 그 모습이 시원한 계류에 탁족을 하는 선비의 모습을 떠올리게 한다. 장지문을 지르면 두 개가 될 수 있는 온돌방이 물 위에 떠 있는 마루와 합쳐져서 ㄱ자형을 이루고, 방과 마루를 연결하는 복도 옆에는 손님에게 차를 접대할 때 차를 끓이는 다실이 있다. 벽이 없이 문으로만 둘러져 있어 한층 개방성이 강조되었다. 모두 열어놓으면 정자 속에 앉아서도 자연과 일체가 될 수 있다.

　지금은 없어졌으나 연못 가운데에 자그마한 섬 하나를 만들고 다리를
놓아 건너 다닐 수 있도록 했으며, 작은 섬에는 노송을 심어 운치 있게
했다. 못 속에 연을 심어놓아 연꽃이 한창일 때는 활래정 일대가 한 폭
의 그림이 된다. 마루 끝에 앉아 연못을 내다보는 맛이 일품이다.
1816년 이근우가 중건하였다.

　이 연못을 지나 본채 쪽으로 들어가면 엄격하고 단정한 구조미를 보
이는 바깥 행랑이 길게 늘어서 있고 행랑채 중간에 솟을대문이 있다. 옆
으로 길게 수평선이 강조된 선교장 건물은 주변의 높이 솟은 수십 그루
의 노송과 잘 어울리고 있다.

　'선교유거'(仙橋幽居)라는 현판이 붙어 있는 솟을대문을 들어서면
동쪽으로 안채, 왼편으로는 '열화당'(悅話堂)이라고 부르는 사랑채가
우선 눈에 띈다. 열화당은 이내번의 후손으로 '안빈낙도'를 철저한 신
조로 삼았던 오은처사 이후가 순조 15년(1815)에 지은 건물로, 선교장

　선교장 안 전시실에서는 민속
자료를 전시하고 있으며, 선교장 매표소
옆 전시관에서도 민속의상을 보여주고 있
다. 전시관 시설이 그리 좋은 편은 아니
나 한번 들어가볼 만하다.

열화당
대청, 사랑방, 침방, 누마루가 결합된 사
랑채로서 툇마루 앞에는 햇볕을 막도록
차양을 설치하였다.

행랑채
길게 배열된 행랑채 끝으로 안채로 들어
가는 작은 문과 선교장을 둘러싼 노송들
이 보인다.

의 여러 건물 가운데 가장 대표적이다.

열화당은 도연명의 「귀거래사」에서 유래한 이름으로, "세상과 더불
어 나를 잊자. 다시 벼슬을 어찌 구할 것인가. 친척들과 정다운 이야기
를 즐겨 듣고, 거문고와 책을 즐기며 우수를 쓸어버리리라"는 시구처럼
형제, 친척들이 모여 즐겁게 이야기하는 장소로 쓰였다.

열화당은 돌계단 7, 8개를 딛고 올라설 정도로 높직하며 보기에도 여
간 시원하지 않다. 처마가 높아서 전면에 별도의 차양을 달았는데, 개
화기 때 서양 문물의 영향을 받은 부가물로 장식 효과도 크게 염두에 둔
장치이다.

작은 대청은 누마루 형식을 지니고 있으며, 앞뒷마루는 상당히 넓다.

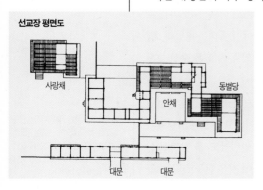

선교장 평면도

사랑채
동별당
안채
대문
대문

작은 대청과 대청 사이에 ㄴ자형의 방이 있
고, 장지문으로 사이를 막으면 방을 셋으로
나눌 수 있도록 만들어졌다. 여름에 문을 전
부 떼어놓으면 사방으로 통풍이 되며 뒷산의
노송과 대청 뒤뜰에 서 있는 수백 년 된 배롱
나무가 사랑채와 하나가 된다.

선교장 주인이 살고 있는 안채는 행랑의 동
쪽에 있는 평대문으로 들어가는데, 부엌, 안

활래정
건물 일부가 물 위에 떠 있는 형상으로,
벽을 온통 문으로 구성하여 개방성을 강
조하였다.

방, 대청, 건넌방으로 구성된다. 이내번이 터를 잡던 시기(영조)의 건
물이라 전해지며, 현재 전주 이씨의 후손이 선교장을 관리하며 안채에
살고 있다.

안방은 집안에서 가장 어른이 되는 부인이 거처하는데, 안방 뒤켠으
로 골방이 딸려 있어 무더운 여름철을 시원하게 날 수 있게 하였다. 또
안방이나 건넌방에는 각각 벽장이 있고 골방에는 다락이 있어 한국 민
가의 생활상을 엿볼 수 있게 한다. 안방과 건넌방 사이에 대청마루가 있
으며, 안방 앞에서 건넌방 앞까지를 연결하는 널찍한 툇마루가 있다. 건
넌방은 큰며느리가 거처하는 방이다. 상당히 넓은 부엌이 눈길을 끄는
데, 이씨 일가가 대가족을 거느렸음을 실질적으로 보여주는 셈이다. 동
쪽에 동별당이 건립되기 전까지는 ㅁ자형을 이루고 있었다고 한다.

원래 동·서 별당이 있었으나 서별당은 현존하지 않고 동별당이 남아
있다. 동별당은 안채의 부엌과 연결된 ㄱ자형으로, 그 용도는 안채와 연
결되어 있다는 데서 찾아볼 수 있다. 곧, 주인이 가족과 함께 생활할 수
있는, 안채에 근접된 거처였다. 서별당은 현존하지 않으나 안채와 사랑
채 사이 가장 깊숙한 곳에 위치하였으며, 서재이면서 서고로 쓰였다고
한다.

일(一)자형으로 길게 늘어서 있는 행랑채는 일제 때만 하더라도 사랑
채의 서쪽을 감싸 안은 ㄴ자형이었다고 한다. 마구간과 곳간, 부엌도 마

관동 제일의 전통가옥이라는 칭호를 듣
는 선교장의 역사 한끝에는 1894년 갑오
농민전쟁에 얽힌 이야기가 있다.
당시 선교장은 승지 벼슬을 지내던 이회
원이라는 이가 주인이었다. 그는 강릉 관
아를 점령한 강원도 농민군들이 선교장
으로 쳐들어올 계획이라는 것을 알고 돈
과 쌀을 보내 농민군을 안심시킨 후, 민
보군을 조직하여 강릉 관아로 쳐들어갔
다.
방심하던 농민군들은 많은 사상자를 내
며 대관령으로 물러날 수밖에 없었다. 이
회원은 그후 강릉 부사로 임명되었으며
강원도 농민군들을 토벌하는 총사령관이
되었다.

련돼 있으며, 현재 각 행랑은 민속 유물들을 전시하는 전시방으로 이용되고 있다. 한편 선교장은 『용비어천가』, 『고려사』 같은 귀중본을 비롯한 수천 권의 고문서와 고서화, 그리고 고서적을 소장하고 있다.

선교장은 이처럼 이씨 일가의 살림집을 말하지만, 그 주인을 모시던 노비들이 살던 초가가 주변에 모여 선교장 촌(村)을 이루고 있으니, 선교장 건물만이 아니라 당시의 사회를 이해한다는 측면에서 이를 모두 통틀어 선교장이라 해야 할 듯싶다.

강원도 중요민속자료 제5호로 지정되어 있는 선교장 주변은 최근 들어 이들 노비집들이 너무 인위적으로 복원되고 있고 게다가 초가 흉내를 낸 음식점마저 들어서고 있어 안타까움을 주고 있다.

오죽헌

경포호의 서쪽 들녘 너머로 보이는 죽헌동에 오죽헌이 있다. 뒤뜰에 줄기가 손가락만하고 색이 검은 대나무가 자라고 있어 붙여진 이름이다. 잘 알려진 바와 같이 퇴계 이황과 함께 조선 시대의 가장 큰 학자로 손꼽히는 율곡 이이가 태어난 집이다. 그러나 오죽헌은 그의 친가가 아니라 외가, 곧 신사임당의 친정집이었다.

강릉시 죽헌동에 있다. 선교장에서 650m쯤 계속 가면 7번 국도와 만나는 삼거리에 닿게 된다. 여기서 좌회전해 400여 미터 가면 오른쪽으로 오죽헌으로 들어가는 입구가 나온다. 넓은 주차장이 있으며 시내로 오가는 버스도 자주 다닌다. 오죽헌 안에 매점은 있지만 따로 식사할 곳은 없다. 경포대나 시내에서 숙식해야 한다.

입장료
어른 1,800(1,400)·군인과 청소년 900(700)·어린이 500(400)원, 괄호 안은 30인 이상 단체

오죽헌
율곡 이이가 출생한 곳으로 우리 나라 주거 건축으로는 가장 오래 된 건물에 속한다.

본래 사임당 어머니의 외할아버지인 최응현의 집으로 그 후손에게 물려져오다가 사임당의 아버지 신명화에게, 신명화는 또 그의 사위에게 물려주었다. 그후 1975년 오죽헌이 오늘날의 모습으로 정화될 때까지는 이율곡의 후손이 소유하고 있었다. 우리 나라 주거 건축으로는 역사가 가장 오래 된 건물 가운데 하나이다.

오죽헌은 사임당이 율곡을 낳기 전에 용꿈을 꾸었다는 데서 이름 붙은 몽룡실이 대표가 되는데, 온돌방과 툇마루로 된 정면 3칸 측면 2칸의 단순한 일(一)자형 집으로, 본살림채는 아니고 별당 건물이다. 본채는 없어진 것으로 추정된다.

지붕은 양측면에 합각을 한 팔작지붕으로 내부는 연등천장이나 합각 부분만 우물천장으로 구성했다. 대청엔 우물마루를 깔았으며, 온돌방은 벽과 천장을 모두 종이로 발랐다. 커다란 장대석을 한 층으로 쌓아 기단을 만들고 막돌 초석 위에 사각 기둥을 세웠으며 기둥 위는 익공으로 처리하였다. 주심포 양식에서 익공 양식으로 변해가는 주택 건축 과정을 보여주는 중요한 건축물로 보물 제165호로 지정돼 있다.

현재 오죽헌은 외부인에게 개방되어 건물 전면에 문을 열어놓고 『격몽요결』, 「자경문」 등의 명문장의 일부를 액자로 만들어 세워두었다. 오죽헌 옆 문성사 주위에 '오죽'이 자라고 있으며, 율곡 생전에도 있었다는 수령 600년의 배롱나무도 앞뜰에 있다. 문성사는 율곡의 시호 '문성'(文成)에서 따온 것이며, 여기에 모셔진 율곡의 영정은 이당 김은호가 그린 것이다.

오죽헌 오른쪽의 작은 중간문을 지나면 안채 건물이 있다. 안채의 주련은 추사 김정희의 글씨를 판각해놓은 것이다. 그 밖에 정조 임금이 1788년 율곡의 유품인 『격몽요결』의 원본과 벼루를 보관하도록 지어준 어제각도 있다.

1975년에 대대적인 오죽헌 정화 사업이 있었는데, 이때 율곡의 영정을 모신 문성사를 비롯해 자경문, 율곡기념관 등이 신축되었다. 오죽헌을 좀더 의젓하게 만들어 안팎에 내세우고 싶은 열의는 알 만하지만, 유난히 직선이 강조된 널찍한 마당이며 담장, 무엇보다

오죽
몽룡실과 문성사 주변에는 줄기가 검은 오죽이 자라고 있다.

익공 양식이란 공포의 일종으로 주심포와 다포계보다는 구조적으로 간결한 형식이다. 외관상으로 주심포계와 거의 유사하나 익공은 기둥 위에 밖으로 돌출된 쇠서(도리 방향의 첨차와 직각으로 짜여지는 부재로, 소의 혓바닥과 같아서 쇠서라 함)를 끼우고, 그 위에 주두 등을 올려 공포를 꾸민다.
쇠서의 수에 따라 초익공과 이익공으로 나누며, 궁궐이나 사찰의 부속 건물, 향교나 서원, 그리고 상류 주택 등 조선 시대에 폭 넓게 사용되었다.
대표적 익공계 건물로는 합천 해인사의 장경판고, 춘천 청평사의 회전문, 강릉의 오죽헌과 해운정, 경주 양동마을의 무첨당과 관가정 등이 있다.

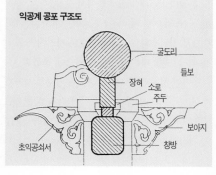

익공계 공포 구조도

굴도리 / 들보 / 장혀 / 소로 / 주두 / 보아지 / 초익공쇠서 / 창방

신사임당

뛰어난 인격을 갖추었으며 덕이 높고 어진 어머니이면서 어버이에게 효도하고, 학문 깊고 시문에 능할 뿐만 아니라 글씨 잘 쓰고 그림 잘 그리고 자수에까지 능했던 사임당(1504~1551년)은 율곡의 어머니로서뿐만 아니라 스스로의 됨됨이로 높이 평가받고 있다.

사임당의 어머니 용인 이씨는 무남독녀였기에 출가하고도 친정에 머물러, 사임당도 외가인 북평에서 탄생하였다. 사임당은 딸 다섯 중에 둘째로 태어났는데, 어려서부터 총명하여 외조부 이사온에게 학문을 배웠다. 그는 벌써 7세 때 세종 때의 화가 안견의 그림을 본떠 그리기 시작할 정도로 그림에 뛰어났으며, 산수화뿐 아니라 포도나 풀벌레까지 능숙하게 그려냈다.

19세 때 홀어머니를 모시고 사는 이원수와 혼인하였다. 혼인하였으되 친정 부모가 사임당을 아들 삼아 키웠기에 서울 시댁으로 얼른 보내지 못하였다. 공교롭게도 결혼하던 해에 친정 아버지의 죽음이 겹쳐 그냥 친정에 머물며 3년상을 마치게 되었다.

서울 시댁으로 올라온 사임당은 시댁의 선조들이 살았던 파주에서도 살았고, 평창군 봉평면의 백옥포리(창동리, 판관대터)에서도 살았으며, 친정 어머니를 잊지 못해 이따금 친정 강릉으로 돌아가 있기도 하였다. 33세에 오죽헌에서 셋째 아들 현룡(現龍, 율곡의 어릴 때 이름)을 낳아, 백대(百代)의 스승으로 키워냈다. 48세에 병으로 자리에 누워 세상을 떠났으며, 파주의 자문산 기슭에 묻혔다.

우아한 성품과 예술적 재능에 못지않게 시와 문장에도 능하여 사임당이 지은 시가 적지 않을 것으로 추측되지만, 지금 전하고 있는 것은 「대관령을 넘으며 친정을 바라본다」(踰大關嶺 望親庭), 「어머님 그리워」(思親)라는 시 두 편과 율곡이 지은 「사임당행장」(師任堂行狀) 중에 적혀 있는 시구의 일부뿐이다.

서울에 올라와 있으면서 친정 어머니를 그리워하며 지은 「어머님 그리워」에는 당시 강릉땅의 정취가 드러나 있다.

　산 첩첩 내 고향 천리언마는
　자나깨나 꿈속에도 돌아가고파
　한송정에 외로이 뜬 달
　경포대 앞에는 한줄기 바람
　갈매기는 모래톱에 헤락모이락
　고깃배들 바다 위로 오고가리니
　언제나 강릉길 다시 밟아가
　색동옷 입고 앉아 바느질할꼬

사임당은 문장보다도 글씨와 그림에 더 탁월함을 나타냈다. 역시 남아 있는 것은 많지 않아 글씨로는 초서 여섯 폭과 해서 한 폭이 남아 있고, 그림으로는 풀벌레, 포도, 화조, 어죽, 매화, 난초, 산수 등을 그린 40여 폭이 남아 있다. 그 작품의 뛰어남은 숙종 때 사람인 송상기의 글에 잘 표현돼 있다.

초충도

일가 한 분이 말하기를 "집에 사임당의 풀벌레 그림 한 폭이 있는데, 여름에 마당 가운데로 내다가 볕을 쬐자니 닭이 와서 쪼아 종이가 뚫어질 뻔했다"는 것이었다. 나는 그 말을 이상히 여기면서도 정작 실물을 보지 못해서 유감으로 여기던 차에 마침 정종지가 가지고 있는 사임당의 화첩을 보니 과연 그 그림 속의 꽃, 오이, 곤충, 나비들이 모두 살아 움직이는 듯하여 그림 속에 있는 것 같지 않으므로 비로소 전일 내 일가집에 간직했다는 그것도 이런 것이어서 내가 들은 말이 빈말이 아니었던 줄 알았다.

사임당의 글씨와 그림은 비록 실물이 아니라 아쉽지만 오죽헌 안의 기념관에서 볼 수 있다.

율곡 이이

오죽의 대숲과 소나무 숲이 호위하듯 둘러 있고, 앞뜰에는 포도며 석류, 능소화를 비롯하여 철따라 갖가지 꽃을 피워대는 오죽헌. 별천지와도 같았을 그곳에서 사임당의 몸을 빌어 태어난 현룡(율곡 이이, 1536~1584년)은 어머니에게 직접 가르침을 받으며 총명한 천품을 발휘하였다.

3세에 이미 말은 물론이요, 글도 알아 마당의 붉은 석류 열매를 보고 "석류가 부서진 빨간 구슬을 껍질이 싸고 있다"(石榴皮裏碎紅珠)라며 옛 시에 나오는 말로 대답하였다고 한다. 6세에 아버지를 따라 서울로 가게 되었을 때 대관령에 서서 강릉에 외로이 남게 된 어머니를 생각하는 애절한 마음을 읊은 시가 유명하다. 13세에 과거에 응시하여 진사에 뽑혔으며, 이때부터 문장이 날로 진취하여 명성도 자자하였다. 그러나 그는 출세에 목적을 둔 것이 아니었으므로 더욱 학문에만 정진하였다.

16세 되던 여름 아버지 이원수를 따라 관서 지방에 갔다가 임무를 마치고 돌아오는 길에 어머니 사임당의 병이 위중하다는 소식을 듣고 걸음을 재촉했으나, 결국 임종을 지켜 보지 못하고 어머니의 죽음을 맞았다. 율곡에게는 크나큰 정신적 충격이 아닐 수 없었으며, 생과 사를 비롯한 인생의 근본적인 문제를 의심하게 되었다. 어려서부터 불교와 노장(老莊)의 책을 많이 읽었던 그는 금강산으로 들어갔다. 19세 때의 일이다. 유교를 숭상하던 당시, 불교는 삼강오륜을 벗어난 그릇된 도라 하여 배척을 받고 있었으므로 이는 매우 놀랍고 획기적인 일이었다. 그러나 율곡은 어려서부터 "기를 잘 기르지 못하면 방탕하게 되어 뜻을 잃는 것……"이라 하며 기를 기르기 위해 산과 물을 즐기는 것이 필요하다고 생각하였으므로 금강산행을 실행하였지만, 이것도 불가에 입적하기 위한 것이기보다는 '호연지기'를 키우기 위한 수도의 목적이 더 컸던 것으로 생각된다.

결국 율곡은 불교의 가르침이 '허명(虛明)'의 경지'를 만드는 데 그칠 뿐이며, 성현의 서적을 공부하여 그 학설의 참됨을 아는 것이 더 중요하다는 깨달음을 얻고 1년 남짓의 금강산 수도 생활을 끝냈다. 금강산행은 결국 유학을 더욱 열심히 해야겠다는 결의만 굳혀준 셈이었다. 그의 나이 20세 때였다.

금강산에서 나와 오죽헌에서 새로운 용기를 낸 그는 장차 걸어갈 인생의 목표를 뚜렷이 하고 스스로 경계한다는 의미의 좌우명(「자경문」[自警文])을 쓴다. 그 요지를 살펴보면 다음과 같다. '그 뜻을 크게 가지자. 마음을 안정시키자. 혼자를 삼가자. 언제나 실제로 할 일을 생각하자. 참된 뜻을 다하도록 하자. 방심하지 말고 서둘지 말자.' 결국 율곡 사상에서 가장 기초가 되는 골자는 모두 여기에 확립되어 있으며, 무엇보다도 성인을 목표로 뜻을 크게 세운다는 것을 뚜렷이 하고 있다.

21세에는 서울에 올라와 다시금 과거에 급제하여 명성을 떨쳤다. 이후로도 율곡은 여러 번 과거에 장원하여 평생 모두 아홉 번의 장원을 하였다.

그 이듬해 성주 목사의 딸 노경린과 결혼하였고, 성주 처가로부터 강릉 외가로 가는 도중에 학문으로 그 명성이 자자했던 퇴계 이황을 방문하였다. 이때 퇴계의 나이 58세였다. 비록 이이가 23세의 청년이었으나 학문에 있어 능히 퇴계와 문답할 정도가 되었으며, 이후로도 서신 왕래를 거듭하며 학문에 관한 질의응답을 하였다. 율곡은 26세부터 벼슬자리에 나가 정치에 관여하게 되었는데, 특히 임금에게 간쟁(諫諍)을 하는 사간원에서 많은 일을 하였다.

그의 사상이 담긴 책으로는 군왕의 도를 상술한 『성학집요』(聖學輯要)나 어린이를 가르치기 위해 지은 『격몽요결』(擊蒙要訣) 등이 대표적이고, 음양과 기의 작용으로 천지조화를 설명한 「천도책」(天道策)이라는 글은 율곡이 별시 과거 시험에 낸 답안으로, 자신의 독특한 성리학적 입장, 곧 이기론(理氣論)을 드러내고 있다. 죽기 1년 전에는 '십만양병설'을 주장하였으며, 「시무육조」(時務六條)를 임금께 올려 국력을 키울 것을 건의하기도 하였다.

좋은 집안에서 천재로 태어나 인품과 덕성을 갖추었으며, 대학자이며 정치가로 역사에 길이 남을 업

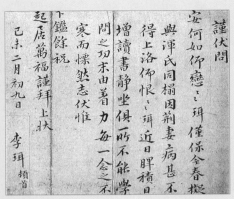

율곡 이이의 서간
26세 때 청송 성수침에게 보낸 서간(편지)이다. 율곡은 서예가로는 이름이 높지 않았으나 자획이 단정하며 굳세다.

적을 쌓은 율곡은 49세의 아까운 나이로 세상을 떠났다. 임금은 그의 업적을 기려 문성(文成)이라는 시호를 내렸다.

이조판서의 관직에 있었던 그가 세상을 떠났을 때 그의 유족들은 거처할 만한 집 한 채도 없을 정도로 빈한하여 친구와 제자들이 돈을 모아 집을 마련하여 그 곤경을 면하게 해주었다고 한다. 믿어지지 않을 정도로 청렴결백한 태도로 대의를 위해 일평생을 살다 간 율곡이었다. 그가 태어난 곳 오죽헌은 대대적인 정화 사업으로 현충사 못지않은 기념관이 되었으나, 그의 무덤은 소리없이 서울 외곽 자운산에 자리하고 있다.

도 관제의 냄새가 물씬 나는 기념관 같은 건물과 구획들이 눈에 거슬린다. 사임당과 율곡을 떠올리며, 또는 사임당의 그윽한 인품과 자태가 향긋이 배어 있는 시서화들을 연상하며 그윽한 분위기의 오죽헌을 찾는다면 실망스럽기 짝이 없다.

그렇더라도 오죽헌 한쪽에 있는 강릉향토 사료관을 찾아 강릉 지역의 출토 유물을 돌아보고 사료관 앞마당에 늘어서 있는 비석과 석물들을 눈여겨 보고 나면 다소나마 그 실망이 누그러진다.

사료관 안에 전시된 유물로는 진전사터 청동여래입상과 나란히 서 있는 한송사터 석불상(보물 제81호), 수막새나 명문 기와 같은 굴산사터의 유물, 신복사터에서 발굴된 암막새와 수막새, 명문이 새겨진 기와 등이 대표적이다. 특히 남항진동의 한송사터에서 발굴된 불상은 비록 머리 부분과 한쪽 팔이 떨어져 나가고 몸 구석구석이 깨진 불완전한 모습이지만 입체감이 풍부하여 뛰어난 예술성을 느낄 수 있다.

안채
샛담 서쪽에 있는 평범한 건물로 일각문으로 드나들게 되어 있다. 옛날에는 부엌이 딸려 있었다고 한다.

허균 생가터

경포호를 지나 해변도로를 따라 차를 타고 북쪽으로 약 10여분 가량 가면, 멀리 서쪽에서 굽이쳐 오던 오대산 줄기가 바다

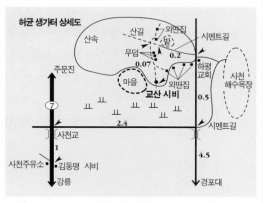

허균 생가터 상세도

강릉시 사천면 사천진리에 있다. 오죽헌에서 주문진 쪽으로 7번 국도를 따라 5.8km 가면 사천주유소가 있는 사천교 입구 삼거리에 이른다. 길 오른쪽 언덕에는 김동명 시비가 있다. 여기서 1km 정도 더 직진한 다음 사천교를 넘자마자 우회전해 2.4km 가면 사거리에 닿는다.
직진하면 사천해수욕장으로 가고 우회전하면 경포해수욕장으로 가게 되는데, 좌회전해 시멘트길로 0.5km 더 가서 왼쪽 산으로 난 시멘트길을 따라 숲으로 들어가면 교산 시비를 찾을 수 있다. 경포해수욕장에서 해안도로를 따라 사천 쪽으로 4.5km 가도 사천사거리에 닿게 된다.
시비 근처까지는 승용차가 들어갈 수 있으나 대형버스는 큰길에 주차해야 한다. 사천해수욕장에는 숙식할 곳이 여러 군데 있으며, 강릉에서 해수욕장까지는 버스가 다닌다.

끝에서 잦아지며 만들어놓은 조그만 야산이 보인다.

여기에 허균의 생가터가 있다. 허균은 최초의 한글 소설 「홍길동전」의 지은이이다. 언덕 같은 이 야산은 '용이 되지 못한 구렁이'인 이무기가 기어가듯 꾸불꾸불한 모양을 이루고 있다고 해서 교산(蛟山)이라 불려왔다.

교산 시비
허균의 생가이자 외가인 애일당의 흔적은 찾아볼 길이 없고, 다만 언덕 위에 허균을 기념한 시비가 하나 서 있다.

교산 아래에 허균의 외가이자 생가인 '애일당'(愛日堂)이 있었는데, 지금은 밭과 농가 몇 채가 있을 뿐 애일당의 흔적은 전혀 찾아볼 길이 없다. 다만 언덕 위에 허균을 기념하는 '교산 시비'가 있을 뿐이다. 고향을 사랑한 허균은 자신의 호마저 고향산천의 지명을 따라 '교산'이라 지었다.

허균의 생가이자 외가인 애일당이 자리잡은 곳은 오대산 정기를 이어받은 명당 중의 명당이라고 한다. 당시 주인이었던 허균의 외할아버지 김광철은 아들 없이 딸만 두었는데 본인이 아들을 얻기 전에는 사위와 딸이 애일당에서 자고 가는 것을 금했었다.
그러나 허균의 부모는 장인의 눈을 피해 애일당에서 동침하여 허균의 형인 허봉, 누이 허난설헌, 그리고 허균까지 낳았다. 그리하여 강릉 김씨가 타고날 명당의 정기가 양천 허씨에게로 옮겨갔다는 이야기가 있다.

교산 시비가 세워진 곳에 서면 동해의 푸른 바다가 한눈에 들어온다. 해가 떨어지는 어스름 무렵에도 늦게까지 햇살을 잡고 있는 것을 보니 '애일'(愛日)이라는 집 이름에 고개가 끄덕여진다.

허균은 1569년 애일당에서 태어난 뒤 강릉 시내 경포호수 옆에 있는 친가 초당에서 소년 시절을 보냈고 그 뒤에는 서울의 마른내(지금의 오장동 부근)에서 살았다. 24세에 임진왜란이 나자 함경도로 피난을 갔는데, 돌아오는 길에 애일당을 찾아 2년간 살았으며 그때 퇴락한 애일당을 다시 지었다고 한다.

애일당 뒤 언덕에 세워진 허균의 시비에는 그가 40세 전후에 지은 것으로 여겨지는 「누실명」(陋室銘)이라는 시가 새겨져 있다.

경포호에서 해안도로를 따라 사천(허균 생가터)으로 가다보면 해수욕장 바로 못미쳐에, 조선 중기의 문신이었던 박수량과 박공달이 정자를 지어 한가로이 지냈다는 쌍한정터가 있다. 지금은 빈터 아래에 효자비각 두 채만 서 있다.

차를 반 항아리 달이고
향 한 심지를 피웠네
외딴 집에 누워
건곤고금(乾坤古今)을 가늠하노니
사람들은 누추한 집이라 하여
살지 못하려니 하건만
나에게는

교산 시비에서 바라본 사천해수욕장
나지막한 산으로 둘러싸인 아늑한 해수욕장으로, 허균 생가터 바로 앞에 있다.

신선의 세계인저

그 뒷면에는 짤막하니 그의 생애가 적혀 있다. "……허난설헌 초희와 다 문장으로 이름나다. 교산은 벼슬을 하였으나 자유분방한 성품 때문에 자주 부침하고 좌찬성에 이르렀으나 광해군 10년(1618) 역모를 꾸몄다 하여 형장의 이슬로 사라졌다. 국문 소설「홍길동전」은 바로 작자 교산의 분신일 듯싶다. 이 밖에도 문집『성소부부고』(惺所覆瓿藁), 『학산초담』(鶴山樵談),『한정록』(閑情錄) 등은 다 주옥 같은 시와 문장이다."

허균의 호는 이미 알다시피 교산. 지명을 자신의 호로 삼을 정도로 고향에 대한 애착이 컸던 것은 무슨 까닭일는지. 비록 눈여겨 볼 만한 유적은 남아 있지 않은 야산이지만 '용이 못된 이무기' 같은 그의 운명과 사상을 다시 생각해보는 뜻 깊은 곳이 될 것이다.

허균 생가터 앞에 있는 사천해수욕장은 사방이 산으로 둘러싸여 있어 아늑하고 모래가 곱다. 또 생가터 앞으로 흐르는 사천천이 바다와 만나고 있어 담수욕도 즐길 수 있다.

교산 허균

허균(1569~1618년)은 경상 감사를 지낸 허엽의 3남 2녀 중 막내로 태어났다. 대대로 문벌과 학문으로 이름이 높은 집안에서 태어난 그가 순탄치 않은 삶을 살게 된 연유는 스승 이달(李達)과의 만남에서 비롯된다. 이달은 당시(唐詩)를 연구하여 최경창, 백광훈과 함께 삼당시인(三唐詩人)이라 일컬어질 정도의 실력가였으나 가난한 데다 적자가 아닌 천한 몸으로 태어났기에 입신을 할 수 없었다. 당시 서자라는 신분은 과거에도 응시할 수 없는 천형과 같은 것이었다. 동정심과 정의감, 그리고 스승에 대한 존경심이 높았던 허균은 불합리한 사회 구조에 눈을 뜨고, 천한 운명을 가진 벗들과 친히 사귀어 그들의 운명에 동조하게 되었다.

비록 자신은 입신양명하여 부귀와 영화를 누릴 수 있었을지라도 이상주의자요 자유주의자였던 허균은 혁명의 싹을 마음속에 키워가고 있었다. 허균의 문학적 역량은 누구에게나 인정받았지만 이와 같은 사상은 당시의 유교적 윤리관에 비추어 보면 불온한 것이었으니, '천지간의 일대 괴물'이니 '개돼지 같은 행동'이니 하는 비난을 받을 정도였다.

그가 29세에 황해도 도사로 있을 때의 일이다. 따로 별실을 만들어 서울의 기생을 거처하게 했다 하여 당국의 비난을 받자 '남녀 사이의 정욕은 천(天)이요, 예법 행검(行檢)은 성인(聖人)이다. 나는 천에 따를지라도 성인에는 따르지 않겠다' 하였다.

39세에 삼척 부사로 있을 때에는 유학을 공부하는 선비로서 염주를 목에 걸고 부처를 모시고 불경을 가까이한다 하여 파면을 당했는데, "예교(禮敎)는 너무나 구속적인 것, 세상사 모든 것을 이 마음에 맡기리. 군은 모름지기 군의 법을 따를 것이요, 나는 스스로 나의 인생에 투철하리라" 하였다.

공주 목사를 지낼 때에는 서자들을 뒷바라지하고 천민 평민들과 서슴지 않고 교류하다 파직을 당하기도 하였다.

이렇듯 파란을 일으키며 적서 차별과 금력으로 정치하는 부조리한 세상에 대한 반항심이 깊어진 허균은 서자와 천민과 여자들도 평등하게 살 수 있는 세상에 대한 꿈을 저버릴 수 없었다. 벼슬에서 물러나 「홍길동전」(1612년)을 쓴 것도 광해군의 어두운 정치를 저주하고 불우한 서자들에게 혁명 정신을 고취하여 썩어빠진 사회를 바로잡도록 격려하기 위한 것이었다.

광해군 5년(1613) 혁명을 도모하고 거사금을 조달하기 위해 백방으로 뛰던 중 혁명당의 한 사람인 박응서가 잡히는 바람에 전모가 드러나고 혁명당이 일망타진되었으나 불행인지 다행인지 주모자인 허균의 행실은 감추어졌다.

자백에 대한 회의와 동지들에 대한 죄책감에 고민했던 그는 차라리 시치미를 떼고, 문장을 무기 삼아 실권을 잡고 기회를 노리는 것이 현명한 길이라고 판단했다. 그리하여 당시 권력을 잡고 있던 이이첨에게 찾아가 비굴한 부탁을 하며 일약 형조판서와 좌찬성이란 자리에까지 올랐다. 어릴 때 같은 서당에서 공부한 사이였던 이이첨 또한 허균의 속사정을 모르는 바 아니었으나 그도 정권을 독점하기 위해 허균의 이용 가치를 택한 것이었다.

그러나 결국 '인목대비의 폐모'와 관련된 논쟁에서 허균은 자신의 뜻과 상관없이 폐모를 주장하고 흉계를 꾸며 인목대비를 폐하게 된다. 그러고 나서야 인목대비의 폐모가 불의라는 외침이 꼬리를 물고 일어나고 그의 입지는 좁아지게 되었다. 이이첨도 이제 허균이 거추장스러운 인물이 되었으므로 그의 파멸을 싫어할 리가 없었다.

허균은 "혁명의 뜻을 이루기 전에 개죽음을 당할 수는 없다" 하여 다시 한 번 혁명을 일으킬 비장한 결심을 하고 사람들을 모았다. 누구 하나 반대하는 이 없이 계획이 순조롭게 진행돼 혁명의 날이 목전에 닥쳤지만, 끝내 운명은 허균의 편을 들어주지 않았다. 모사 도중 체포된 현응민이 고백하자 혁명 계획은 만천하에 드러나고 허균은 역적이라는 죄명으로 갈기갈기 찢기는 어마어마한 참형을 당하고 말았다. 광해군 10년(1618)의 일이다.

4년 뒤 인조 반정으로 광해군 때의 역적은 모두 구명이 되었으나 허균만은 이중 역적이라는 이름으로 거론조차 되지 못하였다. 광해군 때 반란을 일으킨 자니 당시의 역적이요, 인목대비의 폐모에 앞장서고 이를 반대했던 충신들을 몰아냈으니 인조 입장에서는 또다시 역적이 되는 셈이었다.

오로지 비뚤어진 세상을 바로잡아보겠다는 일념을 이루기 위해 부귀영화를 버리고, 때로는 사심 없이 타협을 택하기도 했던 허균은 이중 역적이라는 오명을 쓰고 사라졌다. 그러나 자유와 정의에 대한 그의 순수한 사상과 정열은 빛나는 문장에 못지않게 되새겨져야 할 것이다.

허난설헌

허균보다 다섯 살 위인 누이 초희(호는 난설헌, 1563~1589년)도 남동생 허균과 함께 삼당시인 이달에게서 시를 배웠다. 글재주 있는 집안에서 태어나 뜻이 통해 다정하게 지냈던 남동생과 함께 시를 배우던 그 짧은 어린 시절이 난설헌에게는 일생을 통해 가장 행복했던 시간이었을 것이다. 교산은 22세에 그토록 살뜰하게 정을 나누었던 누이 난설헌과 사별을 하게 된다. 난설헌의 나이 겨우 27세 때였다.

강릉 초당에서 태어난 초희는 어려서부터 예쁘고 총명하기 이를 데 없었고, 문학적 소질을 타고났다. 7세에 벌써 시에 능하여 8세 때에는 광한전 백옥루의 상량문을 지을 만큼 문재가 뛰어났고, 그림도 뛰어나 가히 신동이라 할 만했다.

난설헌은 바느질이나 살림보다 독서와 작문을 좋아했다. 15세에 김성립과 혼인하였으나, 시어머니의 눈총을 받았으며, 남편과도 그리 원만하게 지내지 못하였다. 게다가 아들딸 하나씩을 강보에서 잃고 시댁에서 소외받은 이후 더욱 시문과 독서에 몰입하게 되었다. 「곡자」(哭子)라는 시에 아이를 잃은 난설헌의 가슴을 에는 비통함이 잘 나타나 있다.

　지난해 잃은 딸과
　올해에 여읜 아들
　울며 울며 묻은 흙이
　두 무덤으로 마주 섰네
　태양 숲엔 소슬바람
　송추(松楸)에는 귀화(鬼火)도 밝다
　지전으로 네 혼 불러
　무덤 앞에 술 붓는다
　너희 형제 혼은 남아
　밤이면 따라 놀지
　이 뱃속 어린 생명
　또 낳아 잘 자랄까
　어지러운 황태사(黃台詞)
　피울음에 목이 멘다

달과 별과 꽃과 바람, 어느 것 하나 그냥 지나치는 것이 없을 만큼 다정하고 소탈하였던 난설헌에게 결혼 생활은 너무나 많은 속박과 장애의 연속이었다. 그럴수록 그는 더욱 시문과 독서에 열중하였다.

남존여비 사상이 뿌리 박힌 당시 양반집에서 난설헌이 그처럼 꿋꿋이, 도도하게 자신의 뜻을 폈던 것만 보아도 그의 의지가 얼마나 강하였는지 짐작할 만하다. 스스로의 빼어난 재능과 더불어 자신이 할 일과 나아갈 길을 알았기에 가능한 일이었다.

벌레는 슬피 울고 바람은 돌고 돌아
연꽃은 향을 잃고 달빛만 어리는데
가는 님 옷 짓는 손길이 불심지만 돋우네
(「야야곡」〔夜夜曲〕 1)

시문뿐만 아니라 아내로서의 임무에도 연연하였던 난설헌의 마음이 잘 드러나 있다. 그러나 난설헌에게 돌아오는 것은 쓸쓸한 고독뿐이었다.

빗긴 처마 끝에 쌍쌍이 나는 제비
우수수 꽃잎은 옷깃을 덮고 덮고
빈 방안 타는 가슴엔 안 오는 님뿐일세.
(「독서강사」〔讀書江舍〕)

「독서강사」 같은 작품은 음탕하다 하여 빈축을 사기도 했지만 그녀는 자신의 소신대로 작품 세계를 펼쳐나갔다. 이런 꿋꿋한 기질과 자세는 여성의 위치가 자유롭지 못했던 당시의 사회 분위기를 생각할 때 커다란 의의를 갖는 것이다. 난설헌의 시는 현재 200여 수가 전한다.

난설헌의 시는 동생 교산에 의해 중국과 일본에도 알려져 절찬을 받았다. 명나라 사신 주지번은 난설헌의 시를 소개받고 중국에서 『난설헌집』을 냈는데, 당시 낙양의 종잇값을 올려놓았다 할 만큼 호평을 받았다.

주지번의 찬시는 다음과 같다. "허씨 형제의 문필은 뛰어났고, 특히 난설헌의 시는 속된 세상 바깥에 있는 것 같다. 그 시구는 모두 주옥 같고 그 형제들은 동국의 귀중한 존재들이다……." 주지번과 함께 『난설헌집』을 낸 양유년이 말했듯이 난설헌은 27세에 '아깝게도 가벼이' 세상을 떠났다.

난설헌이 태어난 곳과 자란 곳이 강릉이지만, 현재 강릉에는 난설헌을 기억할 만한 흔적이 아무 데도 남아 있지 않다. 자손조차 얻지 못하였으니 시댁에서 어떤 대우를 하였는지도 짐작할 만하다. 그녀의 명색을 알 수 있는 것도 시댁이 아닌 친정의 가보(家譜)에서이다. 그러나 그녀가 남긴 주옥 같은 200여 수의 시상은 여전히 친근하고 빼어나다.

본받아야 할 여성상의 첫번째로 꼽히는 사임당과 동향(同鄕)인 난설헌의 생애를 비교해볼 때, 상대적으로 너무나 비극적인 그의 삶과 죽음에 자못 생각되는 바가 많다.

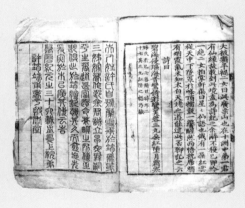

난설헌 문집
허균이 누이가 죽은 이듬해(1590년)에 유고를 수습하여 처음으로 『난설헌 문집』을 펴냈다. 사진의 『난설헌 문집』은 1608년 찍은 목판본으로 알려져 있다.

김동명 시비

강릉시를 벗어나 북쪽에 있는 사천면에 들어서면 「파초」의 시인으로 잘 알려진 초허(超虛) 김동명(1901~1968년)의 시비가 있다. 강릉 사천이 바로 그의 고향이기 때문이다. 큰길가에서 차를 타고 지나가면서도 확인할 수 있다.

김동명은 어려서 아버지를 여의고 고향 사천을 떠나 함흥으로 가서 영생중학을 졸업한 후, 1925년 일본에 유학하여 신학과 철학을 공부했다. 귀국 후에는 흥남에서 교사 생활을 하였다. 해방이 되자 1947년 단신으로 월남하여 이화여대에서 교편을 잡았는데, 1960년에 참의원에 당선되어 정계에 진출하였다.

1923년 「당신이 만약 내게 문을 열어주시면」이란 시를 『개벽』에 발표하면서 등단하였는데, 이때에는 시대성과 아울러 보들레르의 영향을 받아 퇴폐적이고 감상적인 경향을 보였다. 1938년 시집 『파초』를 발표할 무렵에는 자연물을 소재로 하여 우국의 고뇌와 정열을 짙게 표현하였다. 광복과 더불어 그의 시 세계도 변화를 겪어 「삼팔선」이나 「진주만」 등 정치적 상황을 다룬 사회시를 많이 썼다.

1964년에 펴낸 『내 마음』이란 시집에 그의 모든 시가 수록돼 있다. "내 마음은 호수요, 그대 저어 오오. 나는 그대의 흰 그림자를 안고, 옥같이 그대의 뱃전에 부서지리라······." 자연 호수가 넉넉한 강릉 지방이 아니었으면 그런 맑은 시정이 어찌 일었을까. 참으로 그 경지가 너르고 맑다. 해방 전의 전원시나 해방 뒤의 사회시가 모두 무리 없이 읽히는데, 그래도 역시 그의 대표작은 「파초」이다. 그의 시비 역시 파초의 외형을 본딴 모습으로 서 있다.

파초

조국을 언제 떠났노
파초의 꿈은 가련하다

남국을 향한 불타는 향수
너의 넋은 수녀보다도 더욱 외롭구나!

소낙비를 그리는 너는 정열의 여인
나는 샘물을 길어 네 발등에 붓는다

이제 밤이 차다
나는 또 너를 내 머리맡에 있게 하마

나는 즐겨 너의 종이 되리니
너의 그 드리운 치맛자락으로 우리의 겨울을 가리우자

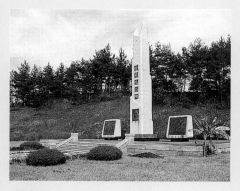

김동명 시비
그의 대표작인 「파초」를 형상화하여 세운 시비. 비 주변에 파초도 심어놓았다.

제4부 양양과 설악, 고성

통일의 희망 일깨우는 격려의 땅

양양과 설악

고성

4 양양과 설악, 고성

관동의 현재 북쪽 끝은 삼팔선으로 허리가 잘린 고성과 그 아래쪽에 있는 양
양으로, 분단이 아니었으면 금강산 일대라고 통틀어 불렸을 지역이다.
금강산 건봉사라 할 정도로 고성의 건봉사는 금강산 남쪽 자락에 자리
잡고 있으며, 설악산 역시 금강산 창건설화에 등장할 정도로 금강산과
는 촌수가 가깝다. 금강산의 명성은 익히 들어, 아니 듣기만 해서도 알고 있
듯이 두말할 나위 없는 명산이다. 금강산의 남쪽 자락이면서 동시에 강원도 해
안선의 약 3분의 1을 차지하고 있는 두 군(郡)이니 자연 경관의 수려함은 설명할
필요조차 느끼지 못한다.

　이렇듯 설악산과 양양, 그리고 고성의 동해안 일대는 우리 나라를 대표하는 관광
지이다. 그러나 산과 바다 그 자체에 눈이 멀고 마음을 빼앗겨 거개가 양양과 설악
일대에 감추어진 뜻깊은 문화유산을 몰라준다.

　양양 미천골의 선림원터가 그러하고 설악산 자락의 진전사터가
그러하다. 이 두 절터는 모두 통일신라 말 왕권과 교종 중심의 기
존 가치 질서에 대항해 새로운 변혁 사상의 기치를 내건 선종
이 물밑 힘을 기르던 곳이다. 비록 지금은 폐사터로 남아 있지
만 불교사적으로 매우 중요한 곳이며, 그러한 의미가 상징적으
로 나타나 있는 것이 부도라는 조형물이다. 스님의 사리를 모시
는 부도는 경전 위주의 교종에서는 볼 수 없었던 새로운 불교 유적
이다. 석탑으로 착각될 정도의 진전사터 부도는 아직 부도의 양식이 구체
화되기도 전인 초기의 모습이며, 선림원터의 부도는 완성도가 매우 높아 비록 기단
부밖에 남지 않았지만 화려하면서도 흐트러짐 없는 조화미를 보여준다.

　물론 설악산과 낙산사 역시 빼놓고 갈 수 없는 곳이다. 다만 신흥사 대웅전의 계
단이나 낙산사 원통보전의 담장 등 평소 세심하게 보지 못했던 부분에 눈길을 주게
된다면, 우리는 문화유산답사에 대한 새로운 애정을 느낄 수 있을 것이다.

　설악을 지나 북쪽으로 내쳐 달음박질 치면 청초호, 영랑호, 송지호 등 동해안의
석호 들과 청간정이니 천학정이니 하는 해안가의 누대에서 행복한 눈요기를 할 수
있다. 그러나 해수욕장의 철책이나 군부대가 유난히 많이 눈에 띄어 '분단' 의 현실

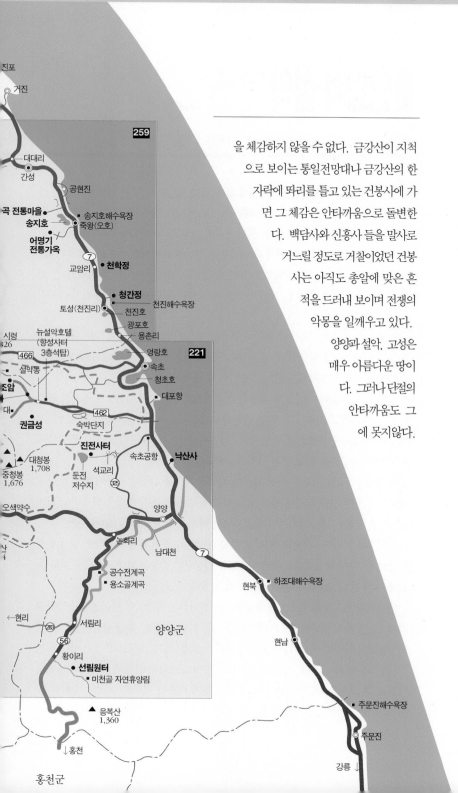

을 체감하지 않을 수 없다. 금강산이 지척으로 보이는 통일전망대나 금강산의 한 자락에 똬리를 틀고 있는 건봉사에 가면 그 체감은 안타까움으로 돌변한다. 백담사와 신흥사 들을 말사로 거느릴 정도로 거찰이었던 건봉사는 아직도 총알에 맞은 흔적을 드러내 보이며 전쟁의 악몽을 일깨우고 있다.

양양과 설악, 고성은 매우 아름다운 땅이다. 그러나 단절의 안타까움도 그에 못지않다.

코스8 양양과 설악

설산의 비경 속에 깃들인 변혁의 뜻

동해에 인접하여 인제, 강릉, 속초와 살을 맞대고 있는 양양은 삼국 이전에는 예(濊)에 속하였고, 고구려가 점령하면서 익현현, 또는 이문현이라고 불렸다. 신라가 고구려를 멸하고는 명주 수성군(지금의 고성군)의 관할을 받는 익령현이 되었다. 고려 이후 크고 작은 변동이 있었으며 조선에 들어서는 태조의 외향(外鄕)이라 하여 부(府)로 승격되었고 1416년 양양(襄陽)이란 이름으로 바뀌었다. 한때 강원도를 대표하던 강릉, 원주가 격하될 때에는 도를 대표할 만한 위치로 부각되기도 하였다.

인제, 양양, 고성, 속초에 설악이 두루 걸쳐 있지만 설악으로 통하는 길이 가장 잘 뚫려 있어 '속초 설악산'으로 일컬어지는 영광을 안은 속초의 내력도 양양땅의 변천사와 크게 다르지 않으며, 1963년 시로 승격되었다.

강원도 곳곳 산이 아니고 바다가 아닌 곳이 없지만, 그 중에서도 으뜸으로 꼽히는 산과 바다를 차지한 곳은 단연 양양과 속초이다. 속초는 설악산과 영랑호, 청초호를 만들어낸 동해를 품고 있으며, 양양에는 선림원터와 진전사터, 일망무제의 바다를 마당으로 삼고 있는 낙산사가 자리한다.

선림원터와 진전사터는 신라 왕실의 절대적 지지를 받았던 교종에 반기를 들고 새로이 등장한 선종 세력이 멀리 뛰기 위해 한 걸음 움츠리며 힘을 키우던 근거지로, 비록 지금은 폐사터이지만 불교사에서 매우 중요한 의미를 지니는 곳이다.

동해변에 위치한 낙산사는 바다로 향한 개방성과 정원 같은 아담함을 동시에 갖추었으며, 특히 원통보전을 둘러싸고 있는 별꽃무늬 담장은 담대하기만 한 바다 풍경에 지지 않고 고요함과 정갈함을 보이고 있다.

양양에서 북쪽으로 속초시에서 찾아가는 설악산은 화강암이 빚어놓은 웅장하고 다채로운 갖가지 기암절벽으로 광대한 풍경을 이루고 있다. 송강 정철은 설악을 일러 "설악이 아니라 벼락이요, 구경이 아니라 고경(苦境)이요, 봉정이 아니라 난정(難頂)"이라 하였다. 설악산 봉정암을 찾아 오르다가 산에서 소나기와 뇌성벽력으로 큰 고생을 하고는 설악산 소감을 그렇게 비유한 것이다. '설악이 험하다'는 그 하소연은 반대로 설악산이 그만큼 비경임을 강조한 수사이리라.

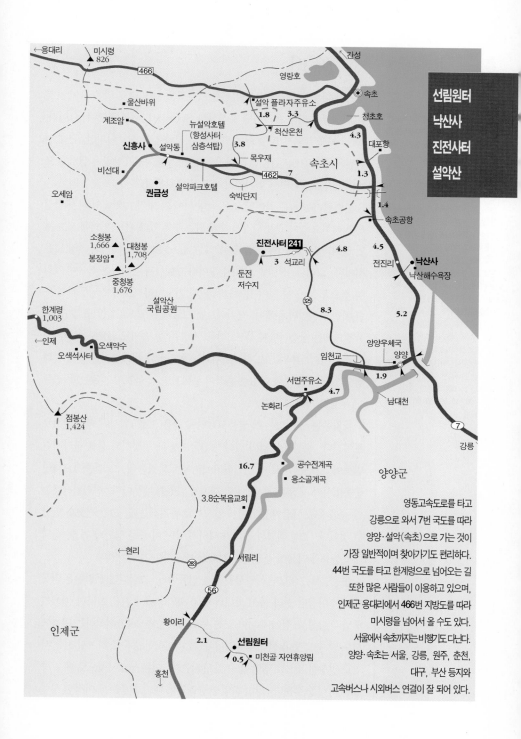

←용대리   미시령
              826
              간성

영랑호

466   설악 플라자주유소   ◉속초
       울산바위   1.8   3.3
  계조암   뉴설악호텔   청초호
              (향성사터   척산온천
신흥사   설악동   삼층석탑)   3.8   4.3
                                            대포항
  비선대   4   목우재   속초시
                설악파크호텔   462   7   1.3
오세암   권금성   숙박단지
                                            1.4
                                            속초공항
소청봉   대청봉
1,666 ▲ 1,708   진전사터 241   4.8   4.5
봉정암 ▲   3 석교리   전진리   낙산사
     중청봉   둔전   낙산해수욕장
     1,676   저수지
          설악산   5.2
한계령   국립공원   8.3
1,003
                                        양양우체국
←인제   오색약수   임천교   양양
   오색석사터   1.9
                            서면주유소   남대천
                            논화리   4.7
점봉산
1,424   7

                                            강릉
              16.7   공수전계곡
                          용소골계곡   양양군
          3.8순복음교회

←현리   서림리

           56   영동고속도로를 타고
                             강릉으로 와서 7번 국도를 따라
                             양양·설악(속초)으로 가는 것이
황이리   가장 일반적이며 찾아가기도 편리하다.
       2.1   선림원터   44번 국도를 타고 한계령으로 넘어오는 길
인제군   미천골 자연휴양림   또한 많은 사람들이 이용하고 있으며,
           0.5   인제군 용대리에서 466번 지방도를 따라
홍천   미시령을 넘어와 올 수도 있다.
                             서울에서 속초까지는 비행기도 다닌다.
                             양양·속초는 서울, 강릉, 원주, 춘천,
                             대구, 부산 등지와
                             고속버스나 시외버스 연결이 잘 되어 있다.

선림원터
낙산사
진전사터
설악산

선림원터

양양군 서면 황이리에 있다.
양양읍 양양우체국 앞에서 44번 국도를
따라 한계령 쪽으로 6.6km쯤 가면 논화
리가 나오는데, 길 오른쪽으로는 서면주
유소가 보이고 왼쪽으로 갈천(선림원
터)으로 가는 56번 국도가 보인다. 이 길
을 따라 16.7km 가량 가면 황이리에 닿
는다(현재 논화리에서 황이리까지는 확
장·포장 공사중이다).
여기서 왼쪽으로 난 미천골 자연휴양림
길을 따라 2.1km 정도 더 가면 선림원
터다. 굽은 산길 왼쪽 축대 위에 있기 때
문에 그냥 지나칠 수도 있다. 승용차는 선
림원터 축대 밑에 주차할 수 있으나 대형
버스는 큰길에 주차해야 한다.
선림원터 조금 위에 있는 미천골 자연휴
양림이나 황이리에서 민박을 할 수 있으
나, 그외에는 별달리 숙식할 곳이 없
다. 양양으로 나가 숙식하길 권하며 갈천
에서 양양까지 다니는 버스는 하루 5회
있다(양양→갈천: 08:10, 11:00,
13:50, 15:00, 18:10, 갈천→양
양: 07:00, 10:00, 13:00, 14:00,
16:40).

갖가지 나무와 층암절벽이 좌우를 가로막고 그 밑으로 맑은 물이 흐르
는 미천골을 따라 올라가면 응복산(1,360m) 만월봉(1,281m)이다.
'하늘 아래 끝번지'라고 할 정도로 멀고 험한 깊은 산중이지만, 근래 선
림원터에서 약 0.5km 더 들어간 곳에 미천골 자연휴양림이 생기고 56
번 국도가 포장되면서 찾아가기가 한결 수월해졌다.

선림원터는 좁은 산비탈 높은 축대 위에 자리 잡고 있어서 자칫 방심
하면 놓치고 말아 길을 되짚어 오게 되는 수가 있다. 선림원터에 서고 보
면 절터가 들어서기에는 좁게 여겨지지만 근방의 산간에서는 가장 넓은
터이다. 그러나 '선림원'(禪林院)이라는 이름과 깊디깊은 산속에 자리
한 것으로 보아 이 절이 중생들을 위한 기도처라기보다 스님들의 수도
를 위한 곳이었던 듯하여, 생각해보면 그렇게 클 필요도 없었을 것 같다.

절터에는 삼층석탑과 부도, 석등, 부도비 등 솜씨도 규모도 굵직굵직
한 유물들이 남아 있고, 허물어져가는 굴피집과 채마밭이 한켠에 자리
잡고 있어 사람이 살고 있는 흔적이 보이지만 잘 돌보지는 않는 듯 잡풀
만 무성히 자라고 있다.

돌봐주는 사람 없는 이 절은 804년에 순응(順應)법사가 세운 것으로
보여진다. 월정사에 남아 있다가 한국전쟁 때 월정사와 함께 불타버린
범종이 1948년 바로 이 선림원터에서 출토되었는데, 그 범종에 804년
순응법사가 제작했다는 명문이 새겨져 있었기 때문이다. 선림원터에는
이 종을 돌볼 사람이 없었기에 월정사로 옮겨졌는데, 그만 변고를 만났
던 것이다. 조성 내력과 연대가 새겨져 있던 이 종은 상원사 동종, 성덕
대왕신종과 더불어 통일신라 시대를 대표하는 유물이었다.

순응법사는 802년 해인사를 세운 인물이다. 그렇다면 선림원은 의상
대사가 이끌던 신라 불교 최대의 종파 화엄종에서 지은 절이며, 9세기
중엽 홍각선사(절터에 남아 있는 부도비의 주인으로, 선사라는 이름에
서도 알 수 있듯이 선종의 승려이다)가 대대적인 중수를 하면서 선종 사
찰로 전향한 것으로 짐작할 수 있게 되는데, 이는 불교사적으로 매우 중
요한 의미를 갖는다. 당시 화엄종 승려들이 대거 선종으로 이적한 사실

을 말해주는, 그 최초의 사찰이라는 점에서 말이다.

절터에 남아 있는 부도비, 부도, 삼층석탑, 석등을 비롯해 쏟아져 나
온 갖가지 기와들이 모두 9세기 후반의 것들이어서, 이때 대대적으로 중
수되고 홍각선사를 비롯한 선종 승려들이 이 선림원에 들어와 어지러운
세상을 피해 수도에 전념했을 것으로 짐작된다.

1985년 동국대 발굴조사단에서 발표한 보고서에 의하면, 금당터의
주춧돌이나 그 밖의 유물이 집단적으로 온전히 매몰되어 있는 점으로 미
루어 900년을 전후한 어떤 시기에 대홍수로 인한 산사태로 절터가 완전
히 매몰되었으며, 그 시대 이후의 유물이 단 한 점도 발굴되지 않은 것
으로 보아 다시 재건되지 못하고 오늘에 이르게 되었다고 한다.

그 밖에 선림원은 산록 때문에 강당을 없앤 전형적인 일탑식 가람으
로 밝혀졌는데, 금당은 정면 3칸 측면 4칸 정도의 규모로서 그 주춧돌
이 뚜렷이 남아 있다. 한편 금당터의 서북편에 석등을 앞에 세운 조사당
도 있었음이 확인됐다. 조사당터의 동편에는 홍각선사의 부도가 있으며,

선림원터에서 조금 더 들어
가면 미천골 자연휴양림(T.033-673-
1806)이다. 미천골은 울창한 산림과
오염되지 않은 계곡으로 유명하며, 휴양
림 안에는 예로부터 샤머니들에게 신령스
러운 물로 알려진 불바리기 약수도 있다.
야영장 2개소(200여 명 수용), 산막, 자
연관찰원, 산림욕장, 물놀이터, 주차장
등을 갖추고 있다.

조사당은 홍각선사의 영정을 봉안했던 것으로 추정된다. 미천계곡에서 들어오는 입구 쪽의 축대에서 승방터도 확인됐다.

찾아오는 이도 드문 깊은 산중의 절터에서 저희들끼리 서로 의지하며 맑은 미천골 물소리로 위안을 삼고 있는 선림원터의 보물급 문화재들은 삼층석탑말고는 온전하게 남아 있는 것이 없다.

부도는 기단만 남아 있고, 부도비의 비는 박살이 나서 150여 자만 수습되어 금석학 자료로 남아 있으며, 석등의 지붕돌 귀꽃은 반 이상이 떨어져 나갔다. 그래도 부도의 기단에는 긴장미가 뚜렷한 앙련 복련이 남아 있고, 부도비의 거북이와 용은 곧 날아오를 듯 생동감이 넘치며, 석등의 장구형 간석(竿石, 기둥돌)은 매우 화려하다.

선림원터 삼층석탑

선림원터에 남아 있는 석조 유물, 곧 부도비와 부도, 석등, 삼층석탑 등은 무너져 있던 것을 1965년 복원한 것이다. 삼층석탑은 복원할 때 금당터 남쪽의 본래 자리에 세워놓았다. 복원 공사 전 삼층석탑의 기단 밑에서 납석으로 만든 작은 탑과 동탁(銅鐸)이 발견되었는데, 1층 몸돌에 사리공이 있기는 하지만 60여 개의 많은 소탑을 봉안할 공간이 없었으므로 원래부터 기단부나 그 밑에 두었던 것으로 생각된다. 납석제 소탑은 동국대 박물관에 소장돼 있다.

탑의 높이는 약 5m로 2중 기단 위에 3층의 탑신부를 쌓아 올린 전형적인 통일신라 시대의 작품이다. 하층 기단과 상층 기단에는 각각 우주와 탱주를 조각하였다. 눈에 띄는 것은 상층 기단의 팔부중상 조각이다. 우주와 탱주 사이에 팔부중상 2구씩을 조각해놓았는데 마모가 심하다.

탑신부는 각각 1매석으로 된 몸돌과 지붕돌을 듬직하게 쌓아 올렸는데, 지붕돌의 추녀는 수평으로 하고 5단의 층급받침을 두었다. 전각에 약간의 반전이 있고 모서리에는 풍경을 달았던 작은 구멍이 나 있다. 낙수면은 급하지도 완만하지도 않게 경사를 이루었다. 지붕돌 위에는 2단의 괴임을 두고 몸돌을 얹었으며, 몸돌은 위로 올라갈수록 약간씩 체감되는데, 체감률이 비교적 완만하다.

상륜부에는 노반이 남아 있고, 그 위에 보륜 조각들을 적당히 쌓아두

삼층석탑 기단부의 팔부중상
상층 기단 네 면에 팔부중상 2구씩을 조
각해놓았으나 마모가 심한 편이다.

선림원터 삼층석탑
2중 기단 위에 3층의 탑신부를 쌓아 올린
전형적인 통일신라 시대의 석탑이다.

고 있다. 탑 앞에 안상이 새겨진 정례석이 놓여 있다. 보물 제444호로
지정돼 있다.

　탑 뒤에는 불대좌의 흔적이 있는 금당터가 남아 있는데, 터가 좁고 주
춧돌이 남아 있는 것으로 보아 작은 암자였던 듯싶다. 그러나 이 깊은 산
속에서부터 통일신라 말기의 새로운 사상이 태동했고 착실히 발전해나
갔다.

선림원터 석등

지대석 위에 하대, 간석(竿石, 기둥돌), 상대를 모두 갖추고 화사석(火舍石, 불집)을 놓은 후 그 위에다 지붕돌을 얹은 신라 시대 석등의 전형적인 양식을 따르고 있으나, 간석에서 기존의 석등과 다른 특색을 보이고 있다.

지대석 위에 안상을 갖춘 팔각 하대받침을 두었으며, 그 위에 하대석을 올렸다. 하대석은 큼직한 귀꽃이 있는 복련과 구름무늬를 조각한 얇은 단 및 높은 괴임돌을 갖추고 있다.

하대석 위에 놓인 것이 간석이다. 간석 상단과 하단에는 원형으로 구

선림원터 석등
비록 지붕돌의 귀꽃이 떨어져 나갔지만
상하의 비례가 아름다운 석등이다.

름무늬를 조각했으며, 위아래로부터 가늘어지기 시작하여 가운데 이르러 제일 잘록해진 부분에 꽃무늬가 조각된 벨트 모양의 띠를 둘렀고, 그 띠 아래위로 복련과 앙련을 장식한 마디를 두었다. 마치 장구 같은 모습을 보이고 있다.

간석 위에는 복판 앙련을 장식한 상대석을 올리고, 그 위에 한 면씩 걸러가며 창을 낸 팔각의 화사석을 얹어놓았다. 각면 아랫부분에 안상이 얕게 조각되어 있는데, 이처럼 화사석에 안상까지 조각된 것은 아주 드문 예이다.

지붕돌에는 하대석과 같이 귀꽃을 크고 화려하게 장식하였으나 이미 귀꽃 4개가 떨어져 나가고 없다. 꼭대기에는 다시 8엽의 연꽃이 앙증맞게 조각돼 있다.

상륜부는 대부분 없어지고 다만 복판 복련이 조각된 원형 석재가 하나 남아 있을 뿐이다.

조각 연대는 선림원의 창건과 중건 시기로 추정되는 804년에서 886년 사이로 짚어본다. 비록 가파른 느낌은 있으나 상하 비례가 아름답다. 높이 2.92m이며, 보물 제445호로 지정돼 있다.

선림원터 홍각선사 부도비

선림원터에 귀부와 이수만이 제대로 남아 있고, 국립중앙박물관에 비신의 파편 일부가 있다. 귀부의 높이는 73cm, 이수의 높이는 53.5cm이며, 보물 제446호로 지정돼 있다.

정사각에 가까운 넓적한 몸체에 육각의 거북이등 무늬가 경계선을 두툼하게 두르며 조각돼 있고, 육각의 무늬 사이에는 가는 선을 넣었다. 넓적한 등짝 가운데에 등뼈가 곧추 서 있어 긴장감이 느껴지며, 날아갈 듯 털까지 휘날리며 날카롭게 세운 발톱과 용두화한 머리가 씩씩하게 보이는 거북이(귀부)이다. 정수리 부분에도 어떤 장식이 있었던 듯 길쭉한 홈이 파여 있다. 안상이 새겨진 비신 받침대 아래의 구름무늬도 생동감을 더해준다.

귀부 위에 올라앉은 이수 아랫부분에는 앙련이 조각돼 있고, 이수 전체는 구름과 용무늬로 가득 차 있는데, 특히 7마리의 용 조각은 아주 깊

양양에서 미천골로 오다보면 남대천의 상류인 공수전유원지(서면주유소에서 약 4km 거리)가 나오는데, 물이 맑고 주변 경관이 수려해 강수욕하기 좋다.
공수전유원지와 이어진 용소골도 국민휴양지로 지정될 정도로 캠핑하기 좋은 곳이다. 용소골 입구에 있는 알터통나무산장(T.033-673-3224)에서는 민박과 식사를 함께 해결할 수 있다.

홍각선사 부도비
비신은 없어지고 그 파편 일부만이 남아
국립중앙박물관에 보관되어 있다. 돌
거북이가 살아 움직이는 것처럼 느껴질
정도로 조각 솜씨가 뛰어나다.

남대천은 연어와 함께 은어
가 서식하는 곳으로도 유명하다. 은어가
강으로 올라오는 7, 8월은 은어 성수기
로 양양 읍내 여러 곳에서 은어 요리를 맛
볼 수 있다.
또한 뚜거리라는 작은 물고기로 만든 뚜
거리탕은 이 지역의 또다른 별미이다(진
선미식당 T.033-671-5953).

고 큼직하게 돌을 쳐내려갔음에도 불구하고 꼭 필요한 부분만 정교하게
손을 대어 섬세하지 않으면서도 훌륭한 솜씨를 보이고 있다.

이수 중앙에 '홍각선사비명'(弘覺禪師碑銘)이라는 글씨가 행서체
로 비교적 뚜렷하게 새겨져 있다. 승려 운철이 신라 말기 널리 보급되었
던 왕희지의 글씨를 집자한 것으로, 부도비는 정강왕 원년(886)에 세
웠다고 한다.

홍각선사에 대해서는 자세히 전하지 않으나 비의 파편과 『대동금석서』
라는 책에 의하면, 경서(經書)와 사기(史記)에 해박하고 경전을 암송
하였으며 영산을 두루 찾아 선석(禪席)마다 참석하였고 수양이 깊어 따
르는 이가 많았다고 한다.

선림원터 부도

일제 때 완전히 파괴되었던 것을 1965년 오늘의 모습으로 복원해놓았
다. 원래의 위치는 지금보다 산기슭으로 약 50m 위에 있었다고 한다.
지대석 위에 상·중·하대로 형성된 기단부만 온전히 남아 있고, 그 위에
있던 탑신부와 상륜부는 없어졌다.

사각의 지대석 위에 팔각의 하대받침이 놓였다. 지대석과 한몸인 하
대받침의 각면에 안상이 조각되어 있다. 안상 안에는 한 칸씩 건너가면

지대석 안상에 새겨진 사자상
지대석 안상 네 면에는 귀엽고 복스러운 사자상이 새겨져 있다. 부도를 눈여겨 보지 않으면 놓쳐버리기 쉽다.

선림원터 부도
기단부만 남아 있고 그 위의 몸돌과 상륜부는 없어졌다. 화려하면서도 각부가 흐트러짐 없는 조화를 이루고 있는 이 부도의 나머지 탑신부와 상륜부가 어떻게 생겼을지 상상해보는 것도 행복한 일이다.

서 사자 한 쌍씩을 조각하였는데, 암수가 서로 앞서거니 뒤서거니 걷다가 상대방을 돌아보는 자세를 취하고 있다. 네 면의 안상에는 아무런 장식이 없다.

팔각의 하대받침 위에 놓인 것이 복련을 조각한 하대석, 곧 연화대좌인데 복련의 각 모서리 반전이 경쾌하고 긴장미가 넘친다. 복련 위에는 중대석을 받치는 팔각의 굄대가 놓여 있다.

그 위에 한몸인 중대석과 상대석을 올려놓았다. 중대석은 높직한 원주형의 기둥인데, 위쪽이 아래쪽보다 조금 좁고 용과 구름 조각이 살아 꿈틀대듯 조각돼 있어 상승감이 돋보인다. 특히 중대석의 용 조각은 환조에 가깝게 조각이 깊으며, 부리부리한 눈, 큼직한 코와 입, 유려하게 조각된 가느다란 털, 윗입술에 붙여 길게 올려 내민 혓바닥 등은 상상의 동물인 용을 표현한 것이지만 사실감이 느껴질 정도이다.

홍각선사의 사리를 모신 이 부도는 대략 886년에 건립된 것으로 추정되는데, 부도 중대석에 운룡문이 나타나는 최초의 양식으로 여겨진다. 중대석에서 한몸으로 이어지는 상대석에는 원형 앙련이 장식되어 있고, 상대석 윗면에는 탑신부를 받치기 위한 높직한 굄대가 마련돼 있다.

남아 있는 상태의 현재 높이 1.2m이며, 보물 제447호로 지정돼 있다.

선림원터 출토 신라 범종

1948년 폐사지 선림원터에서 발견되었으나 돌볼 사람이 없어 월정사로 옮겨놓았는데, 한국전쟁 때 변을 당해 현재 그 잔해만이 국립중앙박물관에 보관돼 있다.

종신이 96cm, 총높이가 122cm, 입구의 지름이 68cm로, 웅장한 크기는 아니었으나 전체적으로 잘 잡힌 균형감

선림원터 출토 신라 범종 복원도

과 조각 장식이 돋보이는 수작이었다. 종신에 조각된 비천상은 천의 자락을 휘날리며 연화좌에 앉아 피리와 북을 연주하는 모습으로 생동감이 넘쳤다. 특히 종신 내부에 조성 연대(804년)와 내력을 적은 이두명문이 남아 있어 당시의 관직이나 지명을 연구하는 데 큰 도움이 되었다.

상원사종(725년), 성덕대왕종(771년)과 더불어 우리 나라 종의 모범을 이루었던 작품이다.

오색약수와 오색석사터

설악산의 주봉인 대청봉과 점봉산 사이에 있는 남설악 오색지구는 설악에서 단풍이 가장 짙고 아름답다고 알려져 있으며, 오색약수와 오색온천이 있어 설악동 다음으로 많은 사람들이 찾는 곳이다.

오색약수는 한계령을 따라 양양으로 가는 도로변에 있어 찾기가 쉽다. 다리 밑 너럭바위에서 약수가 솟아오르는데, 돌거북이의 입을 통해 물이 나오도록 해놓고 주위에 철책을 둘러놓았다.

'오색' 이라는 약수 이름은 약수터에서 약 1.5km 올라간 골짜기에 있는 오색석사(五色石寺)에서 비롯된 것이다. 전설에 의하면 이 절 화원에는 다섯 가지 색의 꽃이 피는 이상한 나무가 있었는데, 이로 인하여 지명이 오색리가 되고 약수에도 오색이라는 이름이 붙었다고 한다.

오색석사는 성국사(城國寺)라고도 하는데, 비록 퇴락하여 절터만 남았지만, 보물 제497호로 지정된 신라 시대의 삼층석탑을 비롯해 돌사자와 기단석, 탑으로 쓰였던 석재 들이 자리를 지키고 있다.

신라 41대 헌강왕 때의 사람인 도의선사가 지은 절이라고 하며 그 뒤를 이어 염거선사와 보조선사가 이 절에서 수도하였다고 하니, 신라 구산선문의 일파인 가지산파의 근본 도량으로 생각된다.

오색석사에서 1km쯤 계속 오르면 선녀탕이 있고 여기서 한계령으로 이어지는 산줄기는 만경대, 만물상 들에 이르러 절경을 이루는데, 특히 단풍이 아름답기로는 이 오색에서 한계령에 걸친 동안이 으뜸이다.

오색석사의 한 승려가 위조 주화를 만들다가 적발되어 오색석사는 불질러져 폐사되었고, 이 일대는 주전골이라는 이름이 붙었다는 이야기가 전해오고 있다.

오색석사터 삼층석탑

낙산사

설악의 줄기가 동쪽 바다로 잦아지는 끄트머리, 멀리 설악을 뒤로 하고 끝없이 너른 동해를 향해 선 오봉산의 품안에 자리 잡은 낙산사는 구구절절한 창건 사연을 간직하고 있다.

약 1,300년 전인 신라 문무왕 때, 당나라에서 화엄 사상을 공부하던 중 그들의 신라 침공 계획을 눈치 채고 이를 알리러 급히 귀국한 애국승이자 후에 화엄종파의 큰 재목이 된 의상이 창건했다고 알려지고 있는데, 그 내력을 들여다보면 낙산사의 중심을 이루고 있는 관음 신앙을 엿볼 수 있다.

의상은 동해변에 관음보살이 살고 있다는 소문을 듣고 이곳 양양의 해안 굴을 찾아왔다. 이레 동안 기도를 하다가 앉은 자리째로 물 위로 뛰어들었는데 팔부신중(불법을 수호하는 8종류의 신)이 나타나 그를 굴속으로 안내하였다. 의상이 굴 속에서 예를 올리니 동해의 용이 나타나 여의주 한 알을 바치고 수정 염주 한 꾸러미가 내려오므로, 그것을 가지고 나왔다. 의상이 다시 이레 동안 기도를 하였더니 관음보살이 홀연히

양양군 강현면 전진리에 있다. 양양에서 7번 국도를 타고 속초 쪽으로 5.2km 가면 길 오른쪽으로 낙산도립공원이 보이는데, 낙산사는 그 안쪽에 있다. 낙산비치호텔 옆으로 해서 의상대를 지나 들어갈 수도 있고, 7번 국도와 바로 이어진 일주문으로 들어가 홍예문을 통해서 들어갈 수도 있다.
낙산도립공원 안에는 호텔, 여관, 민박 등 숙박시설이 많고, 속초·설악동·양양·강릉 지역과 버스 연결이 잘되어 있어 교통이 무척 편리하다. 그러나 관광철이면 무척 붐빈다.
매표소 입구에 대형버스도 여러 대 주차할 수 있는 공간이 있으며, 해수욕장 쪽에는 매우 큰 주차장이 있다.

낙산사
바다에 면한 절이지만 경내는 나무와 아담한 담장으로 둘러져 있어 아늑하고 정갈한 느낌을 갖게 한다.

한계령

인제군 북면과 양양군 서면의 경계에 있는 높이 1,004m의 고개로 설악산과 점봉산 사이의 산마루에 걸쳐 있으며, 1971년 도로가 확장·정비되어 내설악과 외설악을 연결하는 관광도로로 많이 이용되고 있다.

고개의 서쪽, 곧 인제 쪽 길은 비교적 완만하여 평화스러운 낭만을 즐길 수 있으며, 소양강 상류에서 동쪽으로 이어지는 북천의 계곡과 연결된다. 양양 쪽 길은 태백산맥의 동쪽 사면으로서 경사가 급하고 산등성이를 계속 굽이 도는 절경이 매우 아름답다.

양양군을 가로지르는 지류인 남대천 계곡으로 이어지는데, 남대천 상류 오색천에 이르면 개울가의 암반에서 솟아오르는 오색약수가 있다.

한계령 위에는 한계고성(寒溪古城)터가 남아 있는데, 신라 말기 경순왕 때 축성한 성터로 전해지고 있으며, 몽고 침입 때 원나라에 빼앗겼다가 공민왕 때 탈환된 곳이다.『동국여지승람』에는 "성벽의 길이가 6,278척, 높이가 4척이고 성 안에 우물이 하나 있다"고 적혀 있는데, 당시로서는 규모가 대단했던 것으로 짐작되지만 지금은 높이 5.2m, 길이 73.6m의 성터만 남아 있다.

낙산사 입장료
어른 2,500(2,300)·군인과 청소년·어린이 1,500(1,100)원, 괄호 안은 30인 이상 단체

나타나 이르기를, "앉은 자리 위 꼭대기에 한 쌍의 대가 솟아날 것이니 그 자리에 불전을 지어라" 하는 것이었다. 의상이 그 말을 듣고 나오니 과연 쌍죽이 땅에서 솟아나왔다. 이에 관음상을 빚어 모셨더니 그 대가 없어졌으므로, 의상은 그제야 이곳에 진신이 거주함을 알게 되었다. 그리하여 절의 이름을 '낙산사'라 하고 수정 염주와 여의주를 성전에 모시게 되었다.

'낙산'(洛山)이라는 이름도 관음보살이 거주하고 있는 인도의 보타낙가산에서 유래한 것이니, 창건 설화나 절 이름에서 이 절이 관음사찰임을 알 수 있게 된다.

그 뒤를 이어 원효도 관음보살을 만나겠다고 이곳을 찾아들었다. 원효는 의상과는 지기(知己)로 당나라 유학을 함께 떠났다가 도중에 해골 속에 담긴 물을 마신 후 마음을 달리 먹고 유학을 포기했다는 일화로 유명한, 의상과 함께 신라 불교의 쌍벽을 이루는 스님이다.

그런데 원효는 관음보살을 만나지 못하였다. 양양 부근에 다 왔는데, 흰옷 입은 여자가 벼를 베고 있기에 희롱 삼아 벼를 달라고 하였다가 그 여자로부터 '벼가 아직 익지 않았다'는 냉담한 소리만 얻어들었다. 다

시 길을 재촉하다가 개울의 다리 밑에 이르니 한 여인이 빨래를 하고 있기에 물을 달라고 청하였다. 그 여인이 빨래하던 물을 한 바가지 떠주자 원효는 그 물을 쏟아버리고 냇물을 다시 떠서 마셨다. 그때 들 한가운데 서 있는 소나무에서 파랑새 한 마리가 푸드득 날아오르며, "휴제호 화상아!" 하고는 숨어버리는 것이었다. 파랑새가 떠난 자리에는 신발 한 짝이 벗겨져 있었다. 낙산에 이르고 보니 관음상 자리 밑에 그 신발의 다른 한 짝이 떨어져 있는 것이 아닌가. 그제서야 원효는 벼를 베던 흰옷 입은 여인이며 빨래하던 여인, 그리고 파랑새 모두가 관음이 변장하고 나타났던 것임을 깨달았다. 한편 원효는 의상이 수정 염주와 여의주를 얻었다는 그 굴에 들어가려 하였지만, 풍랑이 크게 일어 들어가지 못하였다.

　의상과 원효는 둘 다 신라 불교의 쌍벽으로 일컬어지는 큰스님인데, 어찌해서 한 스님은 관음을 만나고, 다른 한 스님은 관음을 만나지 못했을까?

　의상과 원효는 여러 면에서 차이가 있었다. 의상은 진골 귀족 출신으로 당나라에서 화엄종을 공부하고 돌아와 영험한 산마다 거찰(화엄 10찰)을 세우고 수많은 제자를 길러냈으며, 호국 신앙을 내세우면서 신라 왕실의 절대적인 지지를 받았다.

　　양양읍에서 7번 국도를 따라 강릉 쪽으로 14km 정도 가면 닿는 현북면 하광정리 해안에는 하조대라는 곳이 있다. 하조대는 조선 개국 공신인 하윤과 조준이 이곳에 은거했다고 해서 붙여진 이름이다.

기암절벽과 노송이 어우러진 경승지로, 넓게 터진 수평선과 함께 절벽 아래로 부딪혀오는 흰 파도는 동해 바다의 정취를 물씬 느끼게 한다.

홍련암
의상대사가 관음보살을 친견했다는 바닷가 석굴 위에 지어졌다. 법당 마루 밑으로 구멍이 뚫려 있어 바다를 내려다볼 수 있도록 하였다.

낙산해수욕장 음식점 단지 안에 있는 낙산5호횟집(033-672-4400)은 전복죽을 아주 맛있게 한다. 동해 제일이라는 의상대의 일출을 보고 내려와 이곳에 들러 빈속을 채워볼 만하다.

이와는 달리 원효는 육두품 출신에 당나라 유학길도 포기하고 '모든 것이 마음에 달렸다'는 깨달음을 얻었다. 나이 들어서는 걸인의 차림에 '무애가'(無碍歌)를 부르고 다닐 정도로 속세에 연연하지 않았으며, 개인적 실천과 깨달음을 더 중요하게 여겼다. 불교 사상 체계를 보다 많은 사람들에게 이해시키기 위해 수많은 저작을 남기기도 하였다.

통일 전쟁을 마치고 새로운 국가 체제를 갖추어나갈 무렵이었던 당시의 신라 입장에서 보면 원효 같은 자율성보다는 질서 체계를 옹호하는 의상의 이념이 더욱 요긴하였으므로, 원효에게 향하는 민심을 의상에게로 돌릴 필요가 있었던 것이다. 따라서 의상의 법력이 우위임을 입증할 만한 신화적인 이야기가, 반대로 원효는 의상에 미치지 못하는 하수임을 증명할 수 있는 이야기가 필요했던 것이다.

정치와 사상의 동반자적인 관계였으나 의상은 영광을 얻었고 반대로 원효는 상처를 피할 수 없었다.

이후 굴산사를 창건했던 범일이 헌강왕 2년(853)에 낙산사를 중건하였는데, 이후 고려 때 몽고의 침입으로 폐허화되었다. 당시 주지였던 아행이 수정 염주와 여의주를 갖고 도망하려 하였는데, 절의 노비였던 걸승이 목숨을 걸고 그것을 빼앗아 땅에 묻었다는 이야기가 전한다. 전쟁이 끝나고 두 보주는 관가에서 보관하게 되었으며, 비록 절은 재건되었지만 예와 같은 영화는 생각지도 못하였다.

조선에 들어와서는 1466년 오대산 상원사를 참배하고 나서 낙산사에 들렀던 세조의 명령으로 크게 중창되었다. 이때 원래 있었던 삼층석탑을 7층으로 올리면서 의상이 관음보살과 용에게 얻었다는 수정 염주와 여의주를 탑 속에 안치했다고 한다. 지금 낙산사가 보유하고 있는 문화재, 칠층석탑(보물 제499호), 동종(보물 제476호), 홍예문(지방문화재 제33호) 등은 모두 이 무렵에 만들어졌다.

세조 때 중건된 낙산사는 임진왜란과 병자호란 때 또다시 허물어졌고, 한국전쟁 때에도 폐허가 되었다. 그리고 보면 낙산사는 온갖 전쟁이란 전쟁은 다 치른 셈이다. 지금 낙산사를 이루고 있는 원통보전과 범종각들은 모두 1953년 이후에 복원된 최근 건축물들이다. 낙산사를 대표하는 불상처럼 알려져 있는 높이 16m의 해수관음상은 1977년에 완성되

었다. 그 높이는 단일 불상으로는 동양 최대
라고 하며, 마치 등대처럼 10리 안팎까지 모
습을 내보이고 있다. 이 불상이 '관음'인 것
도 창건 당시의 관음 신앙을 상기시켜준다.

낙산사에 오면 원통보전이 있는 경내보다
도 우선 의상대라는 정자에 들어 동해 바다의
풍광을 즐기게 마련인데, 의상대는 1926년 만

홍예문
경내로 들어가는 입구에 세워진 조선 시
대의 전형적인 성문. 당시 강원도를 이루
던 26개 고을에서 돌을 하나씩 내놓아 석
축을 쌓았다고 한다.

해 한용운이 낙산사에 머물 때 세운 것이다. 이곳의 해돋이는 더 이상 설
명이 필요 없는 관동팔경의 하나이다. 의상이 수도하던 뜻 깊은 곳이며
산과 바다가 어우러져 해변 절승을 이루는 곳이니 정감 풍부한 시인이
어찌 정자 하나 짓고 싶지 않았을까. 의상대는 이후 10년 뒤에 큰 폭풍
우로 무너졌다가 다시 세워졌고, 1975년 지금의 모습으로 개축되었다.

의상대에서 북쪽으로 보이는 높은 절벽 위에 다소곳하게 올라앉아 있
는 작은 암자가 홍련암이다. 의상이 수정 염주와 여의주를 얻었다는 바
로 그 해안 석굴 위에 지어진 암자이다. 바닷가 석굴 위에 지어진 것도
특이한데, 법당 마루 밑으로 지름 10cm 정도의 구멍을 뚫어 출렁이는
바다를 바라볼 수 있도록 한 것도 대단하다. 의상의 창건 설화를 뒷받침
해주는 장치이다.

소나무 숲과 대밭이 병풍처럼 둘러싸고 있는 홍련암을 나와 다시 의
상대로 해서 새로 조성해놓은 의상대사 부도비와 보타전을 거쳐 포장길
을 따라 올라가면 어마어마한 풍채의 해수관음상이 나온다. 덧붙여 할
말을 잃고 해수관음상 주위를 빙글빙글 돌다가 굵은 해송이 숲을 이룬
곳에서 오솔길을 찾아 들어서면 범종각과 원통보전이 있는 경내에 이르
게 된다. 이때 원통보전의 외곽을 둘러싸고 있는, 교실 칠판만한 크기
의 별꽃무늬 담장과 무심코 마주치게 되는 행운은 아무에게나 오는 것
이 아니다.

이상과 같이 낙산사의 후문으로 해서 의상대, 홍련암, 해수관음상을
거쳐 경내로 들어서지 않고, 정문 쪽의 홍예문을 지나 사천왕문을 통과
해 요사채와 선방, 그리고 범종각이 있는 경내로 들어오는 방법도 있다.

사시사철 꽃을 볼 수 있도록 절 마당에 정원을 꾸며놓은 정갈한 경내

낙산사 담장
동그랗게 다듬은 화강석과 기와를 끼워 넣어 만든 원통보전의 별꽃무늬 담장. 따뜻하고 아기자기한 정감이 느껴진다.

담장은 건축물과 건축물 사이나 주변 외곽을 막아 아늑한 느낌을 주는 기능을 한다.
서민 주택은 주로 잡석담이나 흙담이 많고, 대·갈대·싸리나무로 엮은 바자울 등을 치기도 한다. 상류 주택이나 사찰, 관아, 궁궐은 기와지붕에다가 네모난 돌을 다듬어 쌓는 석담이나 벽돌담, 화려한 무늬나 글씨·그림으로 장식하는 꽃담 등을 쌓는다.
우리 나라에서는 경사진 지면에 담장을 쌓을 때 경사지게 쌓지 않고 수평으로 단이 되게 쌓기 때문에 독특한 율동미를 지닌다.

에는 보물로 지정된 범종과 칠층석탑이 있다. 관음보살을 모시는 절이기에 원통보전이 중심 당우가 된다.

화강석 26개를 장방형으로 다듬어 무지개 모양으로 세워놓고 잡석으로 벽을 쌓은 뒤에 누각을 올린 홍예문은 세조 11년(1465)에 만들어진 것으로, 당시 강원을 이루고 있던 26개 고을에서 돌을 하나씩 내놓아 석축을 쌓았다고 한다. 돌 문 위의 누각은 1963년 세운 것이다. 강원도 유형문화재 제33호로 지정돼 있다.

낙산사 담장

암키와와 흙을 교대로 다져나가면서 그 사이사이에 화강암을 동그랗게 다듬어 끼워넣은 조선 초기의 담장[垣墻]인데, 경복궁의 자경전이나 아미산 굴뚝에서 보이는 화려함은 없지만, 기와와 흙과 돌의 어울림에서 오는 소담한 멋이 단박에 마음을 사로잡는다. 담이라는 본래의 실용적 기능에 이처럼 정감을 덧붙여놓은 안목과 소박한 정서로부터 받는 감동은 낙산사의 여느 보물급 문화재가 주는 그것보다 짙다.

원통보전의 왼쪽 일부 면에 남아 있는 별꽃무늬 담장의 아름다움을 살려 다른 면의 담장도 이처럼 복원해놓았지만, 새로이 복원한 담장의 맛은 그에 미치지 못한다. 다만 아름다운 옛것을 재현해보겠다는 마음만은 밉지 않다. 탁 트인 바다 환경을 담장으로 살짝 가로막아 아늑한 분위기를 만든 아기자기한 멋이 느껴진다. 높이 3.7m, 길이 220m이며, 강원도 유형문화재 제34호이다.

별꽃무늬 담장 뒷면
원통보전에서 해수관음상으로 가는 길에 별꽃무늬 담장 뒷면을 볼 수 있다. 별꽃무늬 담장과 또 다르게 기와와 잡석을 교대로 쌓아 만들었다.

낙산사 동종

세조 12년(1466) 왕의 지시로 낙산사가 크게 중창되었는데, 이후 예종이 아버지인 세조의 뜻을 받들어 동종을 만들었다(1496년).

낙산사 동종
우리 종의 전통인 신라 범종 형식보다 중국풍이 많이 도입된 조선 범종 형식이 강하다.

음통이 없이 종신(鍾身)과 용뉴로 만들어졌으며, 용뉴를 고리로 삼아 종신을 매달았다. 용뉴는 두 마리의 용이 서로 머리를 반대 방향으로 한 채 몸을 엮고 있는 모습으로 시선은 아래를 향하고 입은 꼭 다물고 있으며, 부리부리한 눈과 입, 머리 위의 뿔이 유난히 크다.

종신의 어깨 부분에는 상대(上帶)가 없이 귀꽃이 있는 연화문을 화려하게 장식하였으며, 중간에는 선 세 개를 그어 상하를 구분하고 있다.

중간 선의 윗부분에는 유곽이 없는 대신 네 분의 보살상이 양각돼 있다. 보살은 높이 36.8cm의 입상으로 두광과 보관, 천의 등이 조각돼 있는데, 두광은 큼직하여 장엄한 느낌을 주며 표정은 원만하고 양쪽 어깨와 팔에 걸쳐진 천의의 선이 아름답다. 가슴 앞에 손을 들어 합장한 수인도 아름답다. 팔찌도 잘 어울린다.

보살상 사이사이에 일정한 간격으로 4개씩 모두 16자의 범자(梵字)가 양각돼 있고, 윗부분에 12개의 범자가 일정한 간격으로 양각돼 있다.

종의 아랫부분에는 하대(下帶)가 없이 물결무늬가 띠를 이루고 있으며, 그 위쪽에 장식 문양 대신 범종의 조성 연대와 관계자의 이름을 적은 명문을 양각해놓았다. 달리 당좌가 없으므로 이 소문대(素文帶)에

조선 시대 범종의 특징

규모면에서는 통일신라 종과 같이 대형화되었으나, 음통은 없어지고 한 마리의 용뉴가 쌍룡으로 바뀌었다. 종신의 중간쯤에는 두세 개의 줄이 돋을새김되었고, 상대와 하대의 구별이 없어진 대신 범자문, 용문, 파도문이 빽빽해진다. 유곽은 상대보다 밑으로 내려오며, 조선 후기 종의 경우 유곽과 유두가 완전히 사라진 것도 있다. 뿐만 아니라 당좌가 소멸되었으며, 있다 해도 형식적인 문양으로 표현되었다. 그러나 합장한 보살입상이나 지장보살 등의 전통은 그대로 지켜졌다.

한편 임진왜란 이후 사찰의 중건이 많아짐에 따라 범종의 제작도 증가하였는데, 이 시기에는 오히려 통일신라나 고려 시대의 범종 양식을 일부 답습한 복고적 경향의 작품이 만들어졌다. 음통과 용뉴가 생겨나고 당좌와 유곽까지 만들어지지만, 지극히 형식적이고 문양도 치졸해진다.

조선 전기의 대표적 범종으로는 봉선사종(1469년), 해인사종(1491년), 갑사종(1584년)을 들 수 있고, 조선 후기의 종은 현재까지도 사찰에서 사용하고 있는 대부분의 종들로서 쌍계사종(1641년), 대흥사종(1703년), 태안사종(1725년) 등을 들 수 있는데, 우리 나라 종의 가장 많은 수를 차지한다.

타종을 한 흔적이 뚜렷하다. 아직도 보존 상태가 좋아 매일 아침 타종되고 있다.

이 종은 전체적으로 볼 때 우리 나라 범종의 전통적인 형태인 신라나 고려 범종의 예를 따르지 않고 각부에 중국풍을 많이 도입한 조선 범종에 가깝다. 높이 1.58m, 종 입구 지름이 98cm로 보물 제476호이다.

낙산사 칠층석탑

낙산사의 본당인 원통보전 앞에는 높이 6.2m에 7층을 이루며, 귀퉁이가 깨어져 나갔지만 비교적 각 부재가 온전히 남아 있는 아담한 모습의

낙산사 칠층석탑
원래 3층이었던 것을 세조 13년에 7층으로 만들었다고 한다. 강릉 신복사터 삼층석탑이나 월정사 팔각구층석탑과 비슷한 양식이다.

석탑이 있다. 의상이 창건할 당시에 3층이었던 것을 세조 13년(1467)에 7층으로 다시 만들었으며, 몽고 침입시에 걸승이 비장하게 지켜냈던 수정 염주와 여의주를 이때 탑 속에 모셨다고 한다. 그 뒤 한국전쟁중에 손상되었다가 1953년 낙산사가 재건될 때 함께 재건되었다.

이 탑에서 주목되는 점은 하대석 위쪽에 한면에 꽃잎 6개씩 24개 잎을 가진 복련을 장식하였다는 것이다. 이와 같은 수법은 강릉 신복사터 삼층석탑이나 월정사의 팔각구층석탑에서나 볼 수 있는 양식이다.

탑신부에서 보이는 특징은 별다른 체감을 보이지 않는 각층의 몸돌 아래에 몸돌보다 넓은 괴임돌을 하나씩 끼워넣었다는 것이다. 괴임돌과 옥신이 거의 같은 두께인 점도 그렇고, 또 우주를 모각하지 않은 점도 눈여겨 보게 된다. 지붕돌은 경사가 별로 없이 편편한 편인데, 아래 층급받침이 각층 3단을 보이고 있는 것도, 약화된 양식적 특징을 보이는 것도 통일신라나 고려 때에 볼 수 없던 조선 시대 다층석탑 특유의 양식적인 특징이다. 추녀 역시 매우 얇게 조성되었는데, 추녀 밑에도 반전이 있고 또 지붕돌의 합각머리에도 경쾌한 반전이 있다.

상륜부에는 몸돌받침과 같은 형태의 돌과 화강암으로 된 노반을 올려놓았다. 노반 위에 찰주를 중심으로 청동제의 복발과 중첩된 보륜, 보

조신 설화

경주 세달사라는 절의 승려였던 조신은 강릉에 있는 절의 장원을 돌보는 직책에 임명되어 낙산사로 파견되었다. 그곳 군수의 딸을 본 뒤로 유혹을 뿌리치지 못해 낙산사 관음상 앞에서 사랑을 얻게 해달라는 기도를 하였다. 수년 동안 정성을 다해 기도하였으나 결국 다른 사람에게로 혼처가 정해지자, 관음상 앞에 가서 눈물을 흘리며 원망하다가 잠이 들었다.

뜻밖에 그 여인이 함께 살기 위해 왔다고 하여 조신은 기뻐하며 그녀를 데리고 고향으로 가서 살림을 시작했다. 40여 년 깊은 정을 나누는 동안 5남매를 거느리게 되었으나 가난으로 사방을 떠돌아다니며 10년간 걸식을 하게 되었다. 큰아들이 굶어죽고, 딸이 걸식하다가 개에게 물려 드러눕게 되자, 부부는 아이를 나누어 데리고 각자 살 길을 찾을 수밖에 없었다. 사방을 정처없이 헤매며 슬퍼하다가 눈을 번쩍 뜨게 되었다. 꿈이었다.

꿈을 통해 애욕의 무상함을 깨우친 조신의 이야기는 이광수에 의해 소설「꿈」으로 꾸며졌고, 몇 해 전 영화로 제작되기도 하였다.

주 등을 조성하였는데, 이 수법 역시 고려 이후부터 나타나는 청동제 상 륜으로 원나라의 잔재를 느끼게 한다. 보물 제499호로 지정돼 있다.

진전사터

속초공항에서 설악산을 바라 보며 4.8km 정도 가면 석교 리가 나온다. 마 을에서 3km 쯤 더 들어가면 계곡 한켠에 산

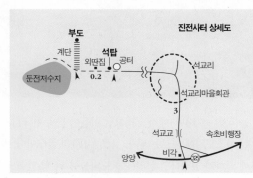

등성이를 널찍하게 깎아 만든 제법 평평한 밭이 보이는데, 그 밭 한가운 데 야무지면서도 부드러운 삼층석탑 하나가 까무잡잡한 색으로 오롯이 서 있다.

삼층석탑이 서 있는 그 밭은, 짧지만 부족함이 없는 벚꽃나무 길을 따 라 몇 계단을 올라선 곳이다. 삼층석탑을 보고 나서 산길을 더 오르다 오 른쪽 높다란 계단 위를 따라 한참 올라가면 석탑처럼 생긴 2층의 기단 부에 팔각형의 몸돌을 얹은 독특한 모습의 부도가 하나 더 있다.

삼층석탑과 부도, 그 두 문화재가 신라 헌덕왕 13년(821) 도의선사가 당나라에서 유학하고 돌아와 창건한 진전사터에 남은 유적의 전부이다.

도의선사는 마조도일의 선법(禪法)을 이어받은 서당지장(709~788 년)에게 공부하고 귀국하여, 당시 교종 불교가 절대적이었던 신라에 선 종을 소개한 인물이다.

그가 신라에 소개한 선종은 달마대사가 인도에서 동쪽으로 와서 중국 에 소개한 그것으로, "문자에 입각하지 않으며, 경전의 가르침 외에 따 로 전하는 것이 있으니, 사람의 마음을 직접 가르쳐, 본연의 품성을 보 고 부처가 된다"(不立文字 教外別傳 直指人心 見性成佛)고 외친 혜

양양군 강현면 둔전리에 있 다. 낙산사에서 7번 국도를 따라 속초 쪽 으로 4.5km쯤 가면 길 왼쪽으로 속초공 항 방면으로 가는 325번 군도로가 나온 다. 이 길을 따라 약 4.8km 가면 오른 쪽으로 작은 비각이 하나 있고, 그 옆으 로 석교리를 지나 진전사터로 가는 시멘 트길이 나온다.

이 시멘트길로 3km 더 들어가면 저수지 가 나오는데, 저수지 바로 못미처 오른쪽 이 진전사터. 한계령에서 양양으로 오다 양양읍 바로 못미처에 있는 임천교 (임천교에서 양양군청까지는 1km)를 건 너자마자 왼쪽 길을 따라 8.3km 가도 석교리 입구가 나온다.

절터 앞까지 대형버스도 들어갈 수는 있 으나, 마을을 통과할 때 길이 좁아 주의 해야 한다. 절터 주위에는 숙박할 곳이 없 다. 석교리 마을회관 앞에서 양양·속초 로 가는 버스가 하루 7회 있다(석교리→ 양양·속초:06:30, 08:30, 13:30, 석 교리→양양:10:00, 16:30, 18:50, 석교리→속초·양양:15:30).

진전사터가 있는 둔전리 계곡은 여름철 이면 계곡 관리를 위해 입장료를 받는다.

능(638~713년)에서, "타고난 마음이 곧 부처"(自心卽佛)임을 외쳤던 마조도일에 이르는 남종선(南宗禪)의 골수이다. 도의선사는 '중국에 달마가 있었다면 신라에는 도의선사'라 할 만한 인물이었다.

도의선사는 귀국하여 경전이나 해석하고 염불을 외우는 것보다 본연의 마음을 아는 것이 더 중요하다고 부르짖고 다녔는데, 이는 인간의 평등과 인간성을 중시하는 진보적 사상으로서 신라의 왕권 불교에 대단한 반역으로 여겨졌다. 중생이 곧 부처라고 하니 그럴 수밖에. '마귀의 소리'라고 기존의 승려들에게 심한 배척을 받은 도의선사가 뜻을 품고 은신한 곳이 바로 진전사였다.

도의선사의 사상은 그의 제자 염거화상에게 전해지고, 다시 보조선사(804~880년)에 이어져 맥을 잇게 된다. 보조선사는 구산선문 중 맨 앞에 나오는 전남 장흥 가지산에 보림사를 짓고 선종을 펼친 분이다. 도의선사의 일대기에 대해서는 전하는 바가 많지 않은데, 보림사의 보조선사비문에는 다음과 같은 구절이 있다. "……이 때문에 달마가 중국의 1조가 되고, 우리 나라에서는 도의선사가 1조, 염거화상이 2조, 우리 스님(보조선사)이 3조이다."

도의선사의 때이른 가르침은 보조선사 시기에 이르러서야 빛을 발하게 되었으며, 이후 선종은 통일신라 하대에 지방 호족들의 절대적인 지원을 받으며 구산선문을 이루었다.

진전사터는 이처럼 신라 불교가 교종에서 선종으로 교체되는 시기에 그 싹을 틔운 곳으로서 중요한 의미를 가지며, 삼층석탑과 부도는 그 상징적 의미를 전하는 증언자이다.

부도를 보고 더 올라가면 산중턱 계곡에 둑을 쌓아 계곡물을 막아둔 둔전저수지가 있는데, 둑 제방에서부터 둔전리로 이어지는 계곡과 더 멀리 동해 바다까지 내다보는 시야가 매우 장쾌하다.

진전사터의 맷돌
탑 주위에서 간혹 깨어진 기와나 건물 부재, 맷돌 들을 볼 수 있다.

진전사터 삼층석탑

듬직한 지대석 위에 2중의 기단을 설치하고 3층의 탑을 쌓은 통일신라 탑의 기본적인 형태이나, 상하 2층의 기단에 각각 비천상과 팔부신중을 조각하고 1층 몸돌에 사방불을 조각한 모습이 자못 화려하다. 높이는 5.04m이며, 국보 제122호로 지정돼 있다.

하층 기단에 탱주를 모각하고 각면에 연화좌 위에 앉아 있는 비천상 2구씩을 조각해놓았다. 비천상은 원만한 얼굴 표정을 짓고 두 손은 합장을 하거나 혹은 천의를 잡고 있는데, 천의를 날리고 있는 모습이 썩 멋지다. 상층 기단 각면에는 팔부신중 2구씩을 제법 두툼하게 조각해놓았다. 이들 팔부신중은 모두 구름 위에 앉아 있고 무기를 들고 있다. 입체적이며 생동감 있는 조각이다. 상층 기단 갑석 아래에는 부연을 표현하였고 위쪽에는 역시 경사를 둔 다음 2단의 괴임을 설치하여 1층 몸돌을 올렸다.

1층 몸돌의 각면에는 각각 여래좌상을 한 분씩 조각하였는데, 연화좌 위에 결가부좌하고 두광과 신광을 2중으로 갖추었으며, 나발에 육계가 큼직하게 새겨져 있다. 동면은 약사여래, 서면은 아미타불이다. 1층 몸돌 위쪽 중앙에 방형의 사리공(1변의 길이가 32.5cm, 깊이 11.5cm)이 확인되었다. 2, 3층의 몸돌은 1층에 비해 높이가 절반 이상 줄었으며, 우주만 모각되었을 뿐 달리 장식이 없다.

지붕돌 받침은 5단으로 되어 있고 처마 밑이 수평으로 제법 넓어 시원하다. 추녀에는 낙수홈이 음각되었고, 네 귀퉁이에 풍경이 매달렸던 구멍이 보인다.

상륜부는 모두 없어졌으며, 지금 남아 있는 노반도 완전한 것은 아니

진전사가 언제 폐사되었는지 정확히 알 수 없지만 조선 시대의 폐불정책으로 인해 폐사된 것으로 보고 있다. 『삼국유사』를 쓰신 일연 스님도 14세 때 이곳에서 머리를 깎고 수도했다고 한다.

진전사터 삼층석탑 튼실한 기단부 위에 상큼한 상승감을 주는 탑신부를 올린 전형적인 9세기 석탑으로 까만색을 띤 화강암을 사용한 것이 이채롭다.

다. 3층의 지붕돌 위에는 깊이와 지름이 약 10cm인 찰주공이 파여 있다.

탑 전체는 화강암으로 이루어져 있는데, 검은색이 많아 석탑이 까무잡잡해 보인다. 1968년 해체·보수됐다.

진전사터 부도

우리 나라 부도의 일반적인 모습과는 상당한 차이가 있는, 아주 오래 된 부도이다. 석탑의 2중 기단부 모습을 그대로 가지고 있는데, 이는 부도의 모습이 아직 구체화되기 이전의 형태, 곧 부도의 초기 모습으로 파악된다. 9세기 중반에 만들어진 도의선사의 부도로 추정된다.

선종이 등장하기 이전, 신라의 큰스님들, 곧 의상, 원효, 자장 등 어느 스님도 부도를 남기지 않았다. 화엄의 세계에서 고승의 죽음은 그저 죽음일 따름이며 깊은 의미를 갖는 것은 아니었다. 그러나 '본연의 마음이 곧 부처'인 선종에서 고승의 죽음은 곧 석가모니의 죽음과 다르지 않았다. 다비한 사리를 모시는 것이 당연한 예우가 된 것이다. 그렇게 해서 부도가 발생하기 시작했다. 따라서 부도의 탄생은 선종의 유포와 깊은 연관을 갖는다.

이처럼 진전사터의 부도는 큰 의미를 갖는다. 처음 시도되는 부도였기에 양식적으로는 석탑의 기단부를 받침대로 사용하고, 당나라에 있는 초당사(草堂寺)의 사리탑에서 탑신부의 팔각당 양식을 빌어왔다.

도의선사 이후 그의 제자인 염거화상에 이르면 부도는 장구의 몸체를 연상케 하는 연꽃 받침대에 팔각당을 얹은 모습으로 바뀌게 되는데, 이는 신라 하대에서 고려 초에 이르는 부도의 모범이 된다. 염거화상의 부도는 현재 국립중앙박물관 뜰에 모셔져 있다.

염거화상의 제자인 보조선사의 부도에 이르면, 석탑보다도 부도에 더 정성을 다했던 당시의 현상을 확인해볼 수 있다. 보조선사의 부도는 현재 장흥 보림사에 있다.

진전사터 부도는 앞서 이야기했듯이 석탑의 2층 기단부 같은 양식의 받침대에 팔각형의 탑신부를 얹은 모습이다. 상하 기단의 면석에는 좌우에 우주가 있고 가운데에 탱주를 모각해놓았다.

상층 기단에 팔각의 몸돌을 얹기 전에 연꽃을 조각한 괴임석을 받쳐

석탑에 조각된 사면석불, 팔부중상, 비천상
1층 기단에는 비천상을 조각했고, 2층 기단에는 팔부중상을 각면에 2구씩 새겨놓았다. 또 1층 몸돌 각면에는 여래를 한 분씩 돋을새김해 탑을 더욱 화려하게 장식하였다.

진전사터 부도
석탑의 2중 기단 위에 팔각당 형식의 몸돌을 올려놓았다. 부도의 모습이 아직 구체화되기 이전의 초기 형태로 보고 있으며 도의선사의 부도로 추정된다.

염거화상 부도
우리 나라에서 흔히 볼 수 있는 신라 말 고려 시대 부도의 전형은 연꽃 받침대 위에 팔각당을 얹은 형식인데, 이는 도의선사의 제자인 염거화상의 부도에서부터 시작되었다.
844년에 입적한 염거화상의 부도는 일제 때 일본인들이 원주 흥법사터에 있던 것을 일본으로 가져가려다 실패하고 나서 1914년 무렵 서울 탑골공원에 두었다고 하는데, 지금은 국립중앙박물관 뜰에 서 있다.
그러나 해방 후 학자들이 흥법사터를 샅샅이 조사하였지만 거기에서 반출되었다는 증거를 찾지 못해 현재로서는 원래 있던 곳을 알 수 없게 되었다.

놓았다. 연화대에는 꽃잎 16장이 장식되어 있다. 1968년 복원 공사 때 이 연화대 위쪽 중앙에서 크기가 26.5cm×29cm, 깊이가 9.5cm인 사리공이 확인되었다. 연화대 자체가 높지 못하니 사리공도 깊지는 못하나 너비는 넓은 편이다. 연화대를 별개의 돌로 조성한 것은 사리공을 안치하기 위한 것으로, 석조 부도에서 이러한 장치를 한 유례는 아직까지 조사된 바가 없다.

팔각의 몸돌에는 별다른 장식이 없고 다만 정면에 액자틀 같은 모양으로 문을 조각하였으나 자물쇠나 문고리 같은 장식은 없다.

역시 팔각인 지붕돌 추녀에는 깊고 널찍한 낙수홈이 파여 있고, 그 안쪽을 보면 탑신석과 맞닿는 부분에 1단의 괴임이 돌출돼 있다. 지붕돌 윗면에는 상륜부를 받치기 위한 팔각의 단이 있고 그 위에 복엽 복련이 장식돼 있다.

그 중앙에 찰주가 있어 보주석을 고정시키고 있다. 보주는 봉오리 모양으로 된 원형인데, 아랫부분에 단엽 복련이 장식돼 있어 지붕돌 윗면의 복련과 잘 어울린다. 높이 3.17m이며, 보물 제439호로 지정돼 있다.

설악산

인제와 양양, 속초, 고성에 걸쳐 있는 높이 1,708m의 설악산은 우리 나라의 척추를 이루는 백두대간의 중심에 있는 명산이다. 남한에서는 지리산(1,915m), 한라산(1,950m) 다음으로 높은 산으로, 금강산의 절경에 견주어 제2의 금강산이라 불리고 있다.

『동국여지승람』은 "한가위에 덮이기 시작한 눈이 하지에 이르러 녹는다 하여 설악이라 한다" 하였고, 『증보문헌비고』는 "산마루에 오래도록 눈이 덮이고 암석이 눈같이 희다고 하여 설악이라 이름 짓게 되었다"고 적고 있다. 설산 또는 설봉산, 설화산이라고도 하며, 겨울뿐만 아니라 사계절 모두 독특한 아름다움을 보인다.

주봉인 대청봉(1,708m)과 북쪽의 마등령·미시령, 서쪽의 한계령에 이르는 능선을 설악산맥이라 하며, 그 서쪽 지역을 내설악, 동쪽 지역을 외설악으로 크게 나눈다. 대청봉의 동북쪽에 있는 화채봉과 서쪽에 있는 귀떼기청봉, 대승령, 그리고 안산을 경계로 그 남쪽을 남설악이라 한다.

내설악은 깊은 계곡이 많고 물이 풍부해 설악에서도 가장 빼어난 경승지를 이루며, 백담사를 기준으로 백운동계곡, 수렴동계곡, 가야동계곡이 계속된다. 가야동계곡에서 출발해 외설악의 설악동에서 넘어오는 마등령을 지나 좀더 올라가면 우리 나라 암자 중에서 가장 높은 곳에 위치해 있다는 봉정암에 닿는다.

외설악은 천불동계곡을 끼고 기암절벽이 웅장하다. 외설악 입구에 숙박 및 오락 시설을 갖춘 설악동이 있다. 설악동에서 신흥사를 거쳐 계조암에 이르면 그 앞에 흔들바위가 있고 여기서 조금 더 오르면 사방이 절벽으로 된 높이 950m의 울산바위가 있다. 신흥사 일주문을 지나 왼쪽

속초시 설악동에 있다. 속초공항 앞에서 7번 국도를 타고 속초 쪽으로 1.4km 가면 길 왼쪽으로 설악동 가는 길이 나오고, 이 길을 따라 11km 가면 설악동 입구 매표소에 이른다.

미시령을 넘어서 설악동으로 갈 때는 학사평사거리(설악플라자 주유소 앞)에서 우회전해 5.6km 가량 직진하여 목우재를 넘어 설악동으로 들어가면 된다. 설악동 안에는 호텔, 여관, 민박 등 숙박할 곳이 많이 있으며, 속초에서 설악동까지는 버스가 자주 다닌다. 서울·설악동 간 직행버스도 있다.

설악산 관리사무소 T.033-636-7700

설악산 전경

으로 가면 대청봉으로 이어지는 천불동계곡이 나타난다. 이 계곡에는 와선대와 비선대, 금강굴이 있고, 비선대부터는 본격적인 등산로로 계곡을 계속 타면 대청봉에 이르게 된다. 이 밖에도 권금성, 육담계곡, 비룡폭포, 토왕성폭포 등이 설악산의 절경을 이루는 데 한몫을 하고 있다.

남설악에는 한계령, 점봉산, 우리 나라 3대 폭포의 하나라는 88m의 대승폭포, 장수대, 주전골 입구의 오색약수와 오색온천 등이 있다.

설악산은 명산과 명승, 문화재가 많아 금강산과 곧잘 비교가 되는데, 그 우열을 입증하는 전설이 있어 재미있다.

조물주가 천하에 으뜸가는 경승을 하나 만들고 싶어 온 산의 봉우리들을 금강산으로 불러들여 심사를 하였다. 설악산의 울산바위는 본디 경상도 울산땅에 있던 바위인데 소식을 듣고 급히 달려갔으나 지각을 하여 금강산에 들지 못하였다. 울산바위는 고향에 돌아가 체면이 우스워질 것이 걱정되어 돌아가지 못하고 정착할 곳을 물색하다가, 하룻밤 쉬어갔던 설악이 괜찮다 싶어 지금의 자리에 눌러앉았다고 한다.

금강산에 발을 못 붙인 돌이지만 설악에서는 으뜸으로 치고 있으니,

금강이 우월하다는 것을 입증하는 것이겠고, 설악산에 있는 울산바위가 설악산 창조 설화가 아니라 금강산 창조 설화에 등장하고 있는 점도 그런 연유이겠다.

어쨌거나 설악산은 현재 분단 때문에 가지 못하고 있는 금강산을 제외한다면 남한 제일로 손꼽히는 산임에 틀림없다. 하지만 그런 우위가 실제 무슨 소용이 있을까? 다만 이러쿵저러쿵하기 좋아하는 호사가들의 취미일 뿐이다. 아마도 설악은 자신이 2등이 되든 3등이 되든 금강산과 함께 한집안 이루기를 간절히 바라는 마음일 게다.

문화유적보다는 산세와 경승지로 설악을 찾는 이들이 많고, 기실 문화유적이 비교적 적은 것도 사실이지만, 외설악의 설악동에서 쉽게 찾아갈 수 있는 권금성과 신흥사, 그리고 향성사터 삼층석탑, 계조암을 한데 묶어 문화유적 답사코스로 삼을 만하다.

인제에서 속초로 넘어가는 미시령은 1989년 완전히 포장되면서 속초로 직접 들어가는 빠른 길이 되었다. 주변의 산세가 수려하고 고개를 넘을 때 아름다운 동해가 훤히 내려다보여 많은 사람들이 이용하고 있다.

와선대와 비선대

신흥사로부터 약 2km 지점. 천불동계곡 첫머리에 와선대(臥仙臺)라고 하는 너럭바위가 있다. 옛날 마고선이라는 신선이 바둑과 거문고를 즐기며 아름다운 경치를 누워서 감상하였다고 하여 와선대라 한다. 수림이 울창하고 기이한 절벽으로 둘러싸여 있어 가히 절경이라 할 만하다.

와선대에 와서 놀던 마고선이 하늘로 올라간 곳이라는 전설을 갖고 있는 비선대는, 계곡 반석을 따라 크고 작은 폭포가 이어져 그 경치가 금강산의 만폭동에 견줄 만하다. 물가에 앉아 올려다보면 미륵봉 중간쯤에 금강굴이 보인다. 길이 18m 정도의 금강굴은 1,200년 전 원효가 불도를 닦은 곳이라 전해지고 있다.

비룡폭포

토왕성폭포 아래쪽에 있으며, 약 30m의 물줄기가 내리꽂히는 비경의 폭포이다. 이 폭포에는 모양이 뱀과 같고 길이가 한 길이 넘으며 네 개의 넓적한 발을 가진 용이 살았는데, 처녀를 바쳐 용을 하늘로 보냄으로써 심한 가뭄을 면하였다는 전설이 있다. 험준한 산길을 올라 첫눈에 보면 용이 굽이쳐 석벽을 타고 하늘로 올라가는 것 같아 비룡폭포라는 이름이 붙었다.

권금성
하룻밤 사이에 권씨·김씨 두 장사가 쌓
았다는 전설이 전한다.

권금성

케이블 카를 타면 권금성에 쉽게 오를 수 있다. 정
상에 약 80칸이나 되는 넓은 반석이 있고, 이 광
장을 중심으로 길이 약 2.1km의 산성이 있다.

산성의 조성 연대는 확인할 길이 없으나 권씨와
김씨 장사가 하룻밤에 쌓았다는 전설이 전해진다.
권씨와 김씨는 한마을에 살고 있다가 난을 당하여
가족들을 데리고 피난길에 올랐다. 쫓김을 당해
우선 급한 대로 산꼭대기로 올라갔는데, 성이 쌓
여 있지 않아 적병과 싸우기에 대단히 불리한 형
편이었다. 성을 쌓을 시간이 없을 뿐더러 주변에 성을 쌓을 만한 돌도 없
었다. 날이 밝으면 적병이 쳐들어올 상황이었으므로, 권씨가 냇가에 있
는 돌로 성을 쌓자는 안을 내었다. 그리고는 산 밑으로 가더니 냇가에서
돌을 주워 던지는 것이었다. 김씨가 그것을 받아 성을 쌓고, 그것을 밤
새 교대로 하였더니 어느덧 날은 밝아오고, 성은 제 모습을 갖추게 되었
더라는 이야기다. 권씨 김씨 두 장사가 쌓았으니 권금성이다.

신흥사

설악동에서 세심교를 지나면 울창한 숲 속에 절이 하나 자리 잡고 있다. 자
장율사가 신라 진덕여왕 6년(652)에 창건했다고 전해지는 신흥사이다.

자장율사가 창건할 당시에는 향성사(香城寺)라는 이름으로 현재 설
악동 입구의 뉴설악호텔 자리에 있었는데, 32대 효소왕 10년(691)에
화재로 모두 불타버렸다. 그 자리에는 이를 입증해주는 삼층석탑이 하
나 남아 있다. 뉴설악호텔 맞은편에 서 있는 이 삼층석탑은 원래는 9층
이었는데, 화재로 3층만 남게 되었다고 한다.

그 뒤 의상대사가 향성사의 부속 암자였던 능인암터에 절을 짓고 선
정사(禪定寺)라 이름하여 1,000여 년간 번창했지만, 조선 선조 22년
(1644)에 다시 불타버렸다. 많은 승려들이 절을 떠나고 영서, 연옥, 혜
원 세 스님만이 남아 유서 깊은 이 절을 재건할 것을 논의하였다. 그러
던 중 세 스님이 똑같은 꿈을 꾸었는데, 옛 향성사터 뒤의 소림암에 신

향성사터 삼층석탑
설악동 입구 뉴설악호텔 맞은편에 있는
데, 눈에 잘 띄지 않아 주의해 살펴보지
않으면 지나쳐버리기 쉽다.

선이 나타나 이곳에 절을 지으면 수만 년이 지나도 삼재(三災)가 범치 못하리라 일러주는 것이었다. 이렇게 신의 계시로 태어난 절이 신흥사(神興寺)이다.

설악동에서 일주문을 통과해 신흥사 경내로 들어오자마자 바로 오른쪽에 부도밭이 있고, 높이 58척에 좌대 높이만 13척이 되는 세계 최대 청동불좌상을 조성하고 있는 현장이 이어진다. 부도밭에는 사적비와 대원대선사비, 용암대선사비를 비롯한 부도비와 여러 기의 부도가 어우러져 있는데, 사적비의 글씨는 배와 김상숙(1717~1792년), 대원대선사비는 즉지헌 조윤형(1725~1799년), 용암대선사비는 표암 강세황(1713~1791년)이 쓴 것으로서 당대를 대표하는 글씨들이다.

경내는 극락보전을 중심으로 하여 시계 반대 방향으로 명부전, 요사채, 보제루, 승당(僧堂)인 운하당, 선당(禪堂)인 적묵당이 둘러서 있고, 명부전 뒤에 삼성각, 보제루 앞에 사천왕문이 있다.

인조 27년(1646)에 짓고 영조 25년(1749)에 중수한 극락보전은 정면 3칸 측면 3칸의 팔작지붕 다포계 집이다. 포의 짜임새가 아름답고 공포마다 용 한 마리씩을 두었으며, 추녀 끝은 늘씬하게 위로 치켜올렸다.

법당으로 올라갈 수 있도록 5단의 돌계단을 두었는데, 좌우에는 무지개처럼 등이 휘고 땅바닥 쪽에 용머리를 조각한 소맷돌을 두었다. 장식이 매우 화려하여 눈길을 끄는데, 계단 바깥쪽에 귀면(鬼面)과 삼태극,

권금성 케이블 카를 이용할 때 간혹 차례가 밀려 오래 기다려야 하는 수가 있는데, 그럴 때는 표를 끊어놓고 신흥사 등 다른 곳을 돌아보고 나서 올라가는 것이 좋다.
케이블 카 이용료(왕복)
대인(중학생부터) 7,000 · 소인(4세부터 초등학생까지) 5,000원
케이블 카 문의 T. 033-636-7362

최근 들어 신흥사에 불미스러운 일이 연달아 일어나 절 이름의 한자를 '神'에서 '新'으로 바꾸었다고 한다.

신흥사 부도밭
신흥사 일주문 옆에 있는 부도밭은 높은 담장과 철책에 갇혀 있어 답답한 느낌을 준다.

신흥사 극락보전
정면 3칸 측면 2칸의 팔작지붕 다포계 집
으로 꽃창살이 화사하다.

극락보전 기단의 소맷돌
돌계단 좌우 소맷돌 아랫부분에는 용머
리를 조각하였고, 바깥면에는 귀면, 삼
태극, 구름문양 등을 새겨놓았다.

구름문양 등 당시 석물을 장식하던 모든 문양을 한데 양각하고, 상하에
안상대(眼象帶)를 둘러놓았다. 극락보전과 함께 지방문화재 제14호로
지정돼 있다. 전체적으로 아름답다는 느낌보다 잡다하다는 생각이 먼저
들지만, 당시 석물 장식 문양의 집합체이므로 놓치지 말고 반드시 보아
야 할 '신흥사의 보물'이다.

극락보전에는 후덕해 뵈는 아미타여래삼존상이 모셔져 있다. 의상대
사가 조성한 불상이라고 하나 실제로는 조선 중기 이후의 양식을 보이
는 목조불상이다. 보제루에는 비자나무로 만든 길이 6척의 목어와 황소
6마리 분량의 가죽으로 만들었다는 법고, 범종, 몇몇 현판과 중수기 들
이 걸려 있다.

보제루 앞에서 보면 세심천 건너 동쪽을 향해 우뚝 솟은 봉우리가 달
마봉인데, 달마대사가 바랑을 지고 합장하고 있는 모습이라 한다.

신흥사의 최초 모습인 향성사터에 남은 삼층석탑은 뉴월드호텔 맞은
편 계곡 바로 옆에 서 있다. 2중의 기단부 위에 탑신부를 올린 전형적인
삼층석탑이다. 상하 기단 면석에 우주와 2구의 탱주가 모각되었고, 몸
돌에는 우주만 있으며, 지붕돌은 추녀 밑이 수평이고 받침은 5단씩이다.
상륜부는 모두 소실되었다. 1966년 3층 몸돌에서 7cm×5.5cm, 깊
이 9cm의 사리공이 확인되었다. 높이 4.33m이며, 보물 제443호로 지
정돼 있다.

전장(戰場)과 인간

……폐허가 된 양양에서 쉴 사이도 없이, 임시 연대본부가 위치할 신흥사에 도달하니 벌써 늦가을의 어둠이 절의 배경을 이룬 설악산의 준령에 내려덮이고 있었다. 해방 후 여행을 해보지 못한 나는 그렇게 큰 사찰을 처음 보았다. 절은 성한 모습으로 남아 있었으나 절을 지켜야 할 스님은 그림자도 없었다. 지휘부에 앞서서 도착한 연대 본부중대의 병사들만이 몸을 녹이려고 절 안팎 여기저기서 활활 불을 피우고 있었다.

불이 반가워, 차를 세우자마자 요란하게 타는 한쪽 불 둘레에서 서성대는 병사들 사이를 비집고 들어갔다. 장작이나 나뭇가지인 줄 알았던 불 속에서는 돌과 도끼, 삽 같은 것으로 마구 빠개진 불경 목판(木版)이 타고 있지 않은가. 경판을 어깨에 둘러메고 사찰문을 분주히 드나드는 사병들과, 돌을 높이 들어 내리치는 병사들의 모습이 어두운 하늘을 배경으로 불빛에 비쳐, 마치 영화에서 본 해적들의 그 악스러운 노획물 처리장면 같았다. 나는 부연대장 있는 곳으로 달려가 상황을 설명하고 귀중한 민족의 문화재이니 즉시 불을 끄고 모든 경판을 회수하도록 지시할 것을 종용했다. 일단 물을 부어 불을 끈 후 타다 만 조각까지 본당 좌측에 있는 판고(版庫)에 차근차근 도로 꽂아놓게 했다.

사실인즉 나는 종교도 없었고, 물론 불교 신자도 아니었으며 신흥사라는 사찰의 가치도 몰랐다. 그 경판이 무슨 경(經)의 인각이며, 어느 왕조 몇 년에 제작된 것이며, 또 어떠한 역사적 유래가 있는지 따위를 알 까닭이 없었다. 내가 그렇게 행동했던 것은 우리 역사나 우리 문화를 알아서라기보다는 나름으로 직업 군인이나 일제 지원병 출신 장교들과는 다른 생각으로 전쟁에 임하고 있었기 때문이다. 많은 장병들에게는 38도선을 넘으면서부터는 '적지'

(敵地)라는 의식이 앞서, 모든 것이 '노획'의 대상처럼 비치는 성싶었다. 같은 조상들이 남기고 물려준, 그리고 언젠가는 다시 한겨레로서 함께 소유하고 함께 향유해야 할 겨레의 재물이라는 생각은 전혀 없어 보였다. 모두가 노획과 처분의 대상이었다. 우리가 싸우는 중에도 겨레의 '귀중한 것'은 하나라도 더 보존해야 한다는 마음이 눈앞에서 부정당하는 행위를 목격하는 것은 가슴 아픈 일이었다. 통일이 되면 당연히 대한민국의 영토이고, 통일이 안되어도 전쟁을 위한 직접적 목적과 용도 이외의 것은 고이 남겨둠으로써 겨레의 강토를 풍요롭게 할 것이라는 생각은 전쟁 논리에는 들어설 여지가 없어 보였다. 군대에서, 그리고 군인에게 대승적 민족애와 민족심을 가르치고 배양해야 한다는 사실을 절감한 일들이 많았다.

신흥사가 우리의 판도로 들어온 후 30년이 지나는 동안, 그 소멸될 뻔한 경판에 관해서 몇 차례나 신흥사 주지에게 문의했지만 아무런 답장도 받아보지 못했다. 한번은 설악산 관광길에 들러, 본당 앞에서 서성대는 스님에게, 6·25 전쟁중의 이야기를 하고, 경판에 관해서 물어보았지만 그는 다만 귀찮다는 표정으로 대할 뿐이었다. 꾸준한 노력의 결과로 최근에 이르러서야 그 경판이 얼마나 중요하고 희귀한 보물인가를 알고 놀랐다. 서울대 법대를 나와 고시 합격 후 연수중인 젊은 신도이자 열렬한 불교 연구가인 김진태(金晉太) 군이 내 이야기를 듣고 많은 노력 끝에 밝혀낸 내용은 다음과 같은 것이었다.

신흥사의 그 경판은 「은중경」(恩重經), 「법화경」(法華經), 「다라니경」, 그 밖에 경명을 알 수 없는 몇 가지 경으로서, 「은중경」은 다행히 완전히 보존되어 있고, 「법화경」, 「다라니경」은 많은 부분이 소각되어 없고 일부만이 남았다는 것이다. 더구나 중요한 사실은, 그것들이 한자(漢字), 한글, 범어(梵語, 산스크리트어)의 세 언어로 된 것들이다. 이처

럼 복합언어로 되어 있는 경판이 소장되어 있는 곳
은 우리 나라에서뿐만 아니라 불교권에서도 신흥사
가 유일한 경우일 것이라는 이야기였다. 화주(化主,
경판 제작을 지도한 이)나 시주(施主, 그 비용을 댄
이)의 이름은 알 수 없으며, 그 제판 연대는 조선조
효종 때인 1650년에서 59년 사이이고, 완판(完版)
수는 알 수 없으나 현재 남아 보존되어 있는 것은 277
판임이 확인되었다.

이렇게 귀중한 경판의 완전 소멸을 막은 일에 대
해서 나는 불교계나 문화재관리 당국이 알아주고 몰
라주고와는 관계없이 깊이 만족하고 있다. 솔직히
말하면, 6·25 전쟁중에 우리 군대에 내 심정과 같
은 장성이나 고급 지휘관이 좀더 많았던들 지금은 파

괴 소진되어버린 그 많은 귀중한 사찰이나 불교 문
화재의 상당한 부분이 보존될 수 있지 않았겠나 생
각한다.

후퇴하는 우리 군대가 명령에 따라 상원사를 태워
버리려 했을 때, 그 절의 주지인 방한암(方漢岩) 스
님이 본당 안에 드러누워서, "절을 태우려면 나도 함
께 불사르라"고 버텨, 상원사가 오늘까지 남아 있다
는 이야기를 언젠가 들으면서 혼자 흐뭇해 하였다.
내 부하도 아닌 병사들의 행위에 내가 굳이 개입하
지 않아도 됐던 일이다. 그 경판들이 다시는 파괴의
위험에 처해지는 일이 이 땅 위에서 재연되지 않기
를 염원하는 나의 마음은 각별하다.……
(이영희, 『역정』, 창작과비평사, 1988)

울산바위

외설악의 얼굴 같은 이 거대한 바위는 병풍 같은
모습으로 하나의 산을 이루고 있는데 동양에서는 가
장 큰 돌산이라고 한다. 사면이 절벽으로 되어 있고,
높이가 950m나 되며, 808계단을 올라가야 정상에
이르게 된다.

울산에서 올라와 금강산에 가려다 주저앉게 된 바
위라 하여 울산바위라고 하지만, 한편으로는 설악
산에 천둥이 치면 그 소리가 바위산에 부딪혀 마치
울부짖는 듯 소리를 내므로 '울산' 또는 '천후산'이
라 불리게 되었다고도 한다.

또 한 가지 재미있는 이야기는, 울산 현감이 이 바
위가 설악산에 주저앉았다는 이야기를 듣고 이 바위
에 대한 세금을 신흥사 주지에게서 매년 받아갔는데,
한 동자승의 기지로 세금을 면하게 되었다고 한다.

세금을 받으러 온 울산 현감에게 동자승이 이른 말
이 "바위를 도로 가져가든지, 아니면 바위가 앉은 곳

의 자릿세를 내시오"였다.

이에 질세라 울산 현감은 재로 꼰 새끼로 묶어주
면 가져가겠다고 하였다.

동자승은 다시 꾀를 내어 지금의 속초땅에 많이 자
라 있던 풀로 새끼를 꼬아 울산바위를 동여맨 뒤, 새
끼를 불에 태워 재로 꼰 새끼처럼 만들었다. 울산 현
감은 이 바위를 가져갈 수도 없었거니와 세금을 내
라는 말도 더는 못하게 되었다고 한다. 그런 일이 있
고 난 뒤 청초호와 영랑호 사이의 땅을 한자로 '묶
을 속' 자와 '풀 초' 자로 적는 속초(束草)라 부르게
되었다고 한다.

울산바위

계조암과 흔들바위

신흥사에서 울산바위 쪽으로 올라가다보면 울산바위 채 못미처 계조암이 있다. 지붕과 벽이 모두 천연의 암석으로 되어 있고, 바위 밑에 온돌까지 놓은 특이한 암자이다. 계조암(繼祖菴)이라는 이름은 이 암자에서 수도하면 빨리 도를 깨우치게 될 뿐더러, 조사(祖師)라고 일컫는 큰스님들이 계속 배출되었다고 해서 붙여졌다. 실제로 동산, 지각, 봉정, 의상, 원효 등의 고승이 이곳에서 수도하였다고 한다.

계조암
천연 암석을 이용한 법당으로 바위 밑에 온돌까지 놓은 특이한 암자이다.

어느 땐가 한 스님이 계조암에 들어가면 쉽게 도를 깨닫게 되는 이유를 알기 위해 암자에 들어갔다. 수도는 않고 도를 빨리 깨우치는 원인만 찾으려고 하다가 어느 날 불상 앞에서 언뜻 잠이 들었는데, 어디선가 목탁 소리가 은은히 들려와 잠이 깨었다. 그 뒤에도 잠이 들려고만 하면 밤낮없이 목탁 소리가 들려오므로 잠을 이루지 못했다. 할 수 없이 수도에 전념하게 되어 득도를 하고 그 원인이 목탁 소리임도 알게 되었으나, 그 소리가 어디서 들려오는지는 알 수 없었다. 그러던 중 어느 날 꿈속에 나타난 노승이 일러준 대로 맞은편 달마봉에 올라가 살펴보니, 계조암의 지붕이 되는 큰 바위가 꼭 목탁처럼 생겼고 그 옆으로 흘러내린 산줄기가 목탁을 두드리는 방망이와 같이 생겼더라는 것이다.

계조암을 노래한 이은상(1903~1982년)의 시가 있다.

> 계조암 너덜바위 길도 바위 문도 바위
> 바위 뜰 바위 방에 석불 같은 중을 만나
> 말없이 마주섰다가 나도 바위 되니라

흔들바위
한 사람이 미나 여러 사람이 미나 똑같이 흔들린다는 흔들바위는 설악산의 명물이다.

계조암 앞에는 한 사람이 밀든 수백 명이 밀든 똑같이 그만큼만 흔들린다는 흔들바위가 있다. 높이는 사람 키보다 조금 큰 정도이고, 둘레는 너덧 사람이 팔을 벌리고 안으면 손끝이 맞닿을 정도이다. 이곳에서는 울산바위와 달마봉, 권금성 들이 한눈에 보인다. 장난기가 발동하여 그냥 지나칠 수 없는 바위이다.

내설악의 옛 절과 암자들

설악산은 동서남북 사방에서 접근할 수 있지만, 가장 대표적인 것이 신흥사와 설악동이 기점이 되는 외설악 길과 인제군 북면 용대리에서 백담계곡으로 해서 오르는 내설악 길이 가장 대표적이다. 대청봉을 중심으로 북쪽으로는 마등령과 미시령, 남쪽으로는 한계령을 잇는 남북간 능선을 기준으로 그 동쪽을 외설악, 서쪽을 내설악이라 하는 것은 본문에서 설명한 바와 같다.

매표소에서 백담사까지는 6km가 넘는 백담계곡이 구절 양장으로 이어지는데, 계곡을 따라 아스팔트와 시멘트로 포장된 길이 나 있어 차편을 이용할 수 있다. 백담계곡을 지나 인제군으로 빠져 장수대 앞을 흐르는 한계천은 북한강의 상류가 되는데, 방랑 시인 매월당 김시습이 오열탄(嗚咽灘)이라고 부르면서 '목메어 우는 한계의 물아, 빈산을 밤낮 흐르나'라고 읊었던 곳이다. 김시습은 세조 1년(1455) 오세암의 전신인 관음암에서 머리를 깎고 출가하였다.

내설악을 대표하는 절인 백담사(百潭寺)는 진덕여왕 1년(647)에 자장이 세운 장수대 부근의 한계사라는 절이었는데, 창건 이래 지금의 백담사로 불리기 시작한 1783년까지 무려 일곱 차례에 걸친 화재를 만났으며, 그때마다 터전을 옮기면서 이름을 바꾸었다. 비금사, 심원사, 운흥사, 선구사, 영축사 등 백담사라는 이름을 짓게 된 데는 다음과 같은 이야기가 전한다.

거듭되는 화재로 절 이름을 고쳐보려고 하던 어느 날 밤, 주지의 꿈에 백발이 성성한 노인이 나타나더니 대청봉에서 절까지 웅덩이가 몇 개 있는지 세어보라고 해서 이튿날 세어보니 꼭 100개였다. 그래서 담(潭)자를 넣어 백담사로 이름을 고쳤는데, 그 뒤로는 화재가 없었다고 한다.

그러나 1915년 겨울밤에 화재를 당해 다시 불사가 일어났으며, 이후 만해 한용운이 백담사에 머물며 『불교유신론』, 『님의 침묵』 등을 집필하였던 곳으로 유명하다. 근래에 들어서는 전두환 전대통령이 이곳에 머물며 유배 아닌 유배 생활을 하였던 터라 더욱 세인의 입에 오르내리게 되었다.

현존하는 부속 암자로는 선덕여왕 12년(643) 자장이 창건하여 부처 사리를 봉안함으로써 전국의 5

백담사 전경

대 적멸보궁의 하나가 된 봉정암, 자장이 관음진신을 친견하였다는 관음암의 후신인 오세암이다.

이렇듯 역사가 오랜 절이지만 고색 창연한 옛 모습을 전혀 찾아볼 수 없어 섭섭한 마음을 금할 길이 없다.

외설악을 대표하는 절이 신흥사, 이에 응대할 만한 내설악의 절이 백담사이고, 외설악을 대표하는 계곡이 천불동이라면 내설악에서 내세울 계곡은 수렴동이다. 백담사를 지나 밭같이 넓게, 그리고 시원스레 시작되는 수렴동계곡은 소와 탕, 담, 폭포 등을 수없이 만들며 수려한 아름다움을 한껏 뽐낸다.

수렴동계곡으로 해서 대청봉으로 오르기 전에 아름다운 두 곳의 암자를 만나는데, 우선 웅장한 설악의 품에 아늑하게 안겨 있는 오세암이다. 매월당 김시습과 보우선사, 만해 한용운이 수도했던 곳이다.

전설에 의하면 조선 시대 설정선사가 고아가 된 다섯 살짜리 어린 조카를 잠시 절에 남겨둔 채 월동 준비하러 내려왔다가 폭설로 길이 막혀 이듬해 3월에야 절에 돌아왔는데, 그 동안 죽은 줄로만 알았던 어린 조카가 관세음보살을 부르며 예불을 드리고 있더라는 것이다. 해서 이름을 관음암에서 오세암으로 고쳤다고 한다.

한편 봉정암은 중청봉 북쪽 해발 1,500m에 위치해 있으며 이곳에는 부처 사리를 봉안한 오층석탑(지방유형문화재 제31호)이 세워져 있다.

만해 한용운

독립선언서를 기초한 최남선이 지조를 꺾고 일제에 아부를 시작하였다. 어느 날 새벽 한용운은 최남선의 집 앞에서 "어이, 어이" 하면서 슬피 우는 곡을 했다고 한다. '민족을 배반했으니 죽은 것과 다를 바 없다. 나는 친구의 죽음을 조상(弔喪)하는 것이다." 민족을 생각하는 한용운의 마음은 이처럼 철저하였다. 그의 사상과 행동과 일생은 일시적인 감정이 아니었던 것이다.

근대의 고승이자 독립운동가이면서 「님의 침묵」의 시인으로 더 유명한 만해 한용운(1879~1944년)은 1894년 열여덟의 나이로 동학난에 참여해 쓰디쓴 패배를 맛보고, 오세암으로 탈속의 발길을 옮겼다. 27세에 득도식을 올린 뒤 원산을 거쳐 만주 시베리아까지 걸승 노릇을 하며 고행을 마치고 돌아와 『불교유신론』을 집필하였다. 여기서 그는 "파괴 없는 유신은 있을 수 없다"는 불교의 혁신 사상을 주창하였으며, "산간에서 길거리로"의 불교 대중화론을 폈다. 이때 그는 불경의 국역에 힘써 『불교대전』 등을 펴내기도 하였다.

그런가 하면 그는 민족 대표 33인의 한 사람으로 한국의 자주 독립을 위해 "최후의 일인까지 최후의 일각까지 정당한 의사를 쾌히 발표하라"는 죽음을 무릅쓴 각오로 3·1 만세운동을 주도하였고, 민족주의 세력의 총규합체였던 '신간회'에서도 중요한 역할을 맡았다. 그는 일제의 밑에서는 교육을 시킬 수 없다 하여 자녀들을 학교도 보내지 않고 출생 신고도 하지 않을 정도로 투철한 항일 정신을 갖고 있었다.

이처럼 역사 의식에 투철한 시인이었던 그는 그 혹독한 일제 치하에서도 붓을 꺾거나 곡필하지 않고 당당히 시집 『님의 침묵』을 발표하였다.

'님만 님이 아니라 기른 것은 다 님"(서문 중에서)이라는 말은 종교인이자 혁명가요 시인이었던 그의 삶과 철학과 예술의 무게를 짐작 케하는 화두이다.

코스 9 고성

남녘땅 북쪽 끝, 단절의 아픔이 가득

고성은 분단의 현실을 일깨워주는 땅이다. 남녘에서 갈 수 있는 가장 북쪽의 땅이라는 지리적 위치가 가장 큰 까닭인데, 주민의 반수 이상이 고향을 북녘에 두고 온 사람들이며, 곳곳의 군부대와 통일전망대가 더더욱 그런 분위기를 돋운다.

북으로 금강산을 경계로 통천군과 닿아 있으며, 서로는 향로봉을 경계로 인제군과, 남쪽으로는 속초시와 경계를 이루고 있는 고성은 예로부터 함경도 일대와 영동 지방의 문화를 연결시켜주는 길목이었다.

본래 고구려의 영토였으나 진흥왕 때 신라땅으로 편입되었으며, 고려 시대에 간성현과 고성현으로 나뉘어 있다가 조선에 이르러 각각 군으로 승격되었다. 1914년 고성군이 간성군에 통합되었다가 1919년 간성군이 고성군이라 개칭되었으니 결과적으로 간성군이 없어진 셈이다. 한국전쟁으로 금강산을 포함한 일부 간성 지역이 북녘땅이 되어 편의상 남고성, 북고성이라 나뉘어 부르는데, 군청 소재지였던 고성읍은 북쪽에 있으며, 남한의 고성 군청은 간성읍에 자리하고 있다.

고성의 답사는 속초에서부터 7번 국도를 타고 동해안을 따라가면서 시작된다. 동해안의 절경에 자리 잡고 있는 청간정과 천학정으로 대표되듯 고성의 경치는 강원도 전체 해안선의 4분의 1에 조금 못 미치는 긴 해안선이 으뜸이다. 동쪽으로는 푸른 바다, 서쪽으로는 태백산맥의 거대한 줄기가 북으로 이어질 듯 호쾌하지만 휴전선으로 그만 단절되고 만다. 청간정은 관동팔경 중 가장 북쪽에 있는 누정이다. 물론 북녘땅에 있는 삼일포와 총석정을 빼고 말이다.

맑은 물색이 호수를 둘러싼 소나무 숲과 썩 잘 어우러지는 송지호는 속초의 청초호나 영랑호에 비해 아직 오염도가 높지 않다. 송지호를 사이에 두고 영동 지방의 특색보다는 함경도 쪽의 특색이 나타나는 상류 주택과 전통가옥 마을이 나타난다. 어명기 전통가옥과 왕곡 전통 건조물 보존지구가 그것이다. 추위에 적응하기 위한 가옥 구조를 잘 살펴볼 수 있다.

그리고 더 북쪽에는 단절의 아픔이 더 확연해지는 건봉사와 통일전망대가 있다. '그리운 금강산' 이 아스라히 펼쳐지는 고성땅에서 분단 조국의 현실을 좀더 생각해볼 일이다.

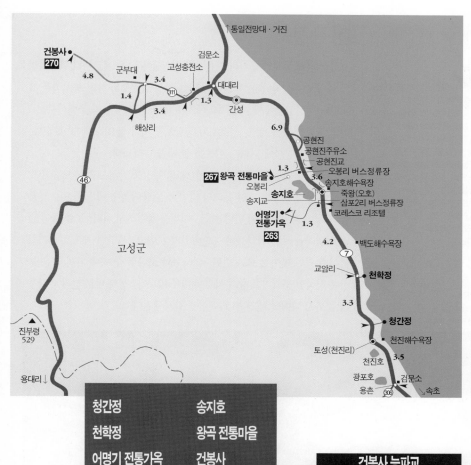

↑통일전망대·거진

건봉사 270
4.8   군부대   고성충전소   검문소
1.4   3.4   311   1.3   대대리
3.4   간성
해상리
46   6.9
공현진
공현진주유소
공현진교
267 왕곡 전통마을   1.3   오봉리 버스정류장
오봉리   3.6   송지호해수욕장
송지교   송지호   죽왕(오호)
어명기   삼포2리 버스정류장
전통가옥   코레스코 리조텔
263   1.3
4.2   백도해수욕장
7
교암리   천학정
고성군   3.3   청간정
진부령   천진해수욕장
529   토성(천진리)   3.5
천진호
용대리↓   광포호   검문소
용촌   305   속초

청간정	송지호
천학정	왕곡 전통마을
어명기 전통가옥	건봉사

동해안 최북단 지역인 고성의 교통편은 양양·설악(속초)과 거의 같다.
강릉에서 7번 국도를 따라 속초를 지나 고성 지역으로 찾아갈 수 있으며,
44번 국도를 타고 한계령을 넘은 후 양양에서 7번 국도로 길을 바꿔
찾아갈 수도 있다. 46번 국도를 따라 진부령을 넘으면 고성의
중심 지역인 간성읍으로 직접 갈 수가 있다.
고성 일대 해수욕장에는 여관과 민박집이 많아 숙식에 불편함이 없지만,
몇몇 지역은 숙식시설이 전혀 없는 곳도 있다.
또한 속초에서 통일전망대까지는 버스가 자주 다닌다.
그러나 고성의 중심인 간성은 전국 여러 곳과 대중교통이 많이 연결되어 있지 않아,
먼저 속초로 온 후 다시 고성으로 찾아가야 하는 불편함이 있다.

건봉사 능파교

청간정

고성군 남쪽 동해안에 자리 잡은 청간정(淸澗亭)은 예로부터 관동팔경의 하나로 손꼽혀왔다. 북녘땅에 있는 고성 삼일포와 통천 총석정을 제외한다면 남한땅에서 가장 북쪽에 있는 관동팔경이다. 속초에서부터 7번 국도를 타고 오르면, 청초호와 영랑호를 지나 북으로 계속 이어지는 동해안의 시원함에 취하다 한눈을 팔 때쯤 나타난다.

12개의 돌기둥이 정면 3칸 측면 2칸의 누정을 받치고 있는 모습인데, 누정에 올라서면 탁 트인 동해의 맑고 푸른 물이 한눈에 들어오는 것은 물론, 민물과 바닷물이 만나는 합수머리를 목격하게 된다. 눈을 들어 멀리 서남쪽을 보면 설악산의 울산바위가 보이고, 해안선 쪽으로는 거침없는 동적인 맛이 흐르는 반면, 대나무와 소나무 숲 속에 자리 잡은 누정은 정적인 분위기를 풍겨 서로 대비를 이룬다. 정자 바로 옆의 벚나무에 꽃까지 피어날 때면 누정은 한결 화사해진다.

고성군 토성면 청간리에 있다. 속초에서 7번 국도를 따라 간성 쪽으로 가다보면 속초시를 벗어나는 지점인 용촌 삼거리에 검문소가 하나 있다. 삼거리를 지나 3.5km 더 가면 길 오른쪽 낮은 동산 위에 청간정이 서 있다.
청간정 입구에는 대형버스도 여러 대 주차할 수 있는 주차장이 있고 매점과 공중화장실도 있다.
숙식은 인근 천진해수욕장 주변이나 속초를 이용해야 한다. 청간정 앞으로는 속초·간성간 버스가 10〜20여 분 간격으로 다닌다.

청간정
남한땅에서 볼 수 있는 것 중에 가장 북쪽에 위치한 관동팔경이다.

청간정에서 내려다본 천진해수욕장

천진해수욕장에서 바라본 청간정
산자락이 바다와 만나는 끝머리에 지어
진 청간정 주위로 소나무와 벚나무 숲이
우거져 있다.

청간정의 창건 연대는 알 수 없으나 조선 중종 15년(1520)에 고쳐 지었다는 역사 기록으로 보아 적어도 그 이전에 지은, 꽤 오래 된 누정임을 알 수 있다. 그때의 정자는 1844년에 불타버렸고, 그 이후 1928년에 다시 지은 것을 1981년에 해체·복원하였다.

자그마한 누정 안쪽에는 조선 시대 명필인 양사언과 문장가 정철의 글씨, 숙종의 어제시를 비롯한 전직 대통령들의 글씨가 남아 있다. 현재 걸려 있는 청간정 현판은 1953년 이승만 전대통령이 쓴 것이다. 채 1년이 못되는 재임 기간 동안 최규하 전대통령도 어느 틈엔가 청간정을 방문, 친필을 남겼다.

청간정은 강원도 유형문화재 제32호로 지정돼 있다.

고성군 해수욕장 주변 민박안내
고성군 수협 (T.033-682-2072)
　초도 어촌계(화진포,　T.033-681-
　3625)
　죽왕 어촌계(송지호, 백도, T.033-
　632-0024)
　대진 어촌계(T.033-682-0138)
　거진 어촌계(T.033-682-2782)
　아야진 어촌계(T.033-632-9863)
　천진 어촌계(T.033-633-0769)
　봉포 어촌계(T.033-631-2606)

천학정

청간정을 지나 북쪽을 향해 약 3km 가면 소나무가 우거진 조그만 산이 하나 나온다. 동해와 직접 맞부딪치는 높은 절벽 위에 서 있는 조그만 정자가 천학정이다. 1931년 이 고장 유지들에 의해 세워졌다.

천학정 아래로 부서지는 푸른 물결이 바라다보이는가 하면, 뒷산에서는 짙은 솔내음이 풍겨온다. 너른 바다 위에 작은 섬들이 떠 있고, 남쪽

고성군 토성면 교암리에 있다. 청간정에서 간성 쪽으로 7번 국도를 따라 3.3km 가면 교암리다. 마을 초입으로 들어서자마자 오른쪽 길을 따라 50m쯤 가면 해안가 오른쪽 바위 벼랑 위에 천학정이 있다.

승용차는 해안까지 갈 수 있으나 대형버스는 마을 안에 있는 버스정류장 주변에 주차해야 한다. 마을에는 민박집이 여러 군데 있고, 인근 백도해수욕장에도 숙식할 곳이 있다. 대중교통 이용방법은 청간정과 같다.

천학정
조용히 바다를 바라볼 수 있는 정자이지만 군부대 철조망이 정자 주위를 둘러싸고 있어 조금은 어수선하다.

으로는 청간정, 북쪽으로는 백도해수욕장과 죽도, 능파대가 시야를 적당히 가려줘 바다에 직접 면한 정자치고는 꽤 아늑한 분위기를 자아낸다. 같은 동해라도 청간정에서 바라보던 호방한 바다 맛과는 그 분위기가 완연히 다르다.

소나무 숲과 기암절벽, 그리고 바닷가 모래사장을 배경으로 한 정자의 멋이 다 고만고만할 듯싶어도 나름대로 독특한 분위기와 특징을 갖고 있음을 알 수 있다.

어명기 전통가옥

 고성군 죽왕면 삼포리에 있다. 천학정이 있는 교암리에서 7번 국도를 타고 간성 쪽으로 4.2km 정도 가다가, 길 오른쪽 코레스코 리조텔을 지나자마자 왼쪽을 보면 삼포2리 버스정류장이 보인다.
그 옆으로는 시멘트길이 나 있는데, 이 길을 따라 1.3km 가량 더 들어가면 삼포1리 어명기 가옥에 닿는다.
승용차는 어명기 가옥까지 갈 수 있지만 대형버스는 마을 입구 사거리에 주차해

강원도 일대의 상류 주택은 주로 강릉 지방에 많은데, 대개 홑집 구조에 ㅁ자형을 이루는 것이 대부분이다. 그런데 고성군 죽왕면 삼포1리에 남아 있는 어명기 전통가옥은 상류 주택에서는 보기 드문 겹집 구조를 갖추고 있다.

장대석 위에 바른 층 쌓기를 해서 높은 기단을 만들고 그 위에 사각 기둥을 세운 팔작지붕의 면도리집으로 현재 안채와 곳간채만 남아 있다. 평면 4칸×3칸의 ㄱ자형으로, 안채와 사랑채가 맞붙어 있는데, 서쪽에는 부엌과 외양간 등 작업 공간이 있고 동쪽 3칸에는 5개의 방과 3칸 마

루가 모여 있다. 정면에 3칸 마루가 연이어 있고 여기에 두짝 분합문을 달았으며, 동쪽 측면에는 툇마루를 두었다. 이와 같은 독특한 구조는 이 지방 민가의 일반적 형태인 북부형 겹집 구조, 곧 양통집에서 엿볼 수

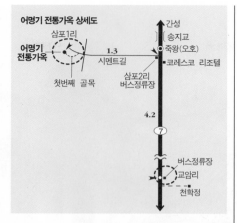

어명기 전통가옥 상세도

삼포1리
어명기 전통가옥
첫번째 골목
1.3
시멘트길
삼포2리 버스정류장
간성
송지교
죽왕(오호)
코레스코 리조텔
4.2
⑦
버스정류장
교암리
천학정

야 한다. 따로 숙식할 곳은 없으며 대중교통도 삼포2리 버스정류장을 이용해야 한다. 속초·간성간 버스가 10～20여 분 간격으로 다닌다.

있는 것이다. 따라서 지방 민가의 유형이 상류 주택에 도입되었음을 알 수 있다.

둥근 돌담 뒤에 있는 동산에 올라서면 집의 전체적인 구조가 한눈에

언덕 위에서 본 어명기 전통가옥
집 뒤의 낮은 언덕에 기대어 있다. 복원하면서 새로 지어진 어명기 가옥의 담장이, 낡았지만 정감 어린 모습의 옆집 담장과 비교되어 보인다.

어명기 전통가옥
강원도 상류 주택으로는 보기 드물게 겹
집 구조로 지어졌다.

들어온다. 돌담이 싸고 있는 공간은 폐쇄성이 강조된 여성적 공간이며, 탁 트인 앞쪽 사랑채는 개방성이 강조된 남성적 공간이다. 대문은 곳간이 있는 가옥의 오른쪽에 나 있다. 곳간에는 디딜방아와 큰 독 등을 만들어놓았다. 현재 어명기 전통가옥으로 드나드는 길은 집의 뒤쪽으로 나 있지만, 옛날에는 마을집들이 들어서 있는 어명기 전통가옥의 앞쪽 방향으로 나 있었을 것으로 추측된다.

어명기 전통가옥 바로 옆 민가에는 돌과 기와와 흙을 섞어 보기 좋게 발라놓은 옛 돌담의 일부가 남아 있는데, 시멘트에 큰 자갈을 군데군데 박아놓은 어명기 가옥의 돌담보다 훨씬 더 정감 있는 모습이다.

어명기 전통가옥은 주인이 서울에 살며 간혹 내려와 돌본다고 하는데, 사람이 살지 않아 박제돼 있는 듯한 인상을 준다. 그래서 이 집보다는 현재 살림집으로 쓰이고 있는 옆 민가에 오히려 정이 가는 것이 인지상정일는지 모르겠다.

지방의 특색을 살려 잘 지어놓은 어명기 가옥과 옆 민가의 정감 어린 분위기, 그리고 드나드는 길 양쪽에 펼쳐진 솔밭의 분위기를 한데 엮어

어명기 전통가옥 내부
용마루 아래 벽체의 일부를 천장과 터놓아 내부의 온기가 서로 통할 수 있게 하였다. 합각부에는 연기 등이 빠져나가 환기가 되도록 구멍을 뚫어놓았다.

보면 그 옛모습이 어떠했을지 쉽게 상상이 간다.

어명기 전통가옥은 1500년대에 처음 지었으나 1750년에 불타 없어졌고, 3년 뒤에 다시 지어졌다고 하니 약 240년 된 옛집이다. 해방 뒤에는 토지 개혁으로 몰수되어 인민위원회 사무실로 쓰였고, 한국전쟁 때는 국군 제1사단 사령부의 병원으로 사용되었다. 중요민속자료 제131호로 지정돼 있다.

송지호

강물에 실려온 모래가 바다 물결에 맞부딪쳐 강 하구에 쌓이기를 거듭하여 이룬 모래톱이 길게 바다를 가로막아 생긴 호수를 석호라 한다. 강릉의 경포호, 속초의 청초호와 영랑호, 고성의 삼일포와 송지호와 화진포, 통천의 강동포와 천아포 등이 모두 동해안의 석호이다.

작은 석호는 모래톱으로 바다와 완전히 분리돼 있지만 큰 석호는 대개 좁은 수로로 바다와 연결되어 있어서, 하천이 석호를 통하여 바다로 유출된다. 그래서 동해안의 석호는 거개가 담수호(淡水湖)인데, 속초의 청초호만은 어선이 드나들 수 있게 인위적으로 수로를 넓고 깊게 파놓아 담수호가 아니다.

동해안의 석호는 강물에 실려온 모래로 계속 매립되고 있어 점차 축소되는 추세이며, 대신 주변 농경지가 확장되고 있다.

고성군 죽왕면 오호리에 있다. 어명기 전통가옥 입구 삼포2리 버스정류장 앞에서 7번 국도를 타고 간성 쪽으로 조금 가면 죽왕면 오호리가 보인다. 이 마을을 지나 처음 나오는 다리인 송지교 왼쪽으로 보이는 호수가 송지호고, 오른쪽은 송지호해수욕장이다.
송지교 주변에는 대형버스도 잠시 주차할 수 있으며, 오호리에 숙식할 곳이 여러 군데 있다.
속초에서 간성으로 10~20여 분 간격으로 다니는 버스를 이용해 오호리에서 내려 조금 걸어가도 된다.

송지호
물색이 맑은 데다 울창한 소나무 숲과 잘 어우러져 강원을 대표하는 자연 호수로 꼽힌다.

송지호 건너편에 있는 송지호 해수욕장은 수심이 낮고 백사장이 길며 휴양시설이 잘 갖추어져 있다. 특히 이곳의 겨울 바다는 여름과는 달리 한적하면서도 정취 어린 느낌을 준다. 다만 백사장 주변으로 출입이 자유롭지 못한 곳이 있다.

송지호해수욕장
송지호는 좁은 수로를 통하여 바다와 연결된다.

고성군 죽왕면 오봉리 7번 국도변에 위치하고 있는 송지호는 그 규모가 사방 10리에 이르는데, 물색이 맑은 데다 울창한 소나무 숲과 잘 어우러져 강원을 대표하는 자연 호수로 꼽힌다. 그래서 이름도 송지호(松池湖)이다.

파도가 높거나 해일 또는 장마 때에는 송지교를 통해서 호수 안으로 숭어, 황어, 살감생이 등 바닷고기가 떼지어 들어오는데, 민물고기인 잉어, 붕어와 함께 어족이 풍부해져 낚시터와 담수욕장으로 인기가 높다. 해변가 모래땅에 곱게 피는 해당화와 겨울이면 날아드는 겨울 철새 고니도 빼놓을 수 없는 명물이다.

1977년 국민관광지로 지정된 뒤 각종 위락시설이 들어섰으며, 해수욕장이 가까이에 있어 늘 관광객이 많다. 송지교 남쪽 300m 지점 소나무 숲으로 난 오솔길을 따라 들어가면 송지호해수욕장이다.

이곳 부자였던 정거재라는 사람이 시주를 부탁한 스님에게 똥을 퍼줘 내쫓았는데, 스님이 문간 옆에 놓여 있던 쇠절구를 집어 땅바닥에 내던지니 쇠절구가 떨어진 곳에서 물기둥이 치솟기 시작하여 정부자의 집과 논이 순식간에 잠기고 호수가 되었다는 전설이 있다. 강릉 경포호, 화진포를 비롯한 동해안의 자연 호수들이 이와 비슷한 전설을 갖고 있는 것도 흥미롭다.

송지호 북쪽 거진읍과 현내면 경계에 자리 잡은 화진포(花津浦)도 고성이 자랑하는 석호이다. 호수 주변에 해당화가 만발하여 그렇게 불린다. 가까이에 모래가 고운 화진포해수욕장이 있다.

왕곡 전통마을

송지호 북쪽 오음산(260m) 남쪽 자락에 자리하고 있는 왕곡마을은 해변에서 불과 1.3km 떨어져 있지만 어촌보다는 깊은 산촌 같다는 느낌이 더 짙다. 봉우리 다섯 개가 마을을 둘러싸고 있기에 전쟁도 피해갔다는 오봉리 왕곡마을은 1988년 전통 건조물 보존지구 제1호로 지정되었다.

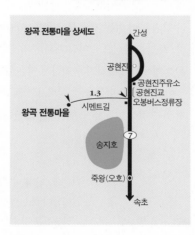

왕곡 전통마을 상세도

 고성군 죽왕면 오봉리에 있다. 송지호에서 간성 쪽으로 7번 국도를 따라 조금 가면 공현진교가 나온다. 다리 바로 앞 왼쪽으로 오봉리 버스정류장이 있고 시멘트길이 나 있다. 이 길을 따라 1.3km 들어가면 왕곡 전통마을에 닿는다. 삼포2리 버스정류장에서 오봉리 정류장까지의 거리는 3.6km이다.

승용차는 마을 안까지 들어갈 수 있으나 대형버스는 마을 입구에 주차해야 한다. 숙식할 곳은 따로 없다. 7번 국도가 지나는 공현진에는 숙식할 곳이 많이 있다.

속초에서 간성으로 10~20여 분 간격으로 다니는 버스를 이용해 오봉리 버스정류장에서 내려 걸어가기도 된다.

전통 기와집 20채와 초가 1채 등 모두 50여 채가 양지 바른 곳에 평

왕곡마을 전통가옥
방, 마루, 부엌, 외양간 등이 한데 붙어 있는, 강원도 북부 지방에서만 볼 수 있는 독특한 가옥 구조이다.

왕곡 전통마을
전통 건조물 보존지구로 지정된 왕곡마을은 다섯 봉우리가 마을을 감싸고 있는 아늑하고 평화로운 마을이다.

화롭게 들어앉아 있다. 큰 부자가 없는데도 기와집을 많이 지었던 것은 이웃한 구성리에 기와 굽는 가마가 있었기 때문이라고 한다.

지은 지 100년이 넘는 기와집들은 모두 강원 북부 지방의 특색을 살린 독특한 구조를 갖고 있다. 곧 방, 마루, 그리고 부엌과 외양간이 한데 붙어 있는 집중식 구조인데, 외양간이 따로 떨어져 있지 않고 부엌 앞의 처마 밑에 붙어 있는 것이 특색이다. 이렇게 되면 평면 모양이 ㄱ자가 된다. 부엌을 중심으로 여러 개의 주거 공간이 배치되는데, 겨울이 긴 추운 지방에서 생활하기 편리하게 지은 양통집이다.

이곳 마을의 한옥을 잘 살펴보면 집집마다 굴뚝 위에 항아리가 얹혀져 있는 것을 발견할 수 있다. 마을 사람들은 왜 항아리를 굴뚝 위에 얹

양통집

한 용마루 안에 앞뒤로 방을 꾸민 집을 말한다. 대개 함경도 지방에서부터 태백산맥 줄기를 따라 내려오면서 동해안 지방, 안동 지역 등에 분포한다. 평면 구성은 방이 겹으로 배열되고, 외양간, 방앗간, 고방 등이 몸채 안에 붙여진다.

양통집은 크게 정주간의 유무에 따라 크게 둘로 나누어지는데, 정주간이 없는 양통집은 주로 강원도, 영동, 소백산맥의 산간지대에 분포하고, 정주간이 있는 양통집은 함경도에 분포한다.

정주간은 아궁이에 불을 지필 때 따뜻해진 실내 공기를 그대로 이용하는 주거 공간으로 외부와 완전히 차단되어 집의 중앙에 위치한다. 보통 정주간을 중심으로 식사와 잠자리, 가족 모임 등 생활이 이루어

지는데, 남자 어른은 거처하지 않고 여자들이나 어린이들이 쓰는 방이라는 특색이 있다.

양통집은 정주간이 있거나 없거나 모두 추운 날씨에 적응하기 위한 북방식 주택 구조이며, 규모에 따라 6칸, 8칸, 10칸 이상의 집으로 구분된다.

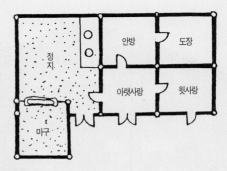

양통집 평면도

는 것인지 잘 모르지만 단지 조상들이 그렇게 해왔기에 전통을 지키고 있다고 한다.

효자각이 2개나 세워졌을 정도로 효자마을의 전통을 지니고 있는 이곳은 한옥이 잘 보존돼 TV극 '배달의 기수' 촬영 장소로도 많이 애용됐다고 한다.

1988년 전국에서 제일 먼저 전통 건조물 보존지구로 지정된 이곳은 1989년부터 10개년 계획으로 복원 사업이 추진되고 있는데, 그동안 1820년에 세워졌다는 양근 함씨 4세 효자각이 고쳐졌고, 예술 창작의 집도 들어섰다. 현재 보수공사가 한창 진행중이며 아직은 찾는 사람이 드물지만, 공사가 끝나는 1998년이면 고성의 여타 관광지와 연계되어 관광 명소로 자리 잡게 될 것이다.

전신주나 전선 등도 땅속에 묻는 등 옛 마을의 주거 환경을 재현하는 작업이 한창이지만, 정작 다 스러져가는 집을 수리하거나 다시 지어야 할 지경에 이른 마을 사람에게는 보존지구라는 관의 통제가 도리어 불편한 경우도 있다고 하소연한다. 문화재라면 감독관의 지휘하에 철저하게 고증하여 공사해야 하는데, 그 고증을 소홀히 해 두세 차례 집을 뜯어고쳐야 하는 불편이 따르고, 또한 살고 있는 사람의 편의를 무시한 채 옛식만이 고집되는 행정주의적 처사에 대한 불만이다. 이러한 갈등은 비단 이곳뿐만 아니라 전통마을이라면 모두 겪는 진통이다. 옛것을 오늘에 살리는 일이 그만큼 쉽지 않음을 알 수 있다.

이곳 왕곡 전통마을의 또 한 가지 특징은 마을에 우물이 없다는 점인데, 마을 모양이 배의 형국이어서 마을에 우물을 파면 마을이 망한다는 전설 때문이라고 한다.

초가집
지붕만 초가로 얹었을 뿐 가옥 구조는 이웃한 전통가옥과 같다.

건봉사

거대한 육산이 가로 누워 끝이 없을 듯 길게 모습을 드러내보이기 시작하는 금강산, 민족의 영산으로 주저없이 꼽히는 금강산으로 향하는 심사는 그러나 그 초입인 건봉산(911m)에서부터 안타깝게도 단절된다.

고성군 거진면 냉천리에 있다. 오봉리 버스정류장(왕곡 전통마을)에서 7번 국도를 타고 간성 쪽으로 계속

가다가 간성을 지나면 곧 대대리검문소
가 있는 삼거리에 닿는다.
이곳에서 왼쪽 46번 국도를 따라 진부령
쪽으로 1.3km 가면 오른쪽으로 건봉사
안내표지판과 함께 해상리로 가는 시멘
트길이 나온다.
이 길을 따라 3.4km 들어가면 해상리
이며, 비포장길을 따라 4.8km 더 가면
건봉사 입구에 닿는다. 입구에는 대형버
스도 여러 대 주차할 수 있는 주차장이 있
다.
건봉사 주변에는 숙식할 곳이 없으므로
간성에서 숙식할 것을 권한다. 간성에서
해상리까지는 버스가 하루 8회 다닌다(간
성→해상리 : 07:20, 09:20, 11:20,
13:15, 14:45, 16:25, 18:20,
20:20).

건봉사 상세도

부도밭 · 건봉사

4.8 비포장길

진부령

군부대
1.4 해상리

시멘트길

간성
향교
3.4   3.4

46   311

교동교
고성충전소
1.3
북천교   대대리검문소

간성   대대리   7   거진

속초 남천교

진부령(529m)은 우리 나
라 최북단에 있는 고개이다. 간성에서 진
부령에 이르는 길은 깨끗한 계곡과 우거
진 숲이 연이어 나타나고 교통량도 적어
일부러도 한번 넘어가볼 만하다.

군사분계선으로 막혀 있기
때문이다.

간성읍 대대리 교동교를
지나 북쪽으로 교동천을 긴
시멘트길을 따라 한참을 달
리다보면 '신나는 병영
생활'이라는 글줄이 눈에
밟히고, 비포장길을 따라
기약 없이 또 달려가면 부
대 두어 곳을 지나 금강산
(정확히 하자면 건봉산)
아래 절이 나선다. 설악산의 신흥사와 백담사, 양양의 낙산사를 말사로
거느렸을 정도로 거대했던 건봉사이다. 민간 통제 구역 안이지만 지난
1988년 건봉사로 출입하는 길만 민통선에서 해제되면서 일반인의 출입
이 자유로워졌다.

사지(寺誌)에 신라 법흥왕 7년(520) 아도화상이 창건한 원각사라는
기록이 있으나, 믿을 만한 것은 아니다. 법흥왕 7년은 신라가 불교를 공
인하기 8년 전이며, 아도화상은 신라가 불교를 공인하기 무려 154년 전

건봉사 일주문
한국전쟁 때 불타지 않은 유일한 건물이
다. 보통 일주문은 기둥이 2개인데 건봉
사 일주문은 4개의 기둥을 세워 지었다.

에 고구려에 불교를 전한 사람이니 말이다. 혹 '아도'라는 이름의 다른 승려일까 싶기도 하지만 승려의 행적을 기록한 불교 문헌들에는 '아도'라는 이름의 동명이인은 없다. 그렇다면 이는 다만 속설을 기사화하느라 연대를 잘못 맞춘 것으로 여길 수밖에.

758년 발징이 중건하였고, 염불만일회(念佛萬日會)를 베풀었는데, 여기에 신도 1,820명이 참여하였다고 한다. 이는 우리 나라 만일회의 효시가 되는 것이다. 신라 말에 도선이 중수한 뒤 절 서쪽에 봉황처럼 생긴 돌이 있다고 하여 서봉사라 하였으며, 1358년 나옹이 중건하고서 건봉사(乾鳳寺)라 하였다. 1464년 세조가 행차하여 자신의 원당(願堂)으로 삼았으며, 이후부터 왕실의 보호를 받는 큰 사찰이 되었다. 임진왜란 때는 서산대사의 명을 받은 사명대사가 승병 6,000여 명을 이곳에 집합 훈련시켰는데, 이때 절 앞 냇가가 쌀뜨물로 하얗게 뒤덮였다는 이야기가 전해온다.

1878년 큰 산불이 일어나서 건물 3,183칸이 소실되었으나 이후 여

1920년대 건봉사 전경
한국전쟁으로 완전히 폐허가 되기 전에는 대웅전, 관음전, 사성전, 명부전 등 총 642칸에 이르는 수많은 건물이 있는 강원도 최대의 대찰이었다.

금강저
무기의 일종인 금강저를 일주문 기둥에 새겨 사악한 것이 함부로 들어오지 못하도록 하였다.

돌솟대
돌기둥 위에 오리가 앉아 있는 형상으로 기둥에는 '불기2955년 무진 여름'이라는 명문이 뚜렷하다. 절에서는 기둥 위의 새를 봉황으로 보고 있다.

7번국도는 부산에서 출발해 동해안의 푸른 물결과 함께 이어지는 우리 나라에서 가장 긴 국도이다. 그러나 군사분계선이 가로막고 있는 통일전망대에서부터는 더 이상 북으로 가지 못하고 길을 마감한다.
한편 통일전망대로 들어가려면 마차진리에 있는 통일전망대 출입신고소에 신청서를 제출해야 한다.
간성에서 전망대까지는 25km 정도의 짧은 거리지만 신고소에서의 대기시간을 감안한다면 시간을 넉넉히 잡아야 한다.

러 차례에 걸쳐 복원되었으며, 설악산 신흥사와 백담사, 양양의 낙산사 등을 말사로 두고 승려의 수가 100여 명이 넘을 정도로 대가람을 이루었다. 그러다가 한국전쟁 때 완전히 폐허가 되다시피 하였다. 당시까지만 해도 대웅전, 관음전, 사성전, 명부전, 독성각, 산신각, 단하각, 진영각, 범종각, 봉천루, 보제루, 대지전, 동지전, 서지전, 어실각, 어향각, 동고, 낙서암, 극락전, 만일원, 보안원, 선원, 원적암, 사무소, 불이문, 여란, 장의고, 성황당, 수침실 등 총 642칸의 당우가 현존하였으

며, 중요 문화재로는 도금원불(鍍
金願佛), 오동향로, 철장(鐵杖),
대종, 절감도, 차거다반(硨磲茶
盤) 등과 불사리탑 등 탑 8기, 부
도 48기, 비 31기, 고승 영정 44점
등이 있었다. 부속 암자만 하더라
도 보림암, 대성암, 적명암, 보리
암 등등이 있었다. 이 모든 것이 불
타버린 뒤 오늘날 건봉사의 모습은
1989년 이후 조성된 것이다. 한국
전쟁 때 유일하게 불타지 않은 불이
문이 강원도 문화재자료 제35호로
지정돼 있으며, 옛 건봉사터가 강
원도 기념물 제51호로 지정돼 있다.

　독특하게도 기둥이 4개인 불이문(不二門)은 문이 아니라 차라리 집
에 가깝다. 1920년에 세워졌으며, 해강 김규진이 현판을 썼다. 금강저
(무기의 일종)가 기둥에 새겨져 있는데, 한국전쟁 때 맞은 총탄 자국이
아직도 선명하다.

　불이문을 지나면 왼쪽으로 솟대 모양의 두툼한 돌기둥이 나타난다. 다

소 부피가 커지고 나무가 아닌 돌이긴 하지만 장대 위 꼭대기에 오리가
앉아 있는 외형은 완전한 솟대인데, 돌기둥에 '나무아미타불', '대방광
불화엄경'이라는 불경이 한글로 쓰여 있는 것이 독특하다. '불기 2955
년 무진(戊辰) 여름'이라는 명문도 뚜렷하다. 마을의 안녕과 풍년, 풍
어를 염원하며 마을 지킴이로서의 역할을 하던 솟대 신앙이 불교에 습
합되어 나타난 변형 상징물이 아닌가 싶다. 높이는 약 3m이다.

옛 절터와 대웅전 사이의 계곡에 무지개 모양의 돌다리 '능파교'가 놓
여 있다. 30여 개의 돌이 반원을 이루고 있으며 반듯하게 자른 돌을 그
위에 수평으로 차곡차곡 쌓았다. 수평으로 돌을 쌓는 것은 우리 나라 석
축의 양식이며, 계곡 양안에 마름모꼴로 돌을 쌓아 사선이 두드러지게
하는 것은 일본식으로, 둘을 비교해볼 만하다.

능파교를 건너면 새로 지은 대웅전으로 들어가게 되는데 능파교를 건
너자마자 십바라밀이 새겨진 돌기둥이 서 있다. 십바라밀은 이승의 번
뇌를 해탈하여 열반의 세계에 도달하기 위한 10단계의 수행을 가리킨다.
마멸이 심하지만 온전히 형체를 알아볼 수 있는 돌거북 한 마리도 엎드
려 있다.

최근 새로 지은 팔상전 뒤에는 조선 시대의 것으로 추정되는 석종형
부도 2기와 팔각원당형의 사리탑과 부도비가 각기 하나씩 서 있으며, 금

건봉사 부도밭
50여 기가 넘는 부도가 모여 있는 절 입구의 넓은 부도밭을 보면 대가람을 이루었던 건봉사의 옛모습을 상상할 수 있다. 한 장의 사진으로는 부도밭 모두를 담기 어려울 정도이다.

부도비의 일부
부도밭 여기저기에는 부도비의 일부만 남아 있는 것이 있다. 아래 사진도 부도비의 일부로 문양 가운데에는 범어가 새겨져 있다.

당터로 추정되는 곳곳에는 무성한 잡초 속에 주춧돌만이 쓸쓸히 남아 옛흔적을 드러내고 있다.

이렇게 절을 한 바퀴 돌아나오면 한국전쟁 이전 금강산의 남쪽 너른 자락에 대가람을 이루었을 건봉사의 옛모습을 상상하기란 과히 어렵지 않다. 50여 기에 달하는 부도와 탑비가 서 있는 불이문 밖의 엄청난 규모의 부도밭을 목격하면 그 상상은 확신으로 이어진다.

원래 경내에 약 200여 기의 부도와 비가 흩어져 있었으나 한국전쟁 이후 많은 수가 도굴돼 80년대 중반 남은 부도와 비를 모아 지금의 자리를 마련한 것이다.

그렇게 건봉사를 뒤로 하고 나오는데, 어쩐지 무언가 빼놓은 듯 허전한 느낌이 드는 것은 아마도 군사분계선에 구애받지 않고 하루라도 빨리 금강산으로 내쳐 달려가고 싶은 마음 때문일 게다.

건봉사 건물터
건봉사에는 한국전쟁 당시 불타버린 건
물터들이 곳곳에 널려 있다.

통일전망대

고성군 현내면 명호리, 북위 38도 35분. 비무장지
대와 남방한계선이 바다와 만나는 해발 70m의 고
지에 세워진 통일전망대에 서면, 망원경을 이용해
북녘의 금강산과 해금강을 또렷이 볼 수 있다.

통일전망대 본관 1층에서는 북한 관련 자료들과
금강산 사진을 전시하고 있으며, 2층에는 전망 시
설을 해놓았다. 통일전망대 옆에 세워진 미륵불상과
성모상이 통일을 기원하며 북녘땅을 응시하고 있다.

이곳에서 해금강까지는 불과 5km. 북녘 고향을
그리워하고 통일을 염원하는 사람들의 방문과 기도
가 끊임이 없다.

특집
조선 시대 진경산수와 관동팔경

유홍준

관동팔경은 문자 그대로 대관령 너머 동쪽에 있는 여덟 명승지로 모두가 동해 바다를 배경으로 한 정자와 누대, 그리고 사찰이다. 위에서부터 내려오면서 통천의 총석정(叢石亭), 고성의 삼일포(三日浦), 간성의 청간정(淸澗亭), 양양의 낙산사(洛山寺), 강릉의 경포대(鏡浦臺), 삼척의 죽서루(竹西樓), 울진의 망양정(望洋亭), 평해의 월송정(越松亭) 등을 일컫는다. 경우에 따라서는 흡곡의 시중대(侍中臺)가 들어가기도 하지만 그것은 예외적인 것이다.

관동팔경이 이렇게 여덟 경치로 정착된 것이 언제부터인지는 확실치 않다. 부분적으로는 고려 안축의 경기체가인 「관동별곡」과 조선 선조 때 송강 정철의 가사인 「관동별곡」에서 그 연원을 찾고 있으나, 이것은 관동팔경으로 요약된 노래가 아니었다. 그것은 아마도 17세기 기행의 풍류가 사대부사회에서 크게 일어나고, 18세기에는 기행문학으로 기행시가 보편화되면서 항간에 팔경이라는 것이 굳어지게 된 것이 아닌가 추측된다.

그런데 이 아름다운 관동팔경을 그림으로 그려 여덟 폭 화첩 내지는 여덟 폭 병

겸재 정선, 고성 삼일포 ↖

겸재 정선, 통천 총석정 ▼

풍 형식으로 만들어낸 분은 조선 시대 진경산수의
창시자이자 완성자였던 겸재 정선(謙齋 鄭敾,
1676~1759)이다. 겸재의 진경산수는 조선 시
대 회화사에서 획기적인 업적으로 평가되고 그 높
은 예술정신은 오늘날에도 길이 기념하는 바다. 겸
재 이전의 화가들이 그린 산수화들은 대개 중국의
산수화에서 연유하는 관념적인 그림이었다. 안견
의「몽유도원도」처럼 삼라만상의 본질을 담지하
고 있는 존재로서 자연을 그렸거나, 이상좌의「송
하보월도」처럼 인간이 낭만과 서정을 발현하는 대
상으로서 자연을 그렸거나, 이경윤의「고사탁족
도」처럼 사람이 살아가고 있는 배경으로서 산수
를 그린 것이다. 거기에는 철학이 있고 인간이 있
기에 많은 사람들이 이런 산수화를 보면서 자연과
인생을 생각하곤 했다.

겸재 정선, 양양 낙산사

　그러나 겸재 이전의 그림 속에는 자기가 살아가고 있는 자연 내지는 조국의 산
천에 대한 자랑과 자부심은 나타나 있지 않았다. '아! 아름다와라, 조국 강산이여!'
라는 개념이 없었다. 어쩌면 사대부들의 미적 이상은 중국의 태산이나 여산에 있
었기에 그런 생각도 의지도 없었는지 모른다. 바로 이런 시점에서 겸재는 조국 산
천의 아름다움을 박진감 있게 표현하였다. 그리하여 조선의 산수화는 다름 아닌 겸
재로부터 비롯되었다고도 할 만한데, 이 점을 동시대의 화가인 조영석은 다음과 같
이 힘주어 말한 바 있다.

　"정선(鄭敾)의 이 그림은 먹을 운용함에 있어 자취를 남기지 않고 선염(渲染)
에도 법도를 갖추고 있어, 그윽하고 침착하며 기운이 솟구치고 윤택하고 무르익어
빼어난 아름다움을 드러내니……조선왕조 300년을 돌아보더라도 아직 이와 같은
화가는 볼 수 없다고 하겠다. 내가 생각하기로는 우리 나라 산수를 그리는 화가 가
운데 윤곽이나 구도의 위치, 16가지의 준법(皴法), 여러 가지 물결선을 그려내는
것 등에 대한 조리 있는 이론과 방법을 제대로 터득한 사람이 없었다. 비록 중첩된

겸재 정선, 강릉 경포대

산봉우리라 하더라도 오직 수묵으로써 한결같이 마구 칠하여 그려낼 뿐,……

내가 일찍이 이와 같이 논하였더니 정선도 옳다고 하였다. 정선은 일찍이 백악산(白岳山, 현재의 북악산) 밑에서 살았는데 마음만 내키면 곧 산을 마주하여 그리곤 하였다. 이리하여 준법을 다루고 먹을 운용함에 있어 스스로 마음에 깨닫는 바가 있게 되었다. 그는 이윽고 집을 나서 내외 금강산을 들락거렸으며 또 영남(嶺南)의 뛰어난 여러 절경을 두루 돌아다니면서 거기에 펼쳐진 빼어난 형세들을 다 파악하고자 하였다. 만일 그 노력의 지극함을 말한다면 이를 위해 그가 사용한 붓을 묻으면 거의 무덤을 이룰 정도였다고 해야 할 것이다. 이리하여 스스로 새로운 풍격을 창안하여 우리 나라 화가들의 한결같이 마구 칠해버리는 고루한 폐단을 깨끗이 씻어버릴 수 있었던 것이다. 따라서 우리 나라의 산수화는 정선으로부터 비로소 새로이 열렸다고 할 수 있을 것이다.(겸재의 「금강산화첩」에 붙인 조영석의 발문 중에서)”

겸재의 진경산수는 크게 두 가지 줄기로 구현되었다. 하나는 금강산 그림이며, 또 하나는 서울 근교의 실경들이다. 겸재는 이외에도 영남지방, 그리고 황해도와 함경도의 명승지도 기행한 듯하지만 대종은 역시 금강산과 서울 근교였다.

겸재의 금강산 그림은 크게 내금강과 외금강 그림으로 분류되는데, 외금강 그림 중에는 통천의 총석정, 문암(門岩), 삼일포, 시중대 등을 즐겨 그림으로써 관동팔경의 일부를 소화하고 있다. 그런가 하면 겸재는 경상도 청하(淸河)와 하양(河陽)의 현감을 지내면서 이 일대의 명소를 즐겨 그려 내연산 풍경과 함께 평해의 월송정도 여러 폭 그리곤 하였다. 그런 가운데 겸재의 60대 필치로 보이는 관동팔경 병풍과 화첩이 여러 폭 전해지고 있어서 혹시 관동팔경의 구체적 내용들이 겸재의 「관동팔경도」와 함께 고착된 것은 아닌가 생각해보게도 된다.

겸재 정선, 간성 청간정

겸재 정선, 삼척 죽서루

　겸재의 「관동팔경도」는 여덟 경승의 저마다 모습을 사실적으로 포착하면서 필묵과 구도의 변형으로 회화적 조형미를 극대화시킨 것이다.

　총석정과 죽서루는 깎아지른 절벽을 강조하고, 삼일포와 경포대는 호수의 아늑함을 잡아내고, 청간정과 망양정은 준수한 정자의 오롯한 모습을 그렸으며, 낙산사와 월송정은 바다를 바라보는 아늑한 언덕 기슭에 자리 잡은 절집과 정자를 그린 것이다. 이러한 다양성과 시원한 경관은 관동팔경에 가보지 못한 사람들에게는 하나의 동경의 풍광이 되기도 한 것 같다.

　겸재 이후의 화가로 관동팔경을 그린 이로는 단원 김홍도가 있다. 그가 그린 「금

겸재 정선, 울진 망양정

겸재 정선, 평해 월송정

강산 4군첩」에는 금강산 주변의 4개군(郡)에 있는 경승지들이 두루 나오는데, 그
중에는 관동팔경이 모두 들어 있고, 단원의 「금강산 4군첩」을 모방한 각종 화첩들
에도 관동팔경이 그려지곤 하였다. 그리고 이렇게 형식적 짜임을 갖추게 된 관동
팔경도는 19세기 민화의 시대로 들어오면서 대담할 정도로 형상을 요약한 간결한
필치로, 치졸한 가운데 해학을 느끼게 하는 명품들을 낳게 된다. 특히 민화 병풍의
관동팔경도는 나중에는 사실성은 무시하고 반추상화의 길을 걸으면서 본래의 의미
를 상실하고 꿈과 낭만의 풍광으로서 여덟 폭 산수화로 변모하게 된다.
    이처럼 관동팔경도는 조선 후기 사회에서 떠나고 싶은 마음, 가보고 싶은 마음

민화, 「관동팔경도」 8폭
중 죽서루, 19세기 말

민화, 「관동팔경도」 8폭
중 삼일포, 19세기 말

을 눈으로 달래보는 꿈의 그림이었던 시절이 있었던 것이다. 카메라가 없던 시절
인지라 그림 속의 관동팔경은 더욱 매력적일 수 있었고, 자동차가 없던 시절 대관령
큰 고개 넘어 험한 여정 속의 관동팔경인지라 더욱 동경스러울 수 있었던 것이다.

이제 세월이 흘러 관동팔경을 그림으로 그리는 일이 많지 않게 되었다. 왜냐하
면 그것은 더 이상 동경의 대상이 아니기 때문이다. 또 관동팔경은 더 이상 답사의
명소가 되지도 못하고 있다. 왜냐하면 그 누대와 정자란 본래 피로한 여정 속의 휴
식공간으로 기능했던 것인데, 요즈음 여행객들은 피로와 관계없이 여기를 답사하
기 때문이다. 즉 정자의 사용자로 오는 것이 아니라 구경꾼으로 오기 때문이다.

그러나 역사적 체취와 문학적 여운이 담겨 있는 문화유적을 답사하는 일이 많아
지게 되면, 이제 다시 역사적 의의와 오늘날의 정취를 함께 잡아내는 신판 관동팔
경도가 나오지 말라는 법도 없다. 어쩌면 그런 그림을 생각보다 빨리 만나게 될지
도 모르겠다는 예감이 이 글을 쓰는 순간에도 간단없이 들어오고 있다.

부록 1
동해·설악 지역을 알차게 볼 수 있는 주제별 코스

동해·설악의 고찰과 옛 절터를 찾아서

오대산과 강릉을 중심으로 한 여러 사찰에서는 이 지역에서만 나타나는 독특한 석불좌상과 다양한 형태의 석탑들을 볼 수 있으며, 설악·양양의 깊은 산골에서는 통일신라 말 새로운 불교 사상인 선종의 싹을 틔워낸 초기 선종 사찰터를 만날 수 있다. 금강산 남쪽 자락에 자리하고 있는 고성의 건봉사는 전쟁의 상처와 통일의 희망을 일깨워준다.

월정사→상원사→적멸보궁→보현사→신복사터→굴산사터→한송사터→선림원터→낙산사→진전사터→건봉사

동해안 따라 펼쳐진 누정을 찾아서

삼척에서 고성으로 이어지는 아름다운 바닷길을 따라가면서, 옛 선인들이 탁 트인 바다를 뜨락으로 삼아 도학과 문학을 연마하던 정자와 누대를 찾아보는 것도 권할 만한 답사코스이다. 지금은 비록 쓸쓸히 퇴락해가고 있지만 아직도 선인들의 체취가 남아 있다. 거개가 바다와 함께 있기에 사람들이 붐비는 휴가철에는 피하는 것이 좋다.

죽서루→척주동해비→추암과 해암정→낙가사→강문동 진또배기→방해정(금란정, 경호정)→경포대→해운정→선교장→허균 생가터→낙산사(의상대)→청간정→천학정→송지호

너른 바다 깊은 산에 남은 선인들의 자취와 옛 건축을 찾아서

동으로는 태백산맥의 높은 등줄기에 가로막히고 반대 쪽으로는 바다와 면해 있는 특이한 지형의 관동은 다른 지역에서는 볼 수 없는 독특한 풍습과 신앙을 많이 간직하고 있다. 또 태백산 깊숙한 곳에는 화전민 가옥인 너와집이, 고성 일대에는 북방식 가옥 구조로 이루어진 전통 민가들이 남아 있으며, 강릉에는 관아 건물과 향교, 그리고 상류 주택과 누정들이 곳곳에 있어 이 땅의 오랜 내력을 전해주고 있다. 짧지 않은 답사코스이지만 자연 경치가 돋보이는 관동땅이기에 지루하지 않다. 강릉을 중심으로 해서 삼척·태백을 돌아보는 코스와 양양·고성을 돌아보는 코스로 나누어 갈 수도 있다.

신리 너와집→해신당→죽서루→대이리 너와집→추암과 해암정→객사문→칠사당→강릉 향교→강문동 진또배기→경포대→해암정→선교장→오죽헌→낙산사→어명기 전통가옥→왕곡 전통마을

이 책 본문에서 제시하고 있는 9개의 답사여행길은 일반적인 여행의 동선에 따라 만들어진 것이다. 좀더 독특한 여행을 하고 싶다거나 하나의 주제를 좇아 깊고 알찬 답사여행을 하고 싶다면 다음과 같은 코스를 택하는 것도 좋을 것이다.

계곡과 바다와 함께 어우러진 문화유산을 찾아서

아름다운 계곡과 푸른 바다가 펼쳐지는 관동의 산수는 그 자체만으로도 황홀경을 연출하지만, 그 넉넉한 품에 안겨 있는 문화유산을 함께 만나보면 우리땅의 아름다움을 더욱 진하게 느낄 수 있다. 특히 봄·가을철에는 어느 때보다 환상적인 답사여행길이 된다.

월정사 →상원사 →적멸보궁 →아우라지 →(42번 국도를 따라 임계를 거쳐 백봉령을 넘는다) →무릉계곡과 삼화사 →죽서루 →천은사 →대이리 너와집 →(38번 국도를 따라 도계를 거친 후 통리에서 427번 지방도로 길을 바꾼다) →신리 너와집 →신남리 해신당 →(장호·용화 해수욕장) →추암과 해암정 →능가사 →강문동 진또배기 →경포대 →선교장 →선림원터 →진전사터 →청간정 →송지호 →건봉사 →(46번 국도를 따라 진부령을 넘는다)

다음은 한국문화유산답사회에서 관동 지역을 답사할 때 사용했던 일정표이다. 좀더 짜임새 있는 여행을 하고 싶다면 이런 것을 참고로 삼아 새롭게 자신만의 여행 일정표를 만들어볼 수 있을 것이다.

한국문화유산답사회 제20차 답사 「관동 지방의 옛 절터를 찾아서」 일정표
1993년 1월 1~3일
첫째날—13:30 집결 / 14:00 출발 / 19:00 강릉 숙소 도착
둘째날—07:00 기상, 강문동 진또배기 / 08:00 아침 식사 / 09:00 출발 / 09:40 굴산사터 / 10:40 출발 / 11:00 신복사터 / 11:30 출발 / 12:00 강릉 객사문, 점심 식사 / 13:00 출발 / 15:30 황이리 도착 / 16:00 걸어서 선림원터 도착 / 16:30 출발(걸어서 황이리로) / 17:00 버스 출발 / 18:30 설악산 숙소 도착 / 19:00 저녁
셋째날—07:30 기상 / 08:00 아침 식사 / 09:00 출발 / 10:00 진전사터 / 11:00 출발 / 12:00 낙산사 도착 / 13:00 점심 식사 / 13:30 출발 / 19:00 서울 도착

한국문화유산답사회 제23차 답사 「아우라지강의 가을날」 일정표
1993년 10월 30~31일
첫째날—14:00 출발 / 19:00 여량 숙소 도착 / 20:00 정선아라리 한마당 / 21:30 휴식
둘째날—07:00 아우라지 답사 / 08:00 아침 식사 / 09:00 출발 / 10:00 정암사 / 11:20 출발 / 12:20 영월 청령포, 점심 식사 / 13:20 출발 / 14:20 법흥사 / 15:00 서울로 출발

부록 2
동해·설악으로 가는 기차와 버스

1. 동해·설악으로 가는 기차

	출발시간	도착시간	열차구분	비고
청량리→강릉	08:00	14:10	무궁화호	동해역·정동진역 경유
	10:00	16:20	무궁화호	동해역·정동진역 경유
	12:00	16:15	무궁화호	동해역·정동진역 경유
	14:00	20:10	무궁화호	동해역·정동진역 경유
	17:00	23:08	무궁화호	동해역·정동진역 경유
	22:05	04:28	무궁화호	동해역·정동진역 경유
	23:00	05:17	무궁화호	동해역·정동진역 경유
영주→강릉	06:05	10:28	무궁화호	동해역·정동진역 경유
제천→강릉	09:50	13:49	무궁화호	동해역·정동진역 경유
동대구→강릉	06:30	12:30	무궁화호	동해역·정동진역 경유
	15:30	21:41	무궁화호	동해역·정동진역 경유
부전→강릉	09:10	17:16	무궁화호	동해역·정동진역 경유
광주→강릉	19:25	03:53	무궁화호	동해역·정동진역 경유
부산→강릉	22:10	06:28	무궁화호	동해역·정동진역 경유

2. 동해·설악으로 가는 고속버스

운행구간	첫차	막차	배차(분)	요금	소요시간	비고
서울→강릉	06:00	21:00	15~30	12,600	3:10	우등(18,400)
서울→강릉	22:00	23:30	4회	20,200	3:10	심야 우등
서울→동해	06:30	20:00	40~50	14,400	3:35	우등(21,300)
서울→동해	23:10	23:30	2회	23,400	3:35	
서울→삼척	06:30	20:00	40~50	14,900	3:50	우등(22,100)
서울→삼척	23:10	23:30	2회	24,300	4:10	심야 우등
서울→속초	06:00	21:00	0:30	14,900	4:00	우등(22,000)
서울→속초	23:10	23:30	2회	24,200	4:10	심야 우등
동서울→강릉	06:30	20:30	30~40	12,600	3:20	우등(18,400)
동서울→동해	07:10	18:45	9회	14,400	3:25	우등(21,300)
동서울→삼척	07:10	18:45	9회	14,900	3:40	우등(22,100)
동서울→속초	06:50	17:50	1:00	14,900	3:50	우등(22,000)
광명→강릉	07:30	19:30	5회	13,600	2:50	
광명→속초	07:30	19:30	5회	17,700	4:00	
인천→속초	06:30	19:10	10회	15,800	4:10	우등(23,400)
원주→강릉	06:20	20:30	40~1:00	6,800	1:40	우등(9,900)
대전→강릉	06:30	19:40	8회	14,900	3:30	우등(22,100)

이 시각표는 2007년 1월 현재의 것으로 수시로 변동이 있을 수 있으므로
터미널과 기차역에 미리 연락을 해보고 움직이는 것이 좋다.

3. 동해·설악으로 가는 시외버스

운행구간	첫차	막차	배차(분)	요금	소요시간	비고
동서울→강릉	06:31	20:05	17회	12,600	3:10	
동서울→강릉	09:35	21:00	2회	12,600	3:30	횡계 경유
동서울→주문진	07:10	18:57	15회	14,300	3:40	장평·강릉 경유
동서울→양양	06:30	18:40	13회	17,400	3:40	
동서울→정선	07:10	18:55	11회	16,500	3:40	
동서울→정선	08:15	16:35	3회	16,500	3:50	
동서울→속초	06:25	23:00	16회	18,900	3:10	
동서울→속초	06:30	18:40	8회	18,900	4:00	양양·낙산 경유
동서울→속초	06:30	18:05	8회	18,900	4:30	양양 경유
동서울→속초	22:00	23:00	2회	20,700	3:10	미시령 경유
동서울→영월	07:00	17:30	5회	12,400	4:00	원주·문곡 경유
동서울→영월	07:00	17:30	5회	12,400	3:00	
동서울→태백	06:10	18:30	15회	20,200	4:00	영월 경유
동서울→태백	06:30	18:59	11회	20,200	5:30	
서울상봉→강릉	07:50	11:40	2회	17,400	4:20	
서울상봉→속초	08:30	16:50	2회	18,900	4:15	양양 경유
서울상봉→속초	07:10	15:30	3회	18,900	4:30	
서울상봉→속초	06:25	18:00	4회	18,900	5:15	
인천→강릉	06:30	18:40	13회	15,400	4:00	
수원→강릉	07:30	18:30	12회	13,400	3:00	
성남→강릉	08:00	17:05	7회	13,000	4:00	
성남→영월	06:30	16:10	5회	14,000	3:30	
성남→정선	08:00		1회	17,800	4:10	
성남→태백	06:30	16:10	3회	23,600	5:10	
성남→속초	07:20	17:50	10회	19,900	4:30	
이천→강릉	08:20	19:50	6회	10,200	2:00	
양평→강릉	08:50	17:20	3회	13,100	3:30	횡성 경유
양평→속초	07:15	18:10	10회	17,000	2:40	낙산 경유
용문→속초	07:20	15:20	5회	16,200	4:00	양양 경유
춘천→강릉	07:00	18:35	4회	14,800	3:30	횡계 경유
춘천→강릉	06:20	20:30	21회	10,400	2:30	
춘천→속초	06:15	18:00	4회	15,100	3:40	양양 경유
춘천→속초	07:30	19:10	8회	12,800	2:30	
춘천→속초	09:35	17:10	3회	15,100	3:40	양양 경유
춘천→속초	07:05		1회	15,100	3:40	
춘천→속초	14:00		1회	15,100	3:40	
춘천→동해	07:10	18:30	15회	13,600	3:30	강릉 경유
춘천→태백	14:10	18:40	1회	20,500	5:00	영월 경유

운행구간	첫차	막차	배차(분)	요금	소요시간	비고
춘천→영월	08:40	14:10	3회	12,700	4:00	
춘천→정선	08:05	14:00	2회	16,600	3:40	대화·평창 경유
홍천→강릉	07:55	19:30	3회	11,300	3:00	
홍천→속초	08:05	20:30	0:50	12,800	2:20	양양 경유
홍천→속초	06:40	19:50	0:20	12,800	3:00	낙산 경유
홍천→영월	09:35	17:40	6회	12,100	3:10	
횡성→강릉	08:40	20:10	9회	8,300	2:00	장평 경유
횡성→정선	09:40	15:40	2회	10,000	0:30	대화·평창 경유
횡성→평창	09:40	15:40	2회	6,400	1:40	
원주→강릉	06:30	20:30	11회	6,300	1:20	
원주→강릉	07:00	19:40	21회	6,800	2:10	장평·횡계 경유
원주→속초	05:40	18:35	8회	17,300	4:00	
원주→영월	06:40	20:55	15회	7,700	2:00	
원주→태백	07:00	20:30	15회	13,600	4:00	영월 경유
원주→평창	08:00	18:00	5회	6,100	1:30	장평·대화 경유
양구→속초	08:50	18:30	5회	10,100	2:10	
인제→속초	07:55	16:00	3회	7,500	1:40	진부령 경유
인제→속초	08:15	20:40	12회	7,500	1:40	오색·양양 경유
속초→강릉	06:20	20:55	48회	6,600	1:10	
속초→강릉	05:50	21:25	52회	6,600	1:10	양양·주문진 경유
속초→삼척	08:00	14:31	3회	11,100	3:00	강릉·동해 경유
속초→설악산	05:30	22:00	0:10	1,000	0:20	
속초→송지호	05:00	22:00	0:05	1,650	0:40	
속초→태백	12:30	14:30	2회	16,500	4:00	동해 경유
양양→강릉	06:20	21:55	20회	4,800	1:00	주문진 경유
양양→속초	05:50	22:00	30회	1,700	0:25	낙산 경유
강릉→동해	05:20	22:10	0:05	3,200	0:30	
강릉→삼척	05:20	22:10	0:10	4,500	1:00	동해 경유
강릉→속초	05:50	21:00	0:30	6,600	1:10	
강릉→속초	05:50	22:00	0:20	6,600	1:40	양양·낙산 경유
강릉→영월	06:00	18:30	0:30	11,300	3:00	대화·평창 경유
강릉→정선	07:00	19:00	1:00	8,700	3:30	여량 경유
강릉→평창	06:00	20:00	0:30	7,500	2:30	장평·대화 경유
강릉→태백	07:32	19:50	0:30	9,900	2:30	동해·삼척 경유
동해→강릉	06:20	22:20	0:10	3,200	0:40	
동해→삼척	06:00	22:20	0:10	1,400	0:20	
동해→속초	09:10	20:25	9회	9,700	2:40	
동해→태백	08:17	20:30	32회	6,700	1:50	삼척 경유
삼척→강릉	06:00	21:54	0:10	4,500	1:05	동해 경유

운행구간	첫차	막차	배차(분)	요금	소요시간	비고
삼척→속초	08:49	20:00	9회	11,100	3:00	강릉·낙산 경유
삼척→태백	07:00	21:00	8회	5,400	1:30	
삼척→태백	08:10	20:20	18회	5,400	1:10	
임원→강릉	07:22	21:27	0:37	7,800	2:00	
임원→동해	07:22	21:15	0:10	4,600	1:20	삼척 경유
임원→삼척	07:22	21:27	0:50	3,200	0:40	
임원→속초	13:48	18:48	4회	12,800	3:30	강릉 경유
태백→강릉	05:40	19:35	21회	9,900	2:30	동해·삼척 경유
태백→삼척	05:40	20:15	27회	5,400	1:10	
태백→속초	07:30	15:10	6회	18,500	4:20	삼척·동해 경유
태백→정선	09:50	17:20	6회	4,980	1:50	
정선→강릉	07:10	19:10	11회	8,700	2:00	여량 경유
정선→태백	10:20	19:10	7회	4,980	2:00	
정선→평창	07:00	18:00	12회	3,600	0:40	
평창→강릉	06:40	20:25	10회	7,500	2:00	장평 경유
평창→영월	07:55	20:28	8회	3,800	0:40	
평창→영월	13:00	18:00	2회	3,800	0:50	
평창→정선	10:15	22:00	10회	3,600	0:40	
영월→강릉	08:50	19:40	9회	11,300	3:00	평창·대화 경유
영월→정선	08:40	19:45	9회	5,500	1:00	
영월→태백	08:00	22:15	28회	7,800	1:40	
영월→평창	08:50	19:40	9회	3,800	0:50	
청주→영월	08:10	14:50	5회	14,400	4:10	
제천→강릉	07:55	18:44	7회	13,300	3:30	영월·평창 경유
제천→영월	07:00	21:55	53회	3,700	0:50	
제천→정선	07:55	18:50	6회	7,600	2:00	영월 경유
제천→태백	09:10	21:35	18회	11,500	2:30	영월 경유
대전동부→태백	07:10	13:43	3회	27,300	6:00	
대전동부→속초	09:20	16:00	2회	27,300	6:00	양양 경유
천안→강릉	07:30	18:00	8회	14,900	3:30	
대구동부→강릉	05:00	15:03	0:40	30,000	7:30	
대구동부→강릉	06:36	15:03	16회	30,000	5:30	삼척 경유
대구동부→강릉	22:30		1회	30,000	5:45	울진·동해 경유
대구동부→삼척	05:00	15:03	11회	20,400	6:30	삼척·동해 경유
대구동부→속초	07:10	15:03	8회	36,500	7:00	강릉 경유
상주→태백	09:05	15:35	3회	19,000	4:30	
안동→태백	07:20	20:50	3회	14,200	3:00	
영주→태백	08:50	19:15	8회	11,000	2:40	
봉화→태백	08:20	21:50	11회	9,100	2:10	

운행구간	첫차	막차	배차(분)	요금	소요시간	비고
춘양→태백	08:50	22:20	11회	6,500	1:40	
울진→강릉	06:25	18:51	0:30	11,200	2:50	
울진→강릉	09:50	19:55	13회	11,200	2:10	삼척·동해 경유
울진→태백	11:00	19:10	3회	8,700	1:30	
영덕→강릉	05:47	17:42	17회	18,300	4:30	삼척 경유
영덕→삼척	05:50	16:18	0:18	13,800	3:41	
영덕→태백	09:05	15:12	3회	14,400	7:30	
영덕→속초	16:07	16:32	2회	24,900	5:30	
포항→강릉	04:40	17:39	20~30	23,000	5:30	
포항→강릉	07:55	17:00	20~30	23,000	4:20	삼척·동해 경유
포항→거진	09:24	15:00	6회	32,800	6:30	
포항→태백	14:05	15:39	2회	20,600	4:00	
경주→강릉	06:00	16:00	14회	25,700	6:30	
경주→강릉	06:40	16:00	2회	25,700	5:30	
영천→속초	08:00		1회	33,600	9:00	
부산동부→강릉	05:56	13:57	4회	30,000	7:30	삼척 경유
부산동부→강릉	06:58	14:22	11회	30,000	6:30	
부산동부→거진	10:03	13:02	3회	39,700	8:30	
부산동부→속초	06:58	14:02	8회	36,500	7:30	낙산경유
부산동부→속초	21:00	23:30	4회	40,200	7:30	
부산동부→삼척	09:18	16:08	3회	25,400	4:30	
울산→강릉	08:30	15:30	2회	29,900	5:40	동해 경유
울산→강릉	11:20	13:25	2회	29,000	6:10	삼척 경유

4. 동해·설악 지역 고속터미널 전화번호

강릉 033)647-3181
동해 033)531-3400
삼척 033)572-7444
속초 033)631-3181

5. 동해·설악 지역 주요 시외버스터미널 전화번호

속초 033)636-2165
양양 033)671-4411
강릉 033)643-6092~3
동해 033)533-2020
삼척 033)572-2085
태백 033)552-3100, 3300
정선 033)563-9265
평창 033)332-2407
영월 033)374-2450~1

6. 동해·설악 지역 주요 기차역(태백·영동선) 전화번호

사북 033)592-7780
영월 033)374-7788
석항 033)378-5778
예미 033)378-7788
증산 033)591-1069
고한 033)591-2787
태백 033)552-2401
정선 033)563-7788
문곡 033)552-2601
통리 033)552-1788
도계 033)541-7788
동해 033)521-7789
묵호 033)531-7738
정동진 033)644-5062
강릉 033)645-7788

부록3
문화재 안내문 모음

평창·정선·영월·동해·삼척·강릉·양양·속초·고성 지역의 중요 문화재 안내문을 모아놓았다. 따로 보관·관리하는 동산 문화재와 일부 기념물은 제외했다. 이 책에서 찾아가지 않은 유물·유적지까지 포함하고 있으므로 답사여행을 더욱 폭 넓게 하는 데 보탬이 될 수 있을 것이다. 이 안내문들은 문화재관리국에서 정리한 것인데, 이 책의 내용과 다를 수 있음을 밝혀둔다.

평창군

상원사

소재지:강원도 평창군 진부면 동산리

신라 효소왕 6년(697) 신라의 왕자인 보천과 효명이 암자를 짓고 수도하던 곳에 성덕왕 4년(705) 진여원을 세운 것이 상원사의 시초였다고 한다. 그후 고려 우왕 2년(1376) 영로암 스님이 중창하였고, 조선 태종 원년(1401) 상원사 사자암을 중건하여 왕의 원찰로 삼았다.

세조 10년(1464) 왕은 병명을 알 수 없는 괴질에 걸려 명의와 비약이 효험이 없자 신미선사의 권유로 그 11년(1465) 상원사를 중창하였으며, 이곳에 자주 찾아 불력으로 병을 치료하고자 하던 중 산간벽수에서 문수동자의 도움으로 병이 나아 화공에 명하여 동자상을 그리게 하고 동자상을 조성하게 하였다. 지금 본전에 모셔져 있는 목각상이 바로 문수동자상이라 한다. 또한 불치의 병을 고친 이듬해 다시 이곳을 찾아 예배를 드리고자 할 때 고양이 한 마리가 나타나 왕의 목숨을 살렸다는 일화도 있다.

예종 원년(1469)에는 선왕 세조의 원찰로 삼아 보호하였다.

그러나 당시의 건물들은 1946년 실화로 소실되어 1947년 재건하기 시작하여 오늘에 이른 것이다.

사찰내 소장된 상원사 동종(국보 제36호)은 신라 성덕왕 24년(725)에 조성된 것으로 현존하는 범종 중 가장 오래되고 가장 아름다운 비천상이 새겨져 있으며, 목조 문수동자좌상(국보 제221호) 및 복장유물(보물 제793호), 상원사중창권선문(보물 제140호) 등 귀중한 문화재가 소장되어 있다.

상원사 동종

국보 제36호

소재지:강원도 평창군 진부면 동산리

현존하는 한국종 중에서 가장 오래되고 제일 아름다운 이 종은 신라 성덕왕 24년(725)에 조성되어 조선 예종 원년(1469)에 상원사에 옮겨진

것으로, 한국종의 고유한 특색을 모두 갖추고 있는 대표적인 범종이다.

음통이 있는 종뉴 아래에 안으로 오므라든 종신이 연결된 형태인데, 이상적인 비례와 안정감이 있는 구조, 풍부한 양감과 함께 세부적인 묘사수법도 매우 사실적이다. 종신에 있는 상대·하대, 4유곽의 문양은 모두 당초문을 바탕으로 2~4인의 작은 주악비천상이 있는 반원권문이 새겨졌고, 종복에 비천상과 교대로 있는 당좌는 8엽의 단판연화문으로 표현되었다. 특히 비천상은 경쾌하기 이를 데 없는 모습으로 구름 위에서 천의자락을 흩날리며 공후와 생을 연주하고 있는데, 볼록한 두 뺨, 유연한 신체에 걸친 천의 등은 8세기 전반의 이상적 사실풍의 불교조각 양식을 잘 반영해주고 있다.

이러한 상원사 종에 보이는 음통, 안으로 오므라든 종신형, 상대·하대, 4유곽 등의 구조적인 특징은 한국종의 전형이 되어, 양식적인 변천과정을 거치면서 이후의 모든 종들에 계승된다.

탑동 삼층석탑

강원도 유형문화재 제29호

소재지:강원도 평창군 진부면 탑동리

이 탑은 이중기단 위에 3층의 탑신을 형성하고 정상에 상륜부를 장식한 일반형 석탑이다.

상층기단 위에는 연꽃잎이 새겨진 1단의 높직한 괴임이 마련되어 탑신부를 받고 있다. 각층 탑신에는 양우주가 모각되고, 각층 옥개석에는 3단씩의 받침이 마련되었다. 상륜부는 노반과 복발, 앙화가 남아 있다.

이 석탑은 둔중한 기단부와 옥개석의 수법 등으로 보아 고려 중엽의 건립으로 추정된다.

월정사

소재지:강원도 평창군 진부면 동산리

신라 선덕여왕 12년(643) 자장율사가 오대산을 진성이 머무는 성지로 생각하여 문수진신을 보고자 이곳에 암자를 짓고 머물면서 월정사의 터전이 이룩되었다. 또한 적멸보궁을 건립하여 불사리를 봉안하였다.

오대산이라는 명칭도 중앙의 적멸보궁이 있는 중대를 중심으로 동·서·남·북대에 네 절이 있어 그리 일컬었으며 이들 중 중대는 기도처이고 나머지 4대는 모두 수도처의 작은 암자였다.

그후 경덕왕 때 신효거사가, 문무왕 때에는 신의대사가, 다음에는 수다사의 장로 유연이 차례로 와서 살면서 점차 큰 절을 이루었다.

현존하는 팔각구층석탑(국보 제48호)은 고려시대 다층석탑의 대표작이라 하겠으며 공양하는 석조보살좌상(보물 제139호)과 아울러 볼 때 고려시대에 크게 중창되었을 것으로 보고 있다. 조선 세조 때에도 왕이 친히 월정사와 상원사에 참배하고 크게 증축하였으며 철종 7년(1856)에도 중수가 있었다.

그러나 1950년 6·25동란으로 거의 폐허가 되어 그후 새로 건물을 짓기 시작하여 오늘에 이른 것이다.

월정사는 조계종 25본산 중의 하나로 오대산내의 사찰, 암자와 부근의 말사를 관장하고 있다.

월정사 팔각구층석탑과 석조보살좌상

국보 제48호, 보물 제139호

소재지:강원도 평창군 진부면 동산리

이 석탑은 우리 나라 북쪽지방에 주로 유행했던 다각다층석탑의 하나로 고려 초기 석탑을 대표하는 것이다. 팔각이중기단 위에 팔각의 갑석이 놓여 있는데 갑석 위에 조각한 복련이나 기단석에 안상을 새긴 점 등 고려적인 특징이 엿보인다. 이 위에 놓은 1층탑신받침 또한 고려 특유의 특징이며 탑신 각면의 감실과 수평적인 옥개석 등도 마찬가지이다. 9층으로 된 탑신과 옥개석은 늘씬한 높이에 비해서 안정된 느낌을 주며 모서리의 반전이나 탑신의 감실, 팔각의 다양한 변화 등은 이 탑의 고려불교문화 특유의 화려하고 귀족적인 면모를 잘 보여주고 있다.

석탑을 향해서 공양을 올리는 이 석조보살상은 약왕보살이니 문수보살이니 하고 있지만 어쨌든 높은 보관을 쓰고 오른쪽 무릎을 꿇고 왼다리를 세워 공궤자세로 앉은 채 두 손을 가슴에 모아 연꽃 같은 공양물을 탑에 올리는 모습이다.

얼굴은 기름하고 복스러운데 부은 듯한 눈두덩과 가늘게 반쯤 뜬 눈, 길고 큼직한 코와 유난히 작은 입 등의 표현으로 쾌활하고 명랑한 자연주의적인 작풍을 역연하게 볼 수 있다. 비교적 날씬한 체구는 세련된 기법으로 만들어진 팔찌나 목걸이 등 장신구들까지 상당히 화려하고 섬려하게 만들어 석탑과 함께 고려불교문화의 특징을 잘 나타내고 있다. 개태사 탑공양상이나 신복사 탑공양상과 더불어 고려시대 화엄종 사원 계통에서 조형한 탑공양상의 특징을 보여주는 대표적인 예이며 당대 불교사상의 한 단면을 보여주는 예로 높이 평가된다.

월정사 적멸보궁

강원도 유형문화재 제28호
소재지:강원도 평창군 진부면 동산리

이 건물은 우리 나라 사대보궁의 하나이다.

신라 선덕여왕 때 자장율사가 당나라에서 돌아오면서 석가의 진신사리를 가져와 오대산에 봉안하면서 이 보궁을 창건하였다고 전한다.

현재의 건물은 정면 3칸, 측면 2칸의 익공식 단층 팔작지붕의 겹처마집이다. 2익공인 공포는 초익공이 앙서이고 그 위에 연화를 올려놓고 윗부분은 수서로 꾸몄는데 공포의 형태에서 이 건물이 조선 후기에 다시 지어졌음을 알 수 있다. 전면의 어칸에만 두 짝의 판문을 달고, 협칸은 아래는 판벽을 하고, 그 위에 띠살창을 한 점이 특이하다. 지붕은 청기와를 덮었으며, 용마루와 합각마루에 용두를 올려놓았다. 내부에는 불탁만 있고 불상을 모시지 않아 적멸궁이라 불린다.

평창의 백룡동굴

천연기념물 제260호
소재지:강원도 평창군 미탄면 마하리

이 동굴은 1976년 4월경 이 마을에 사는 정무룡 씨가 오소리를 쫓다 발견한 자연동굴이다. 백운산 기슭에 있는 이 동굴은 생성 연대를 잘 알 수 없으나 수천만년 전부터 형성되기 시작한 것으로 추정된다. 동굴 입구 안쪽에는 6·25 당시의 피난처로 보이는 7평 정도의 구들이 있다.

동굴은 A, B, C굴로 나뉘며 A굴은 800여m, B굴은 400여m, C굴은 300여m로 굴마다 종유석과 석순이 모양을 달리하여 생성되어 있다. A굴(주굴)에는 대형광장, 커튼(드립스톤)형 종유석, 다양한 모양의 크고 작은 석순, 종유석이 꽉 차 있고 B굴에는 약 3만년 전으로 추정되는 소의 대퇴골이 석순으로 응고되어 그 원형이 보존되어 있으며 C굴은 깊이를 알 수 없는 절벽 아

래로 물이 흐르며 수달피, 박쥐 등이 사는 천연동굴로서 지금도 석순과 종유석이 생성되고 있다.

오대산 사고지

사적 제37호
소재지:강원도 평창군 진부면 동산리

이곳 영감사는 신라 선덕여왕 14년(645) 자장율사가 세운 것이다. 사고지는 조선 선조 39년(1606)에 이곳이 물·불·바람의 재화를 막을 수 있는 길지라고 하여 사각을 건립, 조선왕조실록과 선원보략을 보관하였던 곳이다.

조선시대 연구의 기본사료이며 문화재인 실록 초기에는 춘추관·충주·전주·성주에 1부씩 봉안되었으나, 임진왜란(1592) 때 전주실록만 내장산으로 옮겨져 남고 나머지는 모두 불타버렸다. 전주실록은 해주·강화도·묘향산으로 이관되었다. 선조 39년(1606) 3부가 다시 편찬되어 춘추관·태백산·묘향산에 보관되고, 전주본은 강화 마니산에, 그리고 교정본이 이곳 오대산 사고에 보관되었다.

인조 때 이괄의 난(1624)과 병자호란(1636)으로 춘추관본·마니산본이 소실·파손되었다.

이후 실록은 4부를 작성하여 강화도 정족산·태백산·무주 적상산·오대산에 1부씩 보관하였다.

1910년 일제가 정족산본·태백산본은 총독부로, 1930년에 다시 경성제대로 옮겨 현재 서울대학교에 소장되어 있다. 적상산본은 장서각에 옮겼으나 6·25 때 유실되고, 오대산본은 동경제국대학으로 옮겼는데 1923년 관동대진재 때 거의 다 타버렸다.

대관령 서낭사 및 산신각

강원도 기념물 제54호
소재지:강원도 평창군 도암면 횡계리

대관령 국사서낭당, 산신당의 여러 신은 영동지방의 가뭄, 홍수, 폭풍, 질병, 풍작, 풍어 등을 보살펴 주는 영험한 신으로 믿어오고 있다.

서낭당에는 강릉 향토와 관계있는 범일국사를 모셨다고 한다. 산신각은 강릉의 고향토인인 임영지(1721~1724)의 기록에 의하면 장군 왕순식이 고려 태조를 모시고 신검을 정복코자 할 때 꿈에 두 귀신이 구해 주어 승전하였다 한다. 그후 두 분을 산신으로 받들어 제사를 올리고 있다고 전한다.

강릉지방에서 이 신들의 노여움을 풀고 보호받기 위하여 매년 음력 4월 1일에 제사를 올리고, 4월 15일에 이곳 서낭사에 모여 제사를 지내고

굿놀이를 한다. 굿놀이 때 무당이 신내린 나무로 선정된 신간목을 강릉시 홍제동 여서낭까지 모시고 가서 서낭부부를 같이 만나게 하는 봉안의식을 행한다. 서낭신목은 단오 전날 또다시 강릉 남대천변 제장에 모시고 가 제관이 5일간 제를 올린다. 이 축제 때 풍어제, 풍년제, 관노가면극 등의 민속놀이를 벌이고, 마지막날 신목에 불을 붙이고 정성드려 합장하고 절을 하며 서낭께 작별을 고하게 된다. 이 축제인 강릉 단오제는 중요무형문화재 제13호로 지정되어 있다.

평창 수항리사지

강원도 기념물 제49호
소재지:강원도 평창군 진부면 수항리

이곳은 사찰이름을 알 수 없는 사지로서 일설에는 오대산 월정사를 창건한 자장율사가 이곳에 수다사라는 절을 세웠는데 그 구기라고도 한다. 유적으로는 부재 일부가 결손되어 원형을 찾아볼 수 없는 석탑 1기와 건물지의 주초석이 남아 있다. 기록에 의하면 이곳에 삼층석탑 1기, 석불입상 2구, 석불좌상 1구, 당간지주 1기와 탑의 석조물이 있었으나 6·25 때 유실되었다고 한다.

현재 남아 있는 석탑 1기도 동란중 도괴된 것을 부락에서 탑재를 수습하여 그 일부를 복원하였다고 하는데 강릉 신복사지 삼층석탑과 같은 가구수법을 보이고 있다.

정선군

정암사 수마노탑

보물 제410호
소재지:강원도 정선군 동면 고한리

이 7층의 모전석탑은 화강석을 체감되게 6단으로 쌓아 기단을 삼고, 다시 횟전재 2단을 쌓아 탑신부를 받치고 있다. 탑신부를 구성한 횟전재는 회록색의 석회암으로 가공이 매우 정교하다. 첫층은 남면 중앙에 감형 방광을 만들고 1매의 판석을 끼웠다. 탑신은 높이의 체감이 심하지 않아 전체적으로 고준해 보인다. 옥개 부분이 비교적 넓으며 추녀 밑은 약한 반전이 있다. 옥개 석받침은 첫층 7단에서 1단씩 줄어 7층은 1단이며, 옥개 상면 낙수면의 층단은 첫층 9단에서 역시 1단씩 줄어 7층에서는 3단이다. 추녀에는 풍령이 남아 있기도 하다. 상륜부에는 화강암제의 노반 위에 청동제 상륜이 있는데 화형 투각의 5륜과 수연이 있고, 풍령이 달려 있으며 철쇄가

4층 옥개까지 늘어져 있다.

사적기에 신라 자장율사의 창건이라 전하나, 고려시대의 건립으로 추정되며, 조선 영조 46년(1770), 정조 2년(1778), 고종 11년(1874) 등 여러 차례의 보수를 거쳤다.

정암사의 열목어 서식지

천연기념물 제73호

소재지:강원도 정선군 동면 고한리

열목어는 극지송어과에 속하는 종으로 담수어 중에서는 대형종이어서 몸길이가 70~100cm에 달한다. 입은 작고 머리, 몸의 옆면, 등지느러미, 기름지느러미 등에는 눈동자보다 작은 자갈색의 반점이 흩어져 있다.

물이 맑고 오염되지 않아, 수온이 한여름에도 20℃이상으로 올라가지 않으며, 성어가 숨을 수 있고 월동할 수 있는 심연부가 있으며, 물이 완만하게 흐르고 자갈이 깔려 있어서 산란장으로 이용할 수 있는 곳이다. 그러므로 이곳은 물에 풀려 있는 산소의 함량이 10ppm 안팎이 되는 환경 조건을 필요로 하는 열목어의 좋은 서식지이다.

열목어는 한국 특산종은 아니나 희귀종으로, 이 정암사 계곡은 경상북도 봉화군과 함께 열목어 분포상 세계 최남단, 즉 남한지이다. 이 때문에 본종의 절멸을 막기 위하여 계류 주변의 삼림과 함께 서식지를 보호하게 된 것이다.

정선 화암굴

강원도 기념물 제33호

소재지:강원도 정선군 동면 화암리

이 굴은 석회동굴로서 입구에서 약 20m 들어간 곳에 직경 100m, 높이 40m의 대광장이 있다.

이 광장은 우리 나라에서 발견된 석회동굴의 공동 중 가장 큰 것으로 알려져 있으며, 광장에는 높이 7~8m, 둘레 5m에 달하는 두 개의 대석순과 높이 25~30m, 너비 20m 안팎의 종유벽이 있어 유명하다. 이 광장을 중심으로 작은 가지굴이 발달되어 있다. 이와 같은 가지굴을 합한 화암굴의 총연장은 약 500m이며, 가지굴내에는 두 개의 성모마리아상을 닮은 석순과 작은 공동, 동굴호수가 있다.

화암굴은 동굴의 형태나 동굴퇴적물 등이 장중한 것이 특징이며, 대광장은 낙반이 심한 상태이다. 또한 동굴호수에는 이무기가 성모마리아상을 보고 놀라 호수에 빠졌다는 전설이 있다.

영월군

영월 흥녕사 징효대사 탑비

보물 제612호

소재지:강원도 영월군 수주면 법흥리

이 비는 흥녕선원을 크게 발전시킨 징효대사의 행적을 기리기 위하여 고려 혜종 원년(944)에 세운 탑비이다.

징효대사는 사자산문파의 개산조 도윤국사의 제자로서 당대 선풍을 크게 일으켰다.

이 비의 비문은 최언이 짓고 글씨는 최윤봉이 썼으며 최오가 새겼다. 앞면에는 징효대사의 행적이, 뒷면에는 연고자의 기록이 새겨져 있다.

비의 전체 높이는 3.96m인데 귀부는 생동하는 기상이 넘치고, 거북머리는 부릅뜬 눈에 입에는 여의주를 물고 있다. 이수에는 네 마리 용과 고징효대사비라는 전자체 글씨가 새겨져 있으며, 복발형의 상륜이 놓여 있다.

영월 징효대사 부도

강원도 유형문화재 제72호

소재지:강원도 영월군 수주면 법흥리

이 부도는 방형지대석 위에 팔각하대석을 놓았는데, 각면에는 안상을 새겨 놓았으며, 그 위에 팔각의 복련석이 놓여 있다. 팔각형 중대석에는 각면에 양우주가 모각되어 있고 상대석은 원형으로 주연에는 복판앙련을 양각했다.

탑신은 아래위의 모를 약간 죽인 듯 처리한 팔각형으로 되고, 전후 양면에는 곽선을 두르고 그 중앙에 자물통이 있는 문비를 모각하였다. 옥개석은 팔각으로 물매가 급하고 전각마다 귀꽃을 장식했다. 상륜부에는 보개·보주를 갖추고 있다. 부도 앞에는 고려 혜종 원년(944)에 세운 징효대사보인문비가 있다.

영월의 은행나무

천연기념물 제76호

소재지:강원도 영월군 영월읍 하송리

은행나무는 은행나무과에 딸린 낙엽교목이다. 이 나무의 높이는 18m, 가슴높이의 줄기둘레는 14.1m로서 수령은 1,000년 내지 1,200년으로 추정하고 있다.

전설에 의하면 이 나무 속에 영사가 살고 있어 개미가 얼씬도 못하며, 개와 닭도 접근하지 못한다고 한다.

원래 이곳은 절터였는데, 후에 주택이 들어서 있어 지금은 도시 속에 위치하게 되었다.

영월 고씨굴

천연기념물 제219호

소재지:강원도 영월군 하동면 진별리

이 동굴의 이름은 원래 노리곡 동굴이었으나 임진왜란 때 부락민과 고씨 일가가 피난하였을 때 왜군이 동굴입구에 불을 질러 모두 숨지고, 고씨만 살아 남았으므로 고씨 동굴이라고 부르게 되었다.

수천만년에 걸쳐 형성된 굴 안에는 종유석, 석주 등이 잘 형성되어 있으며 4개소의 호수, 3개소의 폭포, 3개소의 광장이 있다. 굴의 길이는 지굴을 합하여 63km에 달하며 1965년 한국동굴협회의 답사로 동굴 가치를 인정받아 천연기념물로 지정되었으며 1974년에는 동굴내에 전기를 가설하고 계단을 설치하였다. 석회동굴의 아름다운 지하 관광지로 크게 각광을 받고 있는 곳이다.

장릉

사적 제196호

소재지:강원도 영월군 영월읍 영흥리

이곳은 조선 단종(1441~1457)이 안장되어 있는 능이다.

단종의 이름은 홍위로서 문종의 장남으로 세종 23년(1441) 7월 23일에 태어났다. 세종 30년(1448)에 왕세손에 책봉되고 문종 즉위년(1450) 7월에 왕세자에 책봉되었다. 부왕 문종이 재위 2년 만에 승하하자 그 뒤를 이어 12세의 어린 나이로 1452년 5월 18일 경복궁에서 즉위하였다.

단종 원년(1453)에 숙부 수양대군은 정인지, 한명회 등과 결탁하여 황보인, 김종서 등 단종의 보필신을 죽이고 국권을 장악하였다(계유정란). 단종 3년(1455) 단종은 그들의 음모와 위협으로 세조에게 왕위를 물려주고 상왕으로 물러났다. 세조 2년(1456) 단종을 복위하려는 사육신 사건이 사전에 발각되어 이 사건으로 이듬해 상왕은 노산군으로 강봉됨과 아울러 영월 청령포에 유폐되었다. 그해(1457) 가을 금성대군 유가 중심이 되어 단종을 복위하려는 사건이 다시 일어나자 노산군에게 종사에 죄를 지었다는 구실로 서인으로 폐하는 한편 사약을 내리는 등 죽음을 강요하니 10월 24일 17세를 일기로 최후를 마쳤다. 단종이 죽자 후환이 두려워 아무도 시신을 거두는 사람이 없었는데 영월호장 엄홍도가 관을 준비하여 남몰래 지금 능이 있는 동을지산에 매장하였다.

사후 224년 만인 숙종 7년(1681)에 대군으로 추봉되었으며 마침내 숙종 24년(1698)에는 복위 되어 묘호를 단종이라 하여 종묘에 부묘하고 능은 장릉이라 하였다.

능양식은 가장 간단하고 작은 후릉석물의 양식을 따랐다. 특히 다른 능과 다른 점은 단종에게 충절을 다한 여러 신하들을 장릉에 배향하기 위하여 정조 15년(1791) 왕명으로 장릉 밑에 충신당을 설치하고 정단에는 안평대군 이하 32인, 별단에는 조수량 등 236인을 배향한 것이라 하겠다.

자규루 및 관풍헌

강원도 유형문화재 제26호
소재지:강원도 영월군 영월읍 영흥리

단종이 세조 2년(1456) 노산군으로 낮추어져 영월군 남면 광천리 국치산 밑에 있는 청령포로 유배되었는데, 그해 여름 홍수로 청령포가 범람하자 이곳 관풍헌으로 옮겨졌다. 단종은 이 관풍헌에서 지내면서 동쪽에 있는 자규루에 자주 올랐는데, 소쩍새의 구슬픈 울음소리에 자신의 처지를 견주어 자규사를 지었다고 한다. 이 누각은 원래는 세종 10년(1428) 군수 신권근에 의하여 창건된 건물로 매죽루라 불리었는데, 단종의 자규사가 너무 처절하여 지나는 사람들이 이를 슬퍼하여 누각 이름을 자규루라 하였다 한다. 그후 몰락하여 민가가 들어섰는데, 정조 15년(1791) 강원도 관찰사 윤사국이 영월을 순시할 때 그 터를 찾아 중건하였다.

창절사

강원도 유형문화재 제27호
소재지:강원도 영월군 영월읍 영흥리

이곳은 단종(1452~1455, 재위)의 복위를 도모하다가 세조에 의하여 피살되거나, 절개를 지키던 충신들의 위패를 모신 곳이다.

원래 장릉 곁에 육신창절사가 있었는데, 숙종 11년(1685)에 감사 홍만종이 도내의 힘을 모아 개수하여 사육신인 박팽년·성삼문·이개·유성원·하위지·유응부와 호장이었던 엄흥도와 박심문 등을 모셨으므로 팔현사가 되었다.

정조 15년(1791) 창절사에 단을 세우고 생육신 중 김시습·남효온을 추가로 모시고 매년 봄 가을에 제사를 지내오고 있다.

영모전

강원도 유형문화재 제56호
소재지:강원도 영월군 영월읍 영흥리

이 영모전은 조선 제6대 임금인 단종의 영정을

모신 곳이다.

전내 중앙에 안치되어 있는 영정에는 충신 추익한이 백마를 타신 단종께 산포도를 진상하는 그림이 그려져 있다.

건물의 형태는 정면 3칸, 측면 2칸의 홑처마 팔작지붕으로 되어 있고, 중종 12년(1517)에 군민의 성금으로 건립되어 매년 음력 10월 24일에 기신제를 올리고 있다.

청령포

강원도 기념물 제5호
소재지:강원도 영월군 남면 광천리

이곳은 단종이 세조 2년(1456) 노산군으로 낮추어져 처음 유배되었던 곳이다. 삼면이 깊은 강물로 둘러싸여 있고 한쪽은 험준한 절벽으로 가로막혀 있어서 배로 강을 건너지 않으면 어디도 나갈 수 없게 되어 있는 곳이다. 단종이 유배되었던 해 여름에 홍수로 청령포가 휩쓸려, 단종은 영월읍 영흥리에 있는 관풍헌으로 옮겨졌다.

이 구역은 단종이 유배되었던 곳이므로 조정에서 영조 2년(1726)에 일반민의 출입을 제한하기 위하여 금표비를 세웠고 단종이 기거하던 곳을 의미하는 단묘재본부시유지라는 비가 영조 39년(1763)에 세워져 전하고 있다.

민충사

소재지:강원도 영월군 영월읍 영흥리

민충사는 노산군으로 낮추어져 영월에 유배되었던 단종이 세조 3년(1457) 10월 24일 열일곱 살의 나이로 승하하자, 단종을 모시던 시녀 6인이 다음날 낙화암에서 금강 속에 몸을 던져 사절하였는데, 그 영혼을 위로하고자 영조 18년(1742) 사당을 건립케 하고 사액을 내린 곳이다. 그후 영조 34년(1758) 육신창절서원을 보수할 때 사우를 중건하였고, 다시 정조 15년(1791)에 개축하였다. 매년 음력 10월 24일 제사를 올리고 있다.

금몽암

소재지:강원도 영월군 영월읍 영흥리

이 암자는 조선 단종이 이곳에 대한 꿈을 꾼 인연으로 터를 잡아 절을 짓고 이름을 금몽사라 하여 단종의 원당이 되었다.

임진왜란으로 훼손된 것을 광해군 2년(1610) 당시의 군수였던 김택용이 건물을 보수하고 노릉암으로 고쳐 불러 오다 현종 3년(1662)에 이르러 영월군수였던 윤순거가 다시 중수하고 지덕

암이라 했다.

숙종 24년(1698)에 단종이 복위되고 보덕사가 원당이 되자 이 암자는 자연히 폐쇄되었던 것을 영조 21년(1745) 당시 단종의 무덤인 장릉참봉 나삼이 엣터에 암자를 다시 세우고 금몽암이라 하여 오늘에 이르고 있다.

이와 같이 이 암자는 단종과 깊은 인연이 있으며 1978년 건물내에 석조여래입상을 안치하여 모시고 있다.

영월 법흥사 부도

강원도 유형문화재 제73호
소재지:강원도 영월군 수주면 법흥리

이 부도는 징효국사 부도와 동일한 형식이나 누구의 부도인지 알려져 있지 않다.

일명 사리탑이라고도 하는 이 부도는 넓은 방형 지대석 위에 팔각하대석을 올려놓고 그 위에 중대석을 놓았는데 상하대석에는 각각 앙·복련을 장식하였다.

탑신은 팔각으로 되어 있으며 전·후 양면에 문비를 모각하고 나머지 6면에는 각면에 신장상을 양각했다. 옥개석은 팔각으로 낙수면이 급하고 전각마다 귀꽃을 장식하였으며 상륜부에는 보개·보주를 갖추고 있다.

영월 향교

강원도 유형문화재 제100호
소재지:강원도 영월군 영월읍 영흥리

영월에 향교가 설립된 것은 조선 태조 7년(1398)으로 전한다. 조선시대에는 문묘라고 하였으며 유학을 가르치고 선현을 봉사하던 국가 기관이었다.

여러 차례의 중수를 거쳐 현재 경내에는 정문인 풍화루와 대성전을 중심으로 부속건물들이 남아 있다.

대성전 안에는 공자를 비롯한 다섯 분의 중국 성현과 좌우에 최치원, 설총을 비롯한 우리 나라 선현 20인의 위패를 각각 모시고 있다. 봄·가을 두 차례의 석전제를 지내며, 현재 이곳은 영월군 유림의 총본산이다.

영월 무릉리 마애불좌상

강원도 유형문화재 제74호
소재지:강원도 영월군 수주면 무릉리

이 불상은 영월지방에서는 우수한 마애불상으로 소발의 머리에 뾰죽한 육계가 있고, 얼굴은 타원형으로 양감이 풍부하여 박진감이 넘치고 있다. 눈이 퉁퉁하고 코가 큼직하며, 입이 듬직하

고 귀가 거대하여 이 불상의 인상을 더욱 박력있게 느끼게 한다. 상체는 길고 원만하지만 하체가 거대하여 불균형스러운 편이고, 손에 비해 결가부좌한 발도 거대하고 도식적인 면이 짙다. 두 손은 가슴에 표현하였는데 오른손은 자연스럽게 펴서 손등을 보이고 있고, 왼손은 오른손에 평행되게 들었는데 사실적으로 묘사되었다.
통견의 대의는 묵직한 편으로 상체의 주름은 돋을새김이고, 하체는 선각적이어서 시대적인 특징을 보여주고 있다. 광배는 두신광을 표현했는데 신광은 2조선이지만 두광은 연꽃무늬를 돋을새김한 것이며, 대좌 또한 단판연화문을 돋을새김하고 있다.
이처럼 박진감나지만 불균형스러운 특징으로 보아 옆의 석탑과 함께 고려시대 이 지방의 대표적인 마애불상으로 추정된다.

금강정

소재지:강원도 영월군 영월읍 영흥리
금강정은 조선 세종 10년(1428) 김복항이 건립하였다고 하나, 영월제영에 의하면 이자삼이 영월군수로 있을 당시 금강의 아름다움을 보고 정자를 짓고 금강정이라 이름하였다고 되어 있다. 숙종 10년(1684) 송시열이 금강정기를 썼다.

동해시

북평 해암정

강원도 유형문화재 제6호
소재지:강원도 동해시 북평동
이 정자는 고려 공민왕 10년(1361) 삼척심씨의 시조인 심동로가 벼슬을 버리고 향리에 내려와 생활할 때 건립한 것으로, 후학 양성과 풍월로 여생을 보낸 곳이다. 그후 화재로 타버렸다가 조선 중종 25년(1530)에 어촌 심언광이 중건하고 정조 18년(1794)에 중수하였다.
심동로의 자는 한이요 호는 신체로 어려서부터 글을 잘하여 한림원사 등을 역임하고 고려말의 혼란한 국정을 바로잡으려 하다가 권력층 간신배들이 비위에 거슬려 낙향하려 하자 왕이 만류하다가 동로라는 이름을 하사하고 허락하였다. 동로는 노인이 동쪽으로 간다는 뜻이다. 그후 왕이 진주군으로 봉하고 삼척부를 식읍으로 하사했다. 이곳의 일출 광경은 장관을 이룬다.

묵호 봉화대

강원도 기념물 제13호
소재지:강원도 동해시 어달동
이 봉수대의 본디 이름은 어달산봉수로, 옛 우계현의 남쪽 30리인 어달산 정상에 직경 9m, 높이 2m의 돌로 둥글게 쌓은 봉돈의 옛터가 남아 있다.
고려시대 동여진의 침입에 대비하는 통신시설이나 왜구의 침입에 대비하여 조선시대까지 계속 사용되었다. 낮에는 연기로 밤에는 불빛으로 신호하여 서울의 남산에 있던 목멱산봉수까지 연락되도록 시설된 봉수대들 가운데 비교적 잘 보존되어 있는 편이다. 신호방법은 연기나 불빛의 숫자가 정해져 있어서 하나일 때는 평상시이고, 둘이면 적이 멀리 나타남이며, 셋은 적이 국경에 접근함을, 넷은 적이 국경을 넘어섬을, 다섯은 적과 아군이 교전함을 뜻하였다.
이 어달산봉수는 남쪽으로 삼척의 광진산봉수에 연결되고, 북쪽으로 강릉의 오근산봉수에 연결되어 있었다.

삼척시

삼척 죽서루

보물 제213호
소재지:강원도 삼척시 성내동
고려 충렬왕 원년(1275) 학자인 이승휴(1224~1300) 선생이 벼슬에 뜻이 없어 두타산 아래에 은거할 때 창건하였고, 조선 태종 3년(1403) 삼척부사 김효손이 중건하였다 하며, 누 동쪽에 죽장사라는 절과 명기 죽죽선녀의 집이 있어 죽서루라 이름하였다 한다.
오십천 층암절벽 위에 세운 이 누는 자연암반을 초석으로 삼고 암반 높이에 맞춰 길고 짧은 기둥을 세운 5량구조의 팔작집인데 공포에서는 익공계수법과 다포계수법이 혼용되었는데 천장구조로 보아 맞배집이었을 가능성도 있어 조선 후기까지 여러 번의 수리로 많은 변형이 있었던 것으로 보인다.
서액 중 '제일계정'은 현종 3년(1662) 부사 허목이 쓴 것이고 '관동제일루'는 숙종 37년(1711) 부사 이성조가 썼으며, '해선유희지소'는 헌종 3년(1837) 부사 이규헌이 쓴 것이다. 이밖에 숙종, 정조, 율곡 이이 선생 등 많은 명사들의 시액이 걸려 있다.
본 누의 남쪽에는 별관인 연근당이 있었다 한다.
두타산의 푸른 숲, 굽이쳐 흐르는 오십천, 기암

절벽 등과 어울려 절경을 이루고 있다.

삼척 향교

강원도 유형문화재 제102호
소재지:강원도 삼척시 교동리
이 향교는 조선 태조 7년(1398)에 고사음곡미치(고사리재) 동쪽 기슭에 건립한 것을 태종 7년(1407) 옥서동 원계곡, 즉 지금의 당저리로 옮겼다가 세조 14년(1468)에 다시 원위치로 옮겼다. 숙종 8년(1682)에 부사 유송제가 중수하여 삼척읍 건지리에 이건하여 문책을 당하였다고 한다. 숙종 37년(1711)에 부사 심단이 현위치로 다시 옮겨 왔다. 태종 7년(1407)에 대성전이 건립되고, 명륜당은 성종 3년(1472)에, 동·서무는 현종 6년(1665)에 건립된 것이다.
지금 향교는 뒷면에 대성전과 동·서무가 놓이고 그 앞에는 지반을 한 단 낮추어 명륜당과 동·서재를 두고 그 외에 장판실과 솟을삼문, 부속건물 등이 배치되어 있다. 대성전과 동·서무에는 공자를 비롯한 유교선현들의 신주를 모시어 유림회 주관으로 음력 4월과 8월에 제를 올리고 있다.

실직군왕릉

강원도 기념물 제15호
소재지:강원도 삼척시 성내동
이 능은 삼척김씨의 시조이며, 신라 경순왕의 손자인 김위옹의 능으로 실직군왕이란 명칭은 고려 태조인 왕건이 신라 경순왕의 복속을 받아들이고 실직군왕으로 책봉하여 대우한 것이라 한다.
비문에 그 직위가 '삼한벽상공신 은청광록대부 검교 사농경 겸 어사대부 상주국좌승상 봉 실직군왕'이라 적혀 있다.
조선 헌종 4년(1838) 가을에 김학조, 김홍일 등이 삼척부사 이규헌에게 간청하여 지석과 유적을 찾으려고 사직릉과 갈야릉을 발굴하여 두 능을 확인하였다.
1937년 삼척김씨 종중에서 수축할 것을 건의하고 석의를 갖추어 능으로 봉하였다.
삼척시 월계동에 제사 왕묘가 있어 매년 음력 3월 15일이면 각처에서 후손들이 모여 제사를 올린다.

삼척 동해비 및 평수토찬비

강원도 유형문화재 제38호
소재지:강원도 삼척시 정라동
이 비들은 조선 현종 2년(1661)에 삼척부사 허

목이 세운 것이다.

허목(1595~1682) 선생은 퇴계 이황 선생의 성리학을 물려받아 근기의 실학발전에 가교적 역할을 한 분으로 효종의 초상에 대한 모후의 복상기간이 논의되자 서인 송시열 등의 기년설을 반대하여 남인 선두에서 삼년설을 주장하다가 삼척부사로 좌천되었다.

당시 삼척은 해파가 심하여 조수가 읍내까지 올라오고 홍수 때는 오십천이 범람하여 주민의 피해가 극심하였다. 이를 안타깝게 여긴 허목은 신비한 뜻이 담긴 동해송을 지어 독창적인 고전자체로 써서 정라진 앞의 만리도에 동해비를 세우니 바다가 조용해졌다. 그후 비가 파손되어 조수가 다시 일자 숙종 36년(1710) 이를 모사하여 현재의 정상리 육향산에 세워 조수를 막았다 한다. 문장이 신비하고 물리치는 능력을 가졌다 하여 퇴조비라고도 하는 이 비는 전서체에서 동방 제일의 필치라 일컬어지는 허목의 기묘한 서체로서도 유명하다.

동해비와 조금 떨어져 있는 평수토찬비는 동해비와 같이 세운 것으로 비문은 중국 형산의 우제가 썼다는 전자비에서 48자를 선택하여 목판에 새기어 군청에 보관하던 것을 고종 광무 8년(1904)에 칙사 강홍대와 삼척군수 정운석 등이 석각하여 세운 것이다.

삼척 도계읍의 긴잎느티나무

천연기념물 제95호

소재지:강원도 삼척시 도계읍 도계리

긴잎느티나무는 느릅나무과에 속하는 느티나무의 한 품종으로서, 좁고 긴 잎을 갖는 점이 느티나무와 다르다. 꽃은 4~5월에 피며 나무의 모양이 아름답고 병충해가 적어서 정자목이나 풍치목으로 좋은 나무이다.

이 긴잎느티나무는 현재 나무높이 약 16m, 가슴높이의 줄기 직경이 4.5m에 달하는 큰 나무로서 나무의 나이가 약 1,000년 정도로 추정되고 있으나 확실치 않다.

이 나무는 본래 성황당 나무로서 고려 말에는 여러 선비들이 이곳에서 난을 피했다고 전한다.

삼척 하장면의 느릅나무

천연기념물 제272호

소재지:강원도 삼척시 하장면 갈전리

느릅나무는 키가 20m, 가슴높이의 둘레 5m 이상까지 자라는 갈잎 큰키나무로서 작은 가지에 코르크질이 잘 발달되어 있고, 길둥근모양의 잎으로 아름다우며 병충해에 강하여 전국에 분포

되어 있다.

이 나무는 키가 31m, 가슴높이의 둘레가 3m, 나이 400여 년이라고 보고 있다. 약 300여 년 전 갈전남씨 조상이 최초로 이곳에 정착한 후 마을 중앙에 100년 된 큰 느릅나무를 옮겨 심었다고 전하여 왔다. 그러나 옆에서 자라는 3그루의 음나무와 더불어 2그루의 느릅나무가 자라고 있는 점으로 보아 여기에서 자라던 것을 보호하여 온 것같이 보인다.

한때는 백로 번식지였으며 여름철에는 주민들의 휴식처가 되고 있다.

삼척 대이리 동굴지대

천연기념물 제178호

소재지:강원도 삼척시 도계읍 대이리

이 지역은 석회암 지대로서 거기에 분포되어 있는 환선굴, 관음굴, 제암풍혈, 양터목세굴, 덕발세굴, 큰재세굴 등을 총칭하여 대이리 동굴지대라 한다.

대이리 일대는 국내 최대규모의 동굴지대로 조선계 대석회암통 하부의 풍촌석회암층에 속하는 두꺼운 석회암층이 발달되어 있다. 석회암은 담홍색, 백색, 회색을 띠며 얇은 돌로마이트층을 협재한다. 동굴 부근에는 카르스트지형이 형성되어 있다.

환선굴(총연장 4km)과 관음굴(총연장 1.2km)은 규모가 웅장할 뿐만 아니라 굴 내부의 괴이한 종유석과 옥좌대 용석, 넓은 백사장 등 천태만상을 보이며 장관을 이루어 가히 천하일품이라 할 수 있다.

삼척 초당굴

천연기념물 제226호

소재지:강원도 삼척시 노곡면 금계리

이 동굴은 총연장 70km로 추정되는 수직동굴로서 풍촌석회암층에 형성된 동양 최대 규모의 동굴로 많은 지하수가 소한천 입구로 흘러나온다. 이 동굴의 특징은 3층 동굴로서 하층이 가장 길며, 큰 광장이 여러 곳에 형성되어 있고, 동굴 바닥 곳곳에 연못이 있으며 피압수가 마치 분수대 모양으로 여기저기서 솟아 올라 아름다운 광경을 자아낸다.

동굴 내부에는 대규모의 종유석상이 발달되어 있어 장관을 이룬다. 이곳에는 물김, 좀딱정벌레, 장님끌새우, 화석곤충(일명 카르다층), 긴다리거미 등 희귀한 특수 생물이 서식하고 있으며, 국내 최초의 작은 석화가 발견되었던 곳이다.

삼척 신리 너와집 및 민속유물

중요민속자료 제33호

소재지:강원도 삼척시 도계읍 신리

이 너와집은 화전민들의 집으로 일반 집과는 달리 지붕을 기와로 잇지 않고 너와(두꺼운 널조각, 크기 약 30~40cm×70cm×5cm)로 이은 특수한 형태의 집이다.

현재 이 너와집과 화전민들의 생활용구인 물레방아, 통방아, 채독(싸리로 만든 독), 나무통(김치통), 살피(설피—눈 위에서 신는 신발), 주루막(사냥용 창) 등과 아울러 부뚜막 옆에 진흙으로 만든 화티(화투, 불씨를 보관하는 곳) 등의 민속유물 모두를 민속자료로 지정 보존하고 있다.

삼척 교수당

강원도 유형문화재 제61호

소재지:강원도 삼척시 근덕면 하맹방리

교수당은 고려 우왕 14년(1388)에 남양홍씨 삼척입문 시조인 홍준이 전국의 혼란을 피해 이곳에 내려와 살면서 후학을 가르치기 위해 지은 건물이다.

이곳에는 선생의 스승이었던 문정공 목은 이색 선생이 보낸 시판이 소장되어 있다. 이곳은 원래 고려 충선왕 즉위년(1308) 삼척현위 조신주가 방방해안에 향목 250주를 파묻고 미륵이 태어나 인간세계를 구원한다는 용화회주를 기다렸다고 하는 곳이다.

삼척 영은사 대웅보전

강원도 유형문화재 제76호

소재지:강원도 삼척시 근덕면 궁촌리

이 사찰은 신라 진성여왕 6년(892) 창건된 운망사를 조선 선조 18년(1585) 사명대사가 영은사로 개칭하였고 그후 산불로 전소된 것을 순조 5년(1805)에 중건하였다고 전하여오나 확실한 기록은 찾아볼 수가 없다.

이 건물은 정면 3칸, 측면 3칸 겹처마 맞배지붕으로 공포는 다포계 양식의 외2출목, 내3출목을 했음이 특이하다. 외부 전면의 살미는 쇠서형인데 비하여 후면은 운궁형으로 초각되었고 내부 살미는 연봉형을 하였다.

건물의 기단은 지형에 따라 거칠게 가공을 한 화강석 기단인데 근래에 변형된 듯하고 그 위에 놓은 초석은 덤벙주초이고 기둥은 민흘림이다. 내부 바닥은 우물마루를 짰고 가운데에 2개의 고주가 대들보를 받치고 후불벽과 불단을 형성하였다.

천장은 가운데로 우물반자를 짜고 주위는 빗천장을 이루었다.
이 건물은 가구수법과 공포형식으로 보아 조선 말기의 것으로 보인다.

삼척 영은사 팔상전

강원도 유형문화재 제77호
소재지:강원도 삼척시 근덕면 궁촌리
사기에 의하면 이 건물은 조선 인조 19년(1641)에 세웠다 하나 건물의 짜임과 두공형식으로 보아 조선 후기의 형식을 보이고 있다. 자연초석 위에 정면 3칸, 측면 2칸 맞배지붕의 간결한 건물이다. 지붕의 전면은 부연을 달고 후면은 부연없이 홑처마로 처리하였다. 기둥 위의 두공은 익공과 같은 형식이다. 연화초각한 쇠서를 전면으로 돌출시킨 조선 후기 형식이다.
건물 내부에는 팔상위의 탱화를 모셨는데 그 제작년은 건륭 25년(1760)으로 기록되어 있다.

준경묘

강원도 기념물 제43호
소재지:강원도 삼척시 미로면 활기리
이곳은 조선 태조의 5대조인 목조의 아버지 양무장군의 묘로서 고종 광무 3년(1899)에 묘소를 수축하고 제각, 비각을 건축하였다.
이 일대는 울창한 송림으로 되어 있어 원시림의 경관을 구경할 수 있는 산자수려한 곳이다. 이곳의 송림을 황장목이라고 하며, 경복궁 중수 때 자재로 쓰였다 한다.
목조가 한 도승의 예언대로 백우금관으로 양친을 안장한 뒤 5대에 이르러 조선을 창업하게 되었다는 전설이 있다.

강릉시

강릉 객사문

국보 제51호
소재지:강원도 강릉시 용강동
객사란 고려와 조선시대에 각 고을에 두었던 관사를 말한다. 조선시대에는 정전에 국왕의 전패를 모시어 두고 초하루와 보름에 향궐망배하였으며 왕이 파견한 중앙관리가 오면 여기서 유숙하게 하였다.
이 객사는 고려 태조 19년(936) 본부객사로 총 83칸의 건물을 창건하고 임영관이라 하였으며 공민왕 15년(1366) 왕이 낙산사로 행차 도중 현액을 친필로 썼다고 전한다.

그후 수차 중수되어 오다가 1929년 일제시 강릉공립보통학교(후에 강릉국민학교가 됨) 시설로 이용되었고 동교가 헐린 뒤에는 공지로 남게 되었다. 1967년 12월 여기에 강릉경찰서 청사가 세워지게 되었으며 이 문만이 남게 되었다.
남산의 오성정, 금산의 월화정, 경포의 방해정 등은 객사의 일부였던 것을 옮긴 것이라 한다.
이 문은 간결하고 소박하고 주심포계의 형식을 취하고 있는 맞배지붕의 삼문이다. 기둥의 배흘림은 현존해 있는 목조건축 유구 중 가장 크고 주두와 소로의 굽은 곡을 이루고 굽받침을 두었으며 단장혀로 외목도리를 받게 하였다. 또한 쇠서, 첨차 화반, 보 등의 세련된 조각솜씨는 고려시대 건축양식의 특징을 보여주고 있다.

강릉 대창리 당간지주

보물 제82호
소재지:강원도 강릉시 옥천동
이 당간지주는 원래의 자리에 1m 사이를 두고 남북으로 마주 서 있다. 두 지주의 안팎 측면과 앞뒤 측면에는 아무것도 새기지 않은 간결한 솜씨를 보이고 있으나, 다만 바깥면의 양모서리의 모를 죽여서 약간의 장식 의장을 보이고 있다. 지주 정상은 유려한 사분원의 호선 모양을 이루고 있다. 그리고 당간을 고정시키는 간공은 상단 한 곳에만 장방형의 간구를 마련하였다.
현재 기단부는 땅속에 묻혀서 정확한 모습은 알 수 없으나 겉모습으로 볼 때, 의장수법과 돌을 다룬 솜씨 등이 통일신라시대 말기의 양식을 계승한 듯한 것으로 건립연대도 통일신라시대 말기로 본다.

강릉 수문리 당간지주

보물 제83호
소재지:강원도 강릉시 옥천동
당간지주란 지금까지 전하는 바에 의하면 불보살의 공덕을 기리며 벽사적인 뜻이 있다는 것으로 되어 있다.
이 당간지주는 원래의 자리에 1m의 간격을 두고 동서로 마주 서 있으나 앞뒤 면과 안팎 면에는 아무것도 새기지 않은 간결한 솜씨로 되어 있다. 지주의 정상부만은 유려한 사분원의 호선 형태를 이루고 있고, 한 곳에 장방형의 간구를 설치하고 있다. 전체적인 겉모습으로 볼 때, 돌을 다룬 솜씨나 조식기법이 간결한 것으로 미루어 나말여초 때 작품으로 보인다.
동쪽 지주 남쪽 면에 조선 순조 17년(1817)에 다시 세웠다는 해서체의 음각명문이 있어 오랜

세월 동안 원위치에 유존되어 오던 당간지주임을 알 수 있다.

신복사지 삼층석탑 및 보살좌상

보물 제87·84호
소재지:강원도 강릉시 내곡동
삼층석탑과 탑을 향해서 공양하는 모습의 보살상으로 고려 초기, 즉 10세기 후반기에 제작된 것이다.
삼층석탑은 이중기단 위에 3층의 탑신부를 세운 형식이다. 기단부는 지대석 상면에 복련을 새겼고, 하층기단 면석에 안상을 새겨 고려 초기 탑의 특징을 잘 보여주고 있다.
탑신부는 탑신과 옥개석을 각 1석씩으로 조성하였는데, 상층기단 면석과 각층 탑신석 밑에는 별석의 괴임돌을 놓았다. 초층탑신에 감실이 음각되어 있고, 옥개석받침은 3단이다. 상륜부는 노반, 복발, 앙화, 보륜, 보주가 남아 있는데 각 부재는 높이에 비해 폭이 넓어 안정된 감을 주며, 각층마다 끼여 있는 별석의 괴임돌이 있어서 특이하다.
보살상은 탑을 향해서 왼무릎을 세우고 공양하는 자세로 복판앙련의 대좌 위에 앉아 있다. 원통형의 높은 보관 위에 8각의 천개를 씌웠다. 부드럽고 복스런 얼굴에 비대하고 풍만한 체구를 지녔고, 규칙적인 간격의 옷주름과 단순해진 장신구 등에서 신라적인 요소가 사라지고 고려 초기, 즉 10세기 후반의 특징을 잘 보여주고 있다. 이러한 탑과 탑을 향해 공양하는 보살상은 월정사 팔각구층탑 및 공양보살상과 유사한 것으로 같은 지방유파의 특징으로 생각된다.

강릉 오죽헌

보물 제165호
소재지:강원도 강릉시 죽헌동
오죽헌은 우리 나라 어머니의 사표가 되는 신사임당이 태어나고 또한 위대한 경세가요 철인이며 정치가로서 구국애족의 대선각자인 율곡이 이 선생이 태어난 곳이다.
사임당 신씨(1504~1551)는 성품이 어질고 착하며 효성이 지극하고 지조가 높았다. 어려서부터 경문을 익히고 문장, 침공, 자수뿐만 아니라 시문, 그림에도 뛰어나 우리 나라 제일의 여류 예술가라 할 수 있으며 자녀교육에도 남다른 노력을 기울여 현모양처의 귀감이 되고 있다.
율곡 이이(1536~1584) 선생은 어려서 어머니에게 학문을 배워 13세에 진사초시에 합격하고 명종 19년(1564) 생원시, 식년문과에 모두

장원급제한 후 황해도 관찰사, 대사헌 등과 이조·형조·병조의 판서를 역임하였다. 조선 유학계에 퇴계 이황 선생과 쌍벽을 이루는 대학자로서 기호학파를 형성했고 붕당의 조정, 10만 군대의 양병을 주장하였으며 대동법, 사창의 실시에 노력하였다. 글씨, 그림에도 뛰어났으며 효성이 지극하였다. 문묘에 종사되었고 선조의 묘정에 배향되었으며 파주의 자운서원, 강릉의 송담서원 등 20여 개 서원에 제향되고 있다.

오죽헌은 강릉 유현인 최치운(1390~1440)의 창건으로 아들 응현은 사위 이사온에게 물려주고 이사온은 다시 그의 사위 신명화(사임당의 부친)에게, 신명화는 또 그의 사위 권화에게 물려주면서 그 후손들이 관리하여 오던 중 1975년 오죽헌 정화사업으로 문성사, 기념관 등이 건립되어 현재와 같은 면모를 갖추고 선생의 위업과 교훈을 길이 추앙하게 된 것이다.

강릉 해운정

보물 제183호
소재지:강원도 강릉시 운정동

경포호 서안에 있는 별당형식의 건물로 조선 중종 25년(1530) 어촌 심언광 선생이 강원도 관찰사로 있을 때 지은 것이라 전한다.
어촌(1487~?) 선생은 중종 2년(1507) 진사가 된 후 부제학, 이조·공조판서 등을 역임하였으며 문장에 뛰어났었다.
이 정자는 초익공양식에 5량가구로 건축된 팔작집으로 외부는 소박한 모양을 하였으나 내부는 비교적 세련된 조각으로 장식되었다.
'해운정' 이란 현판은 송시열의 글씨이며, 내부에는 권진응, 율곡 이이 등 여러 명사들의 기문과 시문판이 걸려 있다.
또한 중종 32년(1537) 명나라 사신인 정사 공용경과 부사 오희맹이 우리 나라에 왔을 때 어촌은 접반사로 나아갔는데 그때 공용경이 쓴 '경호어촌' 이란 액자와 시 및 오희맹이 쓴 '해운소정' 이란 액자가 걸려 있다.

오성정

강원도 유형문화재 제47호
소재지:강원도 강릉시 노암동

이 정자는 조선 인조 5년(1627)에 창건한 것으로 전해지는데 현재의 건물은 1927년에 정묘생의 동갑계에서 강릉객사의 일부를 옮기어 건립한 것이다.
이곳은 원래 현종 7년(1666) 송광연이 지평으로 강릉에 와 있을 때 이 정자 아래에 조그만 집

을 짓고 아침 저녁으로 올라가 놀던 곳이었다고 전한다.
또 구한말 국운이 기울었을 때는 의병이 이곳에 집결하여 왜병과 싸운 곳이며, 6·25 때 공산군에 항거하며 순국한 한국청년단원 222인의 충혼탑과 수복전야에 산화한 순국 삼학도의 묘가 있는 유적지이다.

강릉 문묘 대성전

보물 제214호
소재지:강원도 강릉시 교동

강릉향교는 우리 나라 지방교육제도와 맥락을 같이하는 유서깊은 곳이다.
고려 인종 5년(1127) 이 향교의 역사는 시작되나 충선왕 5년(1313) 강릉도 존무사 김승인이 화부산 밑에 문묘를 갖춘 향교를 건립하여 비로소 체계를 갖추었다. 그러나 조선 태종 11년(1411) 화재를 당하여 그 2년 뒤 강릉도호부 판관 이맹상의 발의로 중건되었고, 수차 중수가 있었다. 순종 융희 3년(1909)에는 화산학교를 설립하여 신학문을 교육하던 중 1910년 일제에 의하여 폐교되고 양잠전습소를 설치한 적도 있었다.
향교는 당시 초등교육장인 서당공부를 마친 선비들이 공부하던 중등교육장으로 지방 최고 교육기관이었다. 이곳에서 수학하면 사마시에 응시할 자격을 갖게 되며, 사마시에 합격하면 진사나 생원의 칭호를 받게 된다. 생원, 진사가 되면 서울의 성균관에 들어가 문과시에 응하여 고급관위에 오르게 된다.
이 향교는 그 시설과 학제가 성균관과 같고 규율이 엄정하고 면학의 기운이 드높아 대무관이라 일컬음을 받았고 수많은 유현을 배출하였다. 경내에는 문묘에 속하는 대성전, 동·서무, 전랑과 향교에 속하는 명륜당, 동·서재가 있는데, 서로 연결되어 한 건물군을 이루고 있으며, 규모나 전통에 있어서 전국 향교 중 제일이라 할 수 있다.
대성전은 문묘의 정전으로 주심포계양식에 맞배집으로 건축되었는데 공자를 비롯하여 중국성현들의 위패를 봉안하고 있다.

강릉 선교장

중요민속자료 제5호
소재지:강원도 강릉시 운정동

이 가옥은 조선 후기의 전형적인 상류주택으로 효령대군의 10대손인 무항 이내번이 18세기초에 이곳으로 이주하여 개기하였다 하며, 안채와

사랑채, 행랑채, 동별당, 정자를 갖추고 있다.
'선교장' 이란 이름은 이 마을의 옛 이름이 배다리마을(선교리)이라 이를 따라 지은 것이라 한다.
안채는 ㄹ자형으로 배치되어 동별당과 연결되었다. 사랑채는 사랑마당 북쪽에 있으며 순조 15년(1815) 무항의 손인 오은처사 이후가 건립하였는데 열화당 이란 이름은 도연명의 귀거래사 중 "열친척지정화"에서 땄다고 한다.
서별당과 행랑채의 일부는 없어졌다. 바깥마당 남쪽으로는 넓은 연당이 있고 활래정이라 이름한 ㄱ자형 평면의 정자가 있는데 순조 16년(1816) 이후에 건립하였고 이후의 증손인 이근우가 중건하였다. 활래정 이란 이름은 주자의 시 중 "위유원두활수래"에서 땄다고 한다.
아트막한 산기슭을 배경으로 독립된 건물들을 적당히 배치하고 각 건물의 구조도 허식이 없이 소박하게 처리하여 연당에 건립된 활래정과 어울려 자유스럽고 너그러운 분위기를 자아내고 있다.

계련당

강원도 유형문화재 제39호
소재지:강원도 강릉시 교2동

계련당은 이 고장 출신으로 과거에 급제한 분들이 고장 발전과 미풍양속을 위하여 모여 의논하던 곳이다.
이 건물은 조선 건국초에 창건하였으나 훼손되어 순조 10년(1810) 향중의연미로 다시 건립한 것이다.
현 건물의 규모는 정면 3칸, 측면 3칸이며 고종 31년(1894)에 과거제도가 폐지됨으로써 모임이 없어졌는데 그 후손들이 모선계를 조직하여 관리하고 있다.

경포대

강원도 유형문화재 제6호
소재지:강원도 강릉시 저동

경포대는 고려 충숙왕 13년(1326) 강원도 안렴사 박숙정이 현 방해정 뒷산 인월사 옛터에 창건하였던 것을 조선 중종 3년(1508) 강릉부사 한급이 현 위치로 옮겨 지은 후 몇 차례의 중수가 있었고, 고종 10년(1873) 부사 이직현이 중건한 뒤 1934년, 1947년, 1962년에 중수가 있었다.
이 건물은 익공계양식에 팔작지붕으로 건축된 누대이다. 이곳에서 볼 수 있는 경포8경(녹두일출, 죽도명월, 강문어화, 초당취연, 홍장야우, 증봉

낙조, 환선취적, 한송모종) 및 경포월삼(월주, 월탑, 월파)은 천하의 장관이다.

대호인 '경포대'의 전자액은 유한지, 해서액은 이익회의 글씨이다.

내부에는 율곡 이이 선생이 10세 때 지었다는 「경포대부」를 비롯하여 숙종의 어제시 및 명문으로 알려진 조하망의 상량문 등 여러 명사들의 기문, 시판이 걸려 있다. 또한 '제일강산'은 주지번이 썼다고 전하는데 '강산' 두 자를 잃어버려 후세인이 써 넣은 것으로 추측된다.

경포호

강원도 기념물 제2호
소재지:강원도 강릉시 운정동·저동·초당동

관동의 명승지로 널리 알려진 경포호는 경포대를 중심으로 호반에 산재하고 있는 역사적 누정(경포대, 해운정, 경호정, 금란정, 방해정, 호해정, 석란정, 창랑정, 취영정, 상영정)과 경포 해수욕장 및 주변의 송림지대를 통틀어 일컬어 왔다. 수면이 거울같이 맑아 경포호, 사람에게 유익함을 준다고 해서 군자호라고도 한다.

호수 한가운데 자리잡은 바위에는 각종 철새들이 찾아와 노는 곳으로 새바위라 하며, 조선 숙종 때 송시열이 쓴 '조암'이란 글씨가 남아 있다. 경포호는 원래 주변이 12km에 달했으나 지금은 하천의 유사로 4km에 불과하다.

칠사당

강원도 유형문화재 제7호
소재지:강원도 강릉시 명주동

이 집은 조선시대의 관공서 건물로 일곱 가지 정사(호적, 농사, 병무, 교육, 세금, 재판, 풍속에 관한 일)를 베풀었다 하여 칠사당이라 불리었다.

이 건물의 최초의 건립연대는 확실치 않으나 인조 10년(1632)에 중건하고, 영조 2년(1726)에 크게 중수하였으며, 고종 3년(1866)에는 진위 병의 영으로 쓰이다가 이듬해에 화재로 타버린 것을 강릉부사 조명하가 중건하였다.

일제시대에는 일본의 수비대가 있었고 뒤에 강릉군수의 관사로 쓰이다가 6·25 때 민사원조단에서 일시 사용한 바 있으며, 1958년까지 강릉시장 관사로 사용되어 왔다.

향현사

강원도 유형문화재 제8호
소재지:강원도 강릉시 교동

이곳은 강릉지방에서 나온 인물 가운데 주민들로부터 추앙을 받고 있는 분들을 모신 사당이다. 원래 이 사당은 조선 인조 23년(1645)에 부사 강백년과 김충각, 김성원 등이 논의하여 향현들의 행적과 얼을 후세에 전하고자 건립한 것으로 처음에는 최치운, 최응현, 박수량, 박공달, 최수성, 최운우를 모시었다. 순조 2년(1802)에 최수를 더 모시었고 순조 8년(1808)에 이성무, 김윤신, 박억추, 김열, 김담을 추향하여 모두 12향현을 모시었다.

고종 4년(1867) 강릉부중의 큰 화재로 재해를 당하였다가 1921년 봄에 후손들의 발의로 현 건물을 지었다.

사당은 정면 3칸 측면 2칸의 맞배집이며, 대문과 재실이 5칸 직사 8칸으로 되어 있다.

강릉 방해정

강원도 유형문화재 제50호
소재지:강원도 강릉시 저동

원래 이곳은 삼국시대의 고찰인 인월사터이었는데 조선 철종 10년(1859), 예빈시 참봉을 거쳐 청안현감과 통천군수를 지낸 산석거사 이봉구가 관직을 물러난 후 객사 일부를 헐어다가 이 정자를 건립하고 만년을 보낸 곳이라 한다.

이봉구는 선교장의 주인으로서는 처음으로 관계에 올랐으며 통천군수를 지낸 일로 하여 선교장의 이씨댁을 통천댁으로 불리게 한 분이다.

ㄱ자형 평면에 팔작집으로 별장이면서 온돌방, 마루방, 부엌 등을 갖추어 살림집으로도 사용하게 되어 있는데 1940년 그의 후손인 이근우가 중수하였고 1975년 보수하였다.

강릉 호해정

강원도 유형문화재 제62호
소재지:강원도 강릉시 저동

원래 이곳은 조선 명종 때 장호가 그의 호를 따 태허정이라 이름한 정자를 지어 그의 사위 김몽호에게 주었던 곳이라 한다.

그후 대학자인 삼연 김창흡이 약 1년간 이곳에 머물면서 학문을 강론하자 신성하는 그를 위해 초가를 지어 거처하게 하였다. 영조 26년(1750) 이 초가가 화재를 당하자 영조 30년(1754) 신성하의 손자인 진사 신정복은 이를 민망히 여겨 강릉시 죽헌동에 있던 자기 집 별당인 안포당을 헐어 이곳에 옮겨짓고 '호해정'이라 이름했다.

이곳에는 김몽호의 영정과 삼연 김창흡, 옥산 이우, 담제 민우수 등의 시문이 있으며 현판은 자하 신위가 썼다.

이 부근 대부분의 정자들이 호수가 바라보이는 곳에 있는 데 비하여 호수 동북쪽 깊숙한 산기슭에 자리잡고 있으며, 소박하게 지은 이 정자는 온돌방과 마루방을 두고 방 사이에는 분합문을 두어 필요시 한방으로도 사용하게 하였다.

화부산사

강원도 유형문화재 제57호
소재지:강원도 강릉시 교동

이곳은 신라 김유신(595~673) 장군의 신주를 모신 사당으로 흥무왕사라고도 한다.

신라가 삼국통일의 대업을 이룩한 후, 말갈족이 북방을 어지럽히므로 김유신 장군이 출정, 강릉(당시는 명주) 화부산 밑에 주둔하여 오랫동안 머물면서 적을 퇴치하여 평화를 찾았으므로 백성들이 모두 장군을 우러러 보았다.

그후 장군이 서거한 뒤에 화부산 밑에 사당을 세워 제사를 지내며 장군을 추앙하여 오다가 철도 개설할 때 현재 위치로 옮기었다.

황산사

강원도 유형문화재 제58호
소재지:강원도 강릉시 남문동

이 사당은 충무공 최필달의 위패를 봉안한 곳이다.

공은 강릉최씨의 시조로서 고려태조 왕건의 창업을 도운 개국공신이며, 경흥부원군에 봉군되었다.

당시의 학문을 정립하고 예를 가르친 문무를 겸한 학자로서 해동부자라 일컬었다고 한다.

경내의 문정묘는 인종 원년(1545)에 영의정에 추증된 문정공 최수성의 위패를 봉안하였다. 그는 문장, 서법, 화격에 뛰어났으나, 김전, 남곤 등의 모함에 걸려 중종 16년(1521) 10월 신변과 함께 죽음을 당한 명현이다.

1936년 후손인 최명수와 진사 정채화 등이 남문동 179번지에 황산사비와 함께 건립한 것을 1982년 이곳으로 이전 신축하였으며, 매년 음력 3월 중정에 차례를 행한다.

경양사

강원도 유형문화재 제59호
소재지:강원도 강릉시 저동

이곳은 신라의 충신 박제상을 제사하는 사당이다.

박제상은 파진찬 물품의 아들로 삽량주(지금의 양산) 간으로 있을 때 417년에 즉위한 눌지왕의 부탁을 받고 지략과 계교로 고구려에 볼모로 가 있던 왕제 복호를 데려오고, 다음에는 일본에 가

서 볼모로 잡혀 있는 왕자 미사흔을 신라로 탈출
케 하고 자신은 일본군에게 체포, 목도에 유배
되었다가 살해되었다. 그의 부인은 그를 기다리
다가 망부석이 되었다 한다.
사우에는 조선 숙종대왕과 정조대왕의 어제시가
있으며 매년 음력 3월 5일에 다례를 행한다.

용지 기념각

강원도 기념물 제3호
소재지:강원도 강릉시 옥천동
이것은 고려 말기 충숙왕의 부마도위 최문한을
기념하기 위하여 세운 비와 비각이다.
최문한은 고려왕조의 국운이 점차 기울어 이성
계가 등극하자 동지 71인과 두문동에 들어가 고
려에 대한 충의를 지키다가 이곳으로 왔다. 공
주인 부인과 함께 낙향한 최문한은 항상 준마를
타고 송경에 왕래하며 국사를 걱정하였다. 하루
는 송경으로부터 돌아오는 길에 용지의 버들가
지에 말을 매고 손을 씻고 있었는데 말이 갑자기
못에 뛰어들더니 용으로 변하여 운무를 타고 사
라졌다는 전설이 있어 이곳을 용지라 하게 됐다
고 한다.
그후 폐허되었던 것을 조선 영조 때 다시 연못으
로 복구하였는데 후세에 최문한의 후손들이 용
지기념각을 세웠다 한다.

보현사 낭원대사 오진탑

보물 제191호
소재지:강원도 강릉시 성산면 보광리
이 탑은 8각평면을 기본으로 한 8각원당형 부도
다. 화강암으로 만들었으며 한때 무너져 부서졌
던 것을 다시 세웠으나 중대석과 상륜부의 일부
부재를 잃었다.
2매의 판석으로 된 높직한 지대석 위에 하대석
이 놓여 있는데, 측면에 얕은 장방형 액이 있고
그 안에 큼직한 안상이 1구씩 있어 마치 2중 안
상처럼 보인다. 상대석은 1단의 받침 위에 겹잎
의 앙련이 있고, 탑신석은 중앙 아래쪽에 문호
양과 좌물쇠모양을 새겼을 뿐 별다른 치장은 없
다. 옥개석은 폭이 좁고 두꺼운 편인데 아랫면
에 3단의 옥개석받침이 있다. 추녀는 반전이 뚜
렷하고 낙수면은 물매가 급한데 8귀의 전각에는
귀꽃이 있었으나 파손되어 흔적만 남았다. 상륜
부는 납작한 편구형 복발이 있고 그 위에 보개가
놓여 있는데 전각부에 귀꽃이 간혹 남아 있다.

보현사 낭원대사 오진탑비

보물 제192호

소재지:강원도 강릉시 성산면 보광리
이 비석의 귀부는 네모난 대석 위에 놓여 있는데
용두화한 거북머리를 갖추고, 등에는 6각의
귀갑문이 있으며, 등 중앙에 구름무늬로 장식한
높은 비좌가 있다. 비신 상단에는 앙련받침이 있
고 쌍룡이 투각된 이수에는 중앙에 복발과 1단
의 보륜이 있고 화염에 싸인 보주를 얹어 놓았다.
낭원대사는 속성은 김씨이고 이름은 개청이며 신
라 흥덕왕 9년(834)에 태어났다. 13세에 화엄
사에서 정행법사에 의해 승려가 되고, 고려 태
조 13년(930) 96세로 이곳 보현사에서 입적하
였다. 태조는 시호를 낭원이라 하고 탑명은 오
진이라 하였다. 태조 22년(939)에 건립된 이 비
의 비문은 구족달이 썼다.

굴산사지

강원도 기념물 제11호
소재지:강원도 강릉시 구정면 학산리
굴산사는 신라 말기의 승려인 범일스님이 세운
것으로 신라불교종파인 5교9산의 하나로서 유
명했던 사찰이었다.
범일스님은 어려서 불가에 입문하여 젊어서 당
나라에 유학하고 돌아온 후 굴산사에서 40년을
보내는 동안 신라의 경문, 헌강, 정강 3대 임금
으로부터 차례로 국사가 되어 주기를 권유받았
으나 모두 거절하고 오로지 불법과 종풍선양에
만 힘쓰다 입적하니 시호를 통효라 했다. 이 굴
산사는 고려시대에도 번창한 사찰이었으나 고려
멸망과 함께 법등이 끊어진 것으로 여겨지고 있
다.
넓은 옛터에는 통일신라시대의 당간지주와 고려
시대의 부도탑이 지정, 보존되어 있고 기타 기
둥초석 등의 석조물이 남아 있으며 범일스님의
어머니가 우물물을 마시고 범일스님을 낳았다는
전설이 깃들인 우물터도 남아 있어 옛모습을 생
각나게 하고 있다.

굴산사지 부도

보물 제85호
소재지:강원도 강릉시 구정면 학산리
이 부도는 8각원당형의 기본 양식을 갖춘 고려
시대 작품이다.
한돌로 된 8각의 지대석 위에 접시모양의 받침
을 놓고 그 위에 하대석이 놓였다. 하대석은 아
래쪽이 8각이나 위쪽은 원형이며, 구름무늬가
새겨 있다. 하대석 위의 중대석은 원형인데, 8
개의 기둥에 구름무늬를 새기고, 기둥 사이에 악
천과 공양상이 입체적으로 조각되었다. 중대석

위의 상대석에는 앙련이 조각되고, 상대석 위에
8각탑신이 있다. 탑신 위의 옥개석은 지붕면의
경사가 급하여 육중한 감각을 준다. 옥개석 꼭
대기에 연화문을 돌린 보주가 있다.
이 부도는 굴산사를 창건한 범일국사(810~889)
의 사리탑이라 전한다.

굴산사지 당간지주

보물 제86호
소재지:강원도 강릉시 구정면 학산리
이 당간지주는 굴산사지에서 좀 떨어진 남쪽 언
덕 넓은 벌판에 세워져 있다. 거대한 석재로 조
성하였는데 전체높이 5.4m로서 아마 우리 나라
에서는 가장 규모가 큰 지주에 속할 것이다.
양 지주의 4면은 아무 조각이 없는 민면인데, 아
랫도리에는 돌을 다듬을 때에 생긴 잡다한 정자
국이 그대로 남아 있다. 두 지주는 네모나게 다
듬어 올라가다가 정상부에 이르러서는 안팎 양
쪽에서 차츰 둥글게 깎아 곡선을 이루고 있다. 정
상은 뾰족한 형태인데, 현재 남쪽에 있는 지주
의 첨단이 약간 파손되었다.
지주 위쪽 가까이에 둥근 홈을 파서 간을 시설하
였고 아래에서 3분의 1쯤 되는 곳에 둥근 구멍
을 관통시켜 간을 고정시키도록 하였다.

굴산사지 석불좌상

소재지:강원도 강릉시 구정면 학산리
굴산사는 신라 하대 구산선문 중의 하나인 사굴
산파의 본산으로 알려진 선종의 대찰이었으나,
현재는 조그마한 절터로 변했다. 이곳에 전해진
비로자나삼존불 가운데 완전한 2구를 작은 건물
에 봉안하였고 1구는 샘터에 있다.
이 불상은 장란형의 둥글고 긴 얼굴에 눈꼬리가
길고, 짧은 인중, 얼굴에 비해 작은 입을 표현하
였다. 움츠린 듯한 어깨, 두터운 불의는 몸의 굴
곡이 드러나지 않았고 두 손을 가슴께에 지권인
한 모습은 경직되어 보인다.
이러한 불상은 월정사 석조보살상에 비해 다소
연대가 떨어지지만 둥글고 긴 안면 골격과 평판
적인 신체에 추상적인 표현과는 달리 곡선적인
조각을 한 점은 고려 초기인 11세기 작품으로,
자연주의 양식계열로 지방조각의 성격을 알 수
있게 한다. 또한 이곳은 신라시대에 명주라고 불
리던 곳으로 강릉 한송사지 보살상, 신복사지 보
살상과 더불어 동일지역내에 제작된 고려시대 불
교조각의 첫장을 여는 중요한 작품이다.

주문진 교항리의 밤나무

천연기념물 제97호
소재지:강원도 강릉시 주문진읍 교항리

밤나무는 참나무과에 딸린 낙엽교목이며 나무의 높이 12m(당초 54m), 가슴높이의 둘레 7.3m 이다. 수령은 500년 정도로 추정하고 있으나 동호승람고사조에 의하면 1,000년 전 부정 최옥이 심은 나무라고 전하고 있다. 혹벌의 피해로 한쪽은 거의 죽었으나 아직 한쪽은 살아 있으며 밑부분만이 남아 있다.

주문진 장덕리 은행나무

천연기념물 제166호
소재지:강원도 강릉시 주문진읍 장덕리

이 은행나무는 키가 22m, 줄기의 가슴높이 둘레가 10m에 이르는 큰 나무로서 나무의 나이는 약 800년 정도로 추정된다.

전설에 의하면 예전에는 은행이 많이 열렸었기 때문에 이것이 떨어져 썩을 때면 악취가 너무 심하여 어느 노승이 이곳을 지나다 부적을 써 붙인 후부터 은행이 열리지 않는다고 하나, 이 은행나무는 숫그루이기 때문에 은행이 열리지 않는 것이다.

명주 청학동 소금강

명승 제1호
소재지:강원도 강릉시 연곡면 삼산리

이 산은 원래 청학산이란 이름으로 불러왔으나 율곡 선생이 이곳에 입산수도하면서 그 모습이 금강산과 흡사하다 하여 소금강이라 이름하였고 마의태자가 망국의 한을 달랬다는 전설과 함께 아미산성의 이끼 낀 성벽은 오늘도 그 옛날을 말해주고 있다.

수많은 폭포, 깊은 계곡, 우거진 숲, 이끼 낀 기암은 춘하추동 계절의 변화에 따라 형형색색으로 변화하며, 그 경관은 그대로 한폭의 그림이요 선경이라 하겠다. 산은 높고 계곡은 깊어도 위험하지 않아 남녀노소가 함께 즐길 수 있으며 심오한 대자연의 정취를 볼 수 있어 보는 이로 하여금 감동과 경탄을 자아내는 곳이기도 하다.

명주군왕릉

강원도 기념물 제12호
소재지:강원도 강릉시 성산면 보광리

이 능은 명주군왕 김주원의 능이다. 주원의 가계는 여러 번 상대등과 시중 직책을 맡아온 집안이었다. 그의 아버지 유정은 태종무열왕의 직계로서 명주에 벼슬을 받아 와서 이 지방 토호의 딸 박연화와 결혼하여 주원을 낳았다.

신라 제37대 선덕왕이 후사 없이 돌아가자, 당시 무열왕의 직계손 가운데 가장 강력한 세력을 이루었던 주원이 왕위 계승자로 유력하였다. 그러나 상대등 김경신이 왕위에 오르자 그는 연고권을 가지고 있던 강릉으로 자진해서 물러났다. 원성왕 2년(786)에 김주원을 명주군왕으로 봉하고 강릉·양양·삼척·울진·평해 등을 식읍으로 주었다.

그 뒤 주원의 아들 헌창과 손자 범문이 중앙 정계에 불만을 품고 반란을 일으켰으나 결국 모두 실패하였다.

방내리 삼층석탑

강원도 유형문화재 제36호
소재지:강원도 강릉시 연곡면 방내리

이 탑은 단층기단 위에 3층의 탑신을 형성하였다. 초층 탑신에는 사방불을 조각하고 각면에 양우주를 모각하였는데, 각기 1석씩으로 조성된 각층 탑신석에는 각면에 양우주가 정연하다. 옥개석은 각층 받침이 3단씩이며 낙수면은 물매가 급하다. 상륜부는 복발과 앙화석이 놓여 있는데, 각부의 구성양식이나 건조 수법으로 보아 고려시대 전기 건립으로 추정된다.

이 석탑이 소속된 사원의 이름은 확실치 않으나, 청송사사적에 의하면 청송사의 철불이 여기에 옮겨졌다고 하며, 이 탑골에는 신라 효소왕(692~702, 재위) 때 처묵화상이 창건한 방헌사가 있었다고 한다.

등명사 오층석탑

강원도 유형문화재 제37호
소재지:강원도 강릉시 강동면 정동진리

이 탑은 이중기단 위에 5층탑신을 구성하고 그 위에 상륜부를 장식한 일반형 석탑이다.

하층기단의 각 면에는 3구씩의 안상을 장식하였으며 갑석에는 복엽의 연화문을 돌리고 네 모서리에 귀꽃문을 새겼는데 상층기단 갑석에도 복엽앙련을 돌려 화사한 기단부를 이루고 있다. 탑신에는 초층 일면에 감실을 모각하여 주목된다. 옥개석은 받침이 3단씩인데 5층만은 2단이다. 초층은 탑신과 옥개석이 각 1석씩이나 2층부터는 탑신과 옥개석을 1석으로 조성하였다. 상륜부는 노반과 앙화만 남았는데 노반 윗면은 복엽복련을 조각하고 네 귀퉁이에는 귀꽃을 장식하고 있다. 기단부의 구성이나 탑신부 등 각부의 건조 양식으로 보아 고려 전기의 건립으로 추정된다.

송담서원

강원도 유형문화재 제44호
소재지:강원도 강릉시 구정면 언별리

이 서원은 율곡 이이 선생의 위패를 봉안한 곳이다. 인조 2년(1624) 강릉부사 윤안성 외 30여 유생들이 구정면 학산리 왕고개 위에 석천서원을 세웠는데 인조 8년(1630)에 당시 부사 이명준 등이 여기에 율곡 선생을 모셨다. 그후 효종 10년(1659)에 송담서원이란 사액을 받고, 현종 9년(1668)에 이곳으로 옮겼다. 고종 5년(1868) 8월 서원 철폐령에 의하여 철폐되었는데 광무 5년(1901)에 유생들이 모금으로 세운 묘우 1칸과 영조 때의 묘정비가 남아 있다.

오봉서원

강원도 유형문화재 제45호
소재지:강원도 강릉시 성산면 옥봉리

조선 명종 11년(1556) 강릉부사 함헌이 사신으로 중국에 갔을 때 오도자가 그린 공자진영을 모셔와서 명종 16년(1561)에 서원을 세우고 공자의 진영을 봉안하였다.

당시의 서원은 웅장한 규모였으나 고종 8년(1871)에 대원군이 전국의 서원을 정리할 때 철폐되었으며, 진영은 강릉향교로 옮겨졌다. 그 자리에 사적비와 새로 지은 서원만 남아 있다.

임경당

강원도 유형문화재 제46호
소재지:강원도 강릉시 성산면 금산리

이 건물은 임경당 김열 선생의 별당건축으로 그의 아호를 따서 이름붙인 것이다.

김열 선생은 이율곡(1536~1584) 선생과 동시대 사람으로 해운정의 심언광 선생과 교류했다.

임경당은 정면 3칸 측면 2칸의 팔작집이며 익공계의 건물로 정면 4개의 기둥은 두리기둥이다. 그간 수차 중수하여 오늘에 이른 것이다.

임경당 동북쪽에 자리잡고 있는 ㅁ자집은 그 본채로서, 강릉지방의 전형적인 평면 구조의 건축 형식을 이루고 있는데, 이 또한 수차의 중수를 거쳐 오늘에 이른 것이다.

상임경당

강원도 유형문화재 제55호
소재지:강원도 강릉시 성산면 금산리

이 건물은 강원도 유형문화재 제46호인 임경당과 같이 임경당 김열 선생의 유덕을 기리고자 후손들이 지은 별당이다.

이 건물은 임경당과는 달리 높은 석축 위에 정면 3칸 측면 2칸의 단층 팔작기와집으로 민도리계의 구조를 이루고 있다.

당내에는 율곡 이이(1536~1584) 선생의 호송설을 새긴 현판과 유당 김노경(1766~1840) 선생이 쓴 임경당의 현판이 걸려 있다.

하시동 고분군

강원도 기념물 제18호

소재지:강원도 강릉시 강동면 하시동

이곳에 있는 무덤들은 1912년에 그 분포가 조사됨으로써 알려진 이래 1970년 파괴된 무덤 2기에 대한 수습발굴조사가 이루어져 그 성격이 밝혀지게 되었다.

무덤의 구조를 보면 돌로써 매장시설인 석곽을 만든 다음 시신을 위에서 아래로 넣고 흙으로 덮어 봉분을 만든 소위 수혈식 석곽묘로서 평면은 장방형을 이루고 석곽내에는 시신을 안치하는 주곽과 부장품만을 넣는 부곽이 구분되어 있다. 출토된 유물로서는 목긴항아리, 굽다리접시 등이 있다.

이와 같이 이 하시동 고분군은 출토된 유물과 조사된 무덤의 구조를 종합해 볼 때 우리 나라 삼국시대에 만들어진 것으로 판단되고 있다.

명주 영진리 고분군

강원도 기념물 제42호

소재지:강원도 강릉시 연곡면 영진리

동해안을 바라보고 길게 뻗어내린 이곳 구릉에는 과거 많은 수의 고분이 있었던 것으로 여겨지나 지금은 몇 기만 눈으로 확인할 수 있다.

무덤의 성격과 구조는 정식 학술조사가 이루어지지 않아 확실히 밝혀지지 않았으나 도굴 방치되었던 상태에서 관찰했을 때, 내부의 세 벽은 돌로 쌓아 좁혀진 천장에는 큰 판자형 돌을 올려 뚜껑을 마련하고, 남쪽으로 시신을 넣어 안치한 후 남벽을 쌓아 올린 이른바 횡구식 석실분임을 알게 한다.

주변에서 굽다리접시·목항아리 등이 수습된 바 있어 통일신라시대의 무덤으로 판단되고 있다.

명주 대공산성

강원도 기념물 제28호

소재지:강원도 강릉시 성산면 보광리

강릉시의 서쪽 약 20km 되는 보광리의 북쪽에 솟은 높은 봉우리에 위치한 둘레 약 4km의 석축 산성이다. 북쪽의 성벽은 자연적인 험준한 절벽을 이용해 쌓았는데 거의 붕괴되고, 지금은 남쪽 방면으로 높이 2m쯤의 다듬지 않은 할석으로 쌓은 성벽과 동·서·북쪽의 문터가 남아

있다. 성안에는 약 1,000여 년 전에 쌓았다는 우물터가 아직도 있다.

전설에는 백제시조 온조왕 또는 발해의 왕족인 대씨가 쌓았다고 하나 분명치 못하다. 기록에는 이곳을 보현산이라 하고 성은 보현산성으로 둘레가 1,707척이라고 하였다. 조선 고종 32년(1895) 이른바 을미의병 때에 민용호가 이끄는 의병이 이곳을 중심으로 일본군과 치열한 전투를 벌였던 곳이기도 하다.

양양군

진전사지 삼층석탑

국보 제122호

소재지:강원도 양양군 강현면 둔전리

이것은 높은 지대석 위에 이중기단을 설치하고, 3층 탑신을 조성한 통일신라 8세기 후반의 석탑이다.

밑 기단에는 연화좌 위에 광배를 갖춘 비천상이 각면에 2구씩 조각되었고, 윗 기단에는 팔부중상이 각면에 2구씩 조각되어 있다. 1층 탑신에는 여래좌상이 각면에 1구씩 조각되었다. 탑신과 옥개석은 한 개의 돌로 간결하게 만들었는데, 옥개석은 받침이 5단이고 추녀의 네 귀가 약간 치켜 들어 경쾌한 아름다움이 있으며 풍경이 달렸던 자리가 남아 있다.

이 탑은 높이가 5m로 상륜부가 모두 없어졌으나 완숙하고 세련된 불상 조각이 있어 통일신라시대의 대표적 석탑 중 하나이다.

진전사지 부도

보물 제439호

소재지:강원도 양양군 강현면 둔전리

이 부도는 8각형의 탑신부를 구성하고 있으나, 기단부가 석탑에서와 같이 방형 이중기단이라는 점이 특이하다.

하층기단은 지대석과 중석을 한돌로 붙여 4매로 짜고, 각면에는 양우주와 탱주가 뚜렷이 모각되었으며 갑석도 2매로 I자형 은정으로 고정시켰다. 상층기단 중석은 4매로 구성되고 각면에 탱주가 1주씩 모각되고 갑석은 2매로 밑에 부연이 있다. 윗면에는 8각형의 받침이 있고 위 이위에 8각의 다른 돌로 괴임대를 놓아 탑신을 받게 하였는데 주위에 16엽의 앙련이 돌려져 있다. 탑신은 8각으로 아무 조식이 없으며 옥개석도 8각으로 전각의 반전이 경쾌하다.

조성연대는 9세기 중반으로 선종의 종조인 도의

선사의 부도탑으로 추정된다.

선림원지

소재지:강원도 양양군 서면 황이리

선림원은 9세기경에 홍각선사가 창건하였다는 큰 절로서 언제 소실되었는지 알 수 없으나 지금은 10,000여m²의 절터만 남아 있다.

절터 동쪽에는 건물터가 있고 주위에는 신라 석탑의 전형적인 양식을 계승한 선림원지 삼층석탑(보물 제444호)과 4개의 판석으로 구성된 방형의 지대석 위에 상·중·하대를 갖춘 선림원지 석등(보물 제445호), 신라 정강왕 원년(886)에 세워진 홍각선사탑비(보물 제446호) 및 방형의 지대석과 8각하대석을 한 개의 돌로 만든 선림원지 부도(보물 제447호)가 있다.

1948년 이곳에서 정원 20년(신라 애장왕 5년, 804) 명이 있는 신라 동종이 출토된 바 있다. 이 동종은 월정사에 옮겨 놓았으나 6·25동란 때 파괴되었다.

선림원지 삼층석탑

보물 제444호

소재지:강원도 양양군 서면 황이리

이 석탑은 이중기단 위에 건립된 높이 5m의 3층석탑으로 신라 석탑의 전형적 석탑양식을 잘 계승하고 있다.

지대석은 6매의 판석으로 짜고 하층기단 면석은 대체로 각면 2매씩 8매의 장대석으로 구성하였으며, 갑석은 6매로 덮었다. 상층기단 면석은 각면 2매씩 8매의 판석으로 구성하여 양우주와 탱주로 구획한 후 각각 팔부중상을 1구씩 조각하였다. 갑석은 4매의 판석으로 덮었다.

탑신부는 탑신과 옥개석이 각층 1석씩으로 조성되었는데 조식은 없다. 상륜부는 2층 단이 있는 노반이 있고, 그 위에 보주형의 작은 석재가 있으나 원형이 아닌 듯하다.

조각이 섬약하고 석재 구성도 규율성을 잃어 9세기 이후의 제작으로 추정된다. 탑 앞에는 안상이 있는 정례석이 남아 있으며 기단 부근에서 소탑 60여 기와 동탁 1개가 발견되었다.

선림원지 부도

보물 제447호

소재지:강원도 양양군 서면 황이리

이 부도는 일제 침략기에 완전히 파괴되었던 것을 1965년에 각 부재를 수습복원한 것으로 지금은 기단부만 남아 있다. 원 위치는 뒷산 중턱의 50m쯤이다.

네모난 지대와 8각의 하대까지가 같은 돌 2매로 구성되었는데 지대 부분은 땅 위에 드러난 부분만 다듬었다. 하대 8각의 각면에는 각기 안상이 1구씩이 있으며, 안상 안에 교대로 사자 1쌍씩 4쌍이 새겨졌다. 하대 위에는 둥근 모양의 연화대석이 놓여 있고, 그 위에 간주 모양의 중대석과 원형평면의 상대석이 한돌로 만들어져 놓여 있다. 중대석 표면에 운용문이 있는데 이는 부도 중대석에 나타나는 운용문의 시원이라 할 수 있다. 상대 부분에는 앙련이 장식되고, 윗면에는 탑신을 받치기 위한 괴임대가 새겨져 있다. 이 부도의 건립연대는 신라 정강왕 원년(886)으로 추정된다.

선림원지 홍각선사탑비 귀부 및 이수

보물 제446호
소재지:강원도 양양군 서면 황이리

이 비는 홍각선사의 부도탑비로서 현재 귀부와 이수만 남아 있으며, 비신 그 잔편만이 서울 경복궁에 보관되어 있다. 홍각선사에 대하여는 잘 알려진 바가 없고 다만 경사와 불경에 밝아 문도가 많았다고만 전해질 뿐이다.

귀부의 머리는 직립한 일반형이고 귀갑문은 6각이다. 비좌에는 아래에 구름무늬가 둘러 있으며 그 위에 복련이 있고, 옆면에 1구씩과 전후면에 3구씩의 안상이 음각되어 있다. 비좌 위에 올려놓은 이수에는 앙련이 있고, 전체를 운용문으로 장식하였는데, 정면 중앙에 '홍각선사비명'이라는 전액을 양각하였다. 비문은 행서체로 승 운철이 왕희지의 글씨를 집자한 것이라 한다. 기록에 의하면 신라 정강왕 원년(886)에 세웠다고 한다.

선림원지 석등

보물 제445호
소재지:강원도 양양군 서면 황이리

이 석등은 4매석으로 된 네모난 지대석 위에 상·중·하대를 모두 갖추어 건립된 8각의 신라시대 기본형 석등이다. 8각의 하대 옆면에는 각각 안상이 음각되고, 그 위 복련에는 귀꽃 치장이 뚜렷이 새겨졌으며, 복련 윗면에 구름무늬와 1단의 높은 괴임을 새겨냈다.

간석은 중간 부분에 타원형 꽃잎이 8곳에 배치된 고갑형으로서 그 윗부분에는 대칭적인 연화판을 새겼다. 간석 상·하단에는 권운문이 있으며 상대석에는 겹잎 앙련이 있다.

화사석에는 4개의 장방형 화창이 있는 외에 각면 아래쪽에 횡으로 장방형의 액을 마련하였다.

그 액 안에 각각 1구씩의 안상을 새겨넣었다. 옥개석은 전각에 귀꽃이 있고 낙수면은 물매가 급하지 않으며, 8각의 합각은 사선이 뚜렷하고, 그 정상부에 복련이 새겨져 있다. 상륜부에는 작은 원형의 연화대석이 있을 뿐이다.

이 석등은 '선림원지 홍각선사탑비'와 마찬가지로 신라 정강왕 원년(886)에 건립된 것으로 보여진다.

양양 오색리 삼층석탑

보물 제497호
소재지:강원도 양양군 서면 오색리

이 탑은 3층의 전형양식을 따르고 있는 통일신라 석탑이다.

이중기단 위에 3층의 탑신이 설치되었는데, 탑신에는 우주만 조각되었으며, 옥개석은 4단의 받침이 조각되고 추녀선이 직선이며 네 귀가 약간 치켜 들려 있어 경쾌하고 간결한 아름다움을 지녔다. 상륜부는 없어졌는데 탑의 높이는 약 5m이다.

양양 포매리의 백로 및 왜가리 번식지

천연기념물 제299호
소재지:강원도 양양군 현남면 포매리

이곳은 동해안의 대표적 백로 및 왜가리 번식지이다.

해안에서 약 700m 떨어진 구릉지로서 약 15,500m^{2}의 넓이에 100년 이상 된 소나무가 숲을 이루고 있다. 매년 2,000~3,000마리의 백로 및 왜가리가 도래하여 소나무 상층부에는 왜가리, 하층부에는 백로가 각각 한 나무에 4~5쌍씩 집을 짓고 서식한다.

양양 명주사 동종

강원도 유형문화재 제64호
소재지:강원도 양양군 현북면 어역전리

이 종은 조선 숙종 30년(1704)에 제작된 높이 83cm의 전형적인 조선 후기의 범종이다.

쌍룡의 종뉴 아래 안으로 오므라든 종신이 연결된 형태로 종신을 2등분하여 위쪽에 원문범자, 기하학적인 사선문의 유곽, 4구의 합장천부보살상이 있고, 그 아래쪽에는 명문과 구연부에 붙어 있는 하대가 배치되었다. 특히 원문범자 아래에 보살상이 있는 모습이 하나의 조를 이루어 유곽과 유곽 사이의 4곳에 시문되었는데 이 원문범자는 주술적인 의미를 가지고 상대를 대신하고 있다.

대체로 양감이 있는 편인 이 동종은 종신의 모양

이나 유곽과 하대의 위치 등에서 한국종의 전통형식을 따르고 있음이 엿보인다. 다소 쇠잔한 듯한 쌍룡, 종신의 공간구조 및 저부조의 양각선으로 처리된 문양 등에서 기하학적으로 변모된 18세기 범종의 양식적 특성이 잘 나타나 있다.

낙산사

강원도 유형문화재 제35호
소재지:강원도 양양군 강현면 전진리

신라 문무왕 16년(676) 의상대사가 관음보살의 진신이 이 해변의 굴 안에 머무신다는 말을 듣고 굴 속에 들어가 예불하던 중 관음보살이 수정으로 만든 염주를 주면서 절을 지을 곳을 알려주어 이곳에 사찰을 창건하고 낙산사라 하였다 한다.

헌안왕 2년(858) 범일대사가 중창하였으나 몽고란으로 소실되었다.

조선 세조 13년(1467) 왕명으로 크게 중창하였고 예종 원년(1469)에도 왕명으로 중건이 있었으며 인조 9년(1631)과 21년(1643) 재차 중건이 있었으나 정조 원년(1777) 화재를 당하여 다음해 다시 중건하였다.

1950년 6·25동란으로 또다시 소실되어 1953년 재건하였다.

사찰내에는 조선 세조 13년(1467) 크게 중창할 때 세운 것으로 추정되는 칠층석탑(보물 제499호)과 예종 원년(1469)에 주조한 동종(보물 제479호)이 있으며, 사찰 입구에 있는 홍예문과 건통보전 둘레에 있는 담장은 강원도 유형문화재로 지정되었다. 부속건물로는 의상대, 홍련암 등이 있다.

낙산사 홍예문

강원도 유형문화재 제33호
소재지:강원도 양양군 강현면 전진리

조선 세조 13년(1467) 축조하였다고 전하며 화강석 26개를 장방형으로 다듬어 홍예모양으로 쌓은 석문이다.

당시 강원도는 26개의 고을이 있었는데 세조의 뜻을 따라 각 고을의 원이 석재를 하나씩 내어 쌓은 것이라 전한다.

홍예문 상부의 누각은 1963년 10월에 건립한 것이다.

낙산사 동종

보물 제479호
소재지:강원도 양양군 강현면 전진리

종신에는 중앙에 굵은선 석줄을 옆띠로 돌려서 몸체를 위아래로 구분하고, 윗부분에는 연화좌 위에 무문의 두광을 갖춘 보살상 4구를 양주하였고 보살과 보살 사이에 범자 넉 자씩을 배치하였다. 견부 가까이에는 또다시 범자 16자를 양주하여 돌렸으며, 이 범자 위로 외겹 연꽃잎 36잎을 위띠와 같이 돌렸다. 하반부의 몸체에는 구연에서 약간 올라간 자리에 폭 9.5cm의 옆띠를 돌리고 물결무늬를 새겼다. 동종의 정상에는 반룡 두 마리가 서로 얼크러져 용뉴를 이루고 있어 매우 사실적인 표현법으로 장식되어 있다. 중앙의 옆띠와 물결무늬 옆띠 사이에 장문의 명문이 양각되어 있다. 명문은 김수온이 짓고 정난종이 글씨를 썼는데, 그 내용으로 이 동종은 조선 예종 원년(1469)에 주조된 것을 알 수 있다. 이 동종은 우리 나라의 조선시대 범종 중 임진란 이전에 속하는 몇 개 안되는 귀중한 것으로 동종 연구에 중요한 자료가 된다.

낙산사 칠층석탑
보물 제499호
소재지:강원도 양양군 강현면 전진리
단층기단 위에 세워진 높이 6.2m의 이 탑은 부분적으로 손상된 곳이 있으나 상륜까지 원형대로 보존되고 있다. 탑신부는 탑신과 옥개석이 각각 한 장의 돌로 되어 있다. 탑신보다 거의 같은 두께의 탑신 괴임돌이 있음은 이 탑의 특이한 양식으로, 고려시대 이래의 양식에 속하는 것이라 하겠다. 상륜부에는 청동으로 만든 복발과 보륜, 보주가 청동제 찰주에 꽂혀 있는데 그 형태가 중국 원나라 시대의 라마탑을 연상하게 하고 있다. 낙산사는 조선 세조(1455~1468, 재위) 때 크게 중창되었는데 이 탑의 건립도 대개 이 시기일 것으로 추정된다.

낙산사 담장
강원도 유형문화재 제34호
소재지:강원도 양양군 강현면 전진리
원통보전의 둘레를 방형으로 둘러싸고 있는 이 담장은 조선 세조가 낙산사를 중수할 때 처음으로 축조하였다고 전하며 일부는 원상으로 남아 있고, 대부분이 터만 남아 있어 근래에 전체적으로 연결, 보수하였다.
암기와와 흙을 차례로 다져 쌓으면서 상하 교차로 동일한 크기의 둥근 화강석을 반복하여 박아 아름다운 무늬를 이루고 있다.
법당을 둘러싸 성역공간을 구분하면서 공간조형물로서의 효과도 겸비하고 있다.

낙산사 사리탑
강원도 유형문화재 제75호
소재지:강원도 양양군 강현면 전진리
이것은 조선 숙종 18년(1692)에 건조한 것으로 8각원당형을 기본으로 하고 있는 부도탑이다. 구조는 장대석으로 지대석을 짜고, 하대는 8각으로 측면에 안상을 마련하고 그 속에 태극문을 조각하였으며 그 상부에는 16판의 복련을 조각하였다. 중대석은 선조문을 조각하였고 상대석에는 앙련으로 받치고 그 위의 측면에는 안상이 있으며, 안상내에는 범자를 음각하였고, 탑신은 구형이다.
옥개석은 8각인데 상륜부는 앙련과 복발·보륜·보주를 한돌로 조각하였다. 전하는 바에 의하면 탑자리는 닭이 알을 품은 형국이라 하며 숙종 9년(1683)에 홍련암에서 도금불사를 거행할 때 서기가 가득 차더니 공중에서 영롱한 구슬이 떨어졌는데 유리와 같이 광채를 내었다고 한다. 석겸 등이 이에 대원을 발하여 이 탑을 쌓고 간직했다고 한다.

의상대
소재지:강원도 양양군 강현면 전진리
신라 문무왕 16년(676)에 낙산사를 창건한 의상대사를 기념하기 위하여 의상대사의 좌선처였던 이곳에 1925년 정자를 짓고 의상대라 명명한 것이다.
의상대사가 처음 낙산사를 창건할 당시 자주 이곳에 와서 입정하였으므로 이곳은 옛부터 의상대라 불리었다고 한다.
1936년 폭풍으로 도괴되어 1937년 재건하였으며 1975년 7월 중건한 이 육각정은 낙산사에서 홍련암의 관음굴로 가는 길 해안 언덕 위에 있어 좋은 전망대가 되고 있다.

속초시

향성사지 삼층석탑
보물 제443호
소재지:강원도 속초시 설악동
이 석탑은 통일신라 9세기에 조성된 탑이다. 이중기단 위에 3층의 탑신을 세운 전형적인 통일신라 석탑 양식을 따르고 있다.
탑신과 옥개석은 한돌로 만들었는데, 탑신에는 우주만 조각되었고, 옥개석의 추녀선은 직선이며 5단의 받침이 조각되었다. 탑 꼭대기에 있던 상륜부는 모두 없어졌다. 이 탑은 높이가 4.33m

로 장중하고 간결한 아름다움을 지녔다.
사적비에 의하면 향성사의 전신은 선정사로 신라 애장왕(800~809, 재위) 때 창건되었다 했는데, 이 탑의 양식도 그에 부합된다.

신흥사 극락보전
강원도 유형문화재 제14호
소재지:강원도 속초시 설악동
이 건물은 신흥사의 본전으로 조선 인조 25년(1647)에 창건되었으며 영조 26년(1750)과 순조 21년(1821)의 중수를 거쳐 오늘에 이르고 있다.
정면 3칸 측면 3칸의 다포식 겹처마 팔작지붕 건물로 잘 다듬어진 화강석으로 쌓은 높은 기단 위에 세워져 있다. 공포는 3출목이며 쇠서는 끝이 위로 올라간 앙서로 되었고, 소로와 첨차의 아랫부분이 직면으로 사절되어 조선시대 후기의 일반적인 형태를 취하고 있다. 전면 어칸 사분합문의 꽃살문양과 협칸의 빗살문양이 돋보이며, 전면 계단은 한 돌로 되고 양끝에 용두를 새겼다. 전내에는 아미타불을 중심으로 좌우에 관세음보살과 대세지보살이 협시하고 있다.

신흥사
소재지:강원도 속초시 설악동 장항리
신흥사는 신라 진덕여왕 6년(652) 자장율사가 향성사를 창건한 데서 비롯된다. 이때에는 설악산 동쪽, 즉 지금의 신흥사에서 약 1km 떨어진 곳에 있었으며 '향성불토국'이라는 뜻을 따서 '향성사'라 하였다. 이 사찰은 효소왕 7년(698) 화재로 소실되었다.
효소왕 10년(701) 의상대사가 이곳에서 북쪽으로 약 2km 떨어진, 지금의 내원암터에 사찰을 중건하고 선정사라 개칭하였으나 조선 인조 20년(1642) 화재를 당하여 그 2년 뒤 영서, 혜원, 연옥 세 스님이 이곳에 중건하고 신흥사라 하였다. 영서스님의 꿈에 신인이 나타나 절을 다시 일으키라 하여 사찰을 중건하고 '신흥사'라 하였다 한다.
조선 후기에도 많은 건물이 중건, 중수되었으나 1950년 6·25동란으로 많은 피해를 당하였다. 1971년 일주문, 사천왕문 등을 복원하였다. 경내에는 극락보전, 명부전, 삼성각, 적묵당, 운하당, 보제루 등의 건물이 있으며 계조암, 내원암, 안양암, 안락암, 금강굴 등의 부속암자가 있다.

신흥사 보제루

강원도 유형문화재 제104호
소재지:강원도 속초시 설악동
이 건물은 조선 영조 46년(1770)에 세워진 것
으로 누각식으로 되어 하층 중앙칸은 신흥사의
본전인 극락보전으로 가는 통로가 되고, 상층은
다락으로 되어 있다.
정면 7칸 측면 2칸의 홑처마 맞배지붕의 건물로
장대석으로 쌓은 2단의 축대 위에 세워져 있다.
본래 사찰의 본전 앞에 세워지는 누각은 각종 법
회를 거행하던 곳이었으며 사방이 개방되어 있
었다. 현재는 그 기능이 사라졌으며 세살의 분
합문을 달았다.
건물 안에는 직경 6척의 비자나무통에 법고와 목
어가 보존되어 있다.

고성군

고성 어명기 가옥

중요민속자료 제131호
소재지:강원도 고성군 죽왕면 삼포리
이 집은 1500년대에 초창하여 1750년대에 소실
된 것을 3년 만에 재건하였으며, 현주인의 조부
어용수 선생이 1860년대에 농토 약 3,000평을
구입하여 오늘에 이른 것이라고 한다.
장대석 바른층쌓기한 높은 기단 위에 방주를 세
운 팔작지붕의 민도리집이다.

현재 발방아(디딜방아), 대형독 등이 보존되어
있다.

청간정

강원도 유형문화재 제32호
소재지:강원도 고성군 토성면 청간리
창건연대나 창건자는 알 수 없으며 조선 중종 15
년(1520) 군수 최청을 비롯한 역대 군수가 중
수하였다 한다.
주위가 모두 석봉으로 되어 층층이 대를 이루고
높이도 수십길에 달하는 곳에 위치하여 동해의
파도가 암석에 부딪쳐 흰 거품을 남기며 부서져
나가는 광경은 실로 장관이다. 특히 해와 달이
솟을 때의 정경은 관동팔경의 하나로서 희귀한
경치라고 할 만하다.
고종 21년(1884)에 타버린 것을 1928년 면장
김용집의 발의로 지금의 정자를 재건하였으며,
청간정의 현판은 1953년 5월 당시 이승만 대통
령이 친필로 쓴 것이다.

화진포

강원도 기념물 제10호
소재지:강원도 고성군 거진면 화포리
이곳은 동경 128도 36분, 북위 38도 11분 3초
에 위치한 동해안 최대의 호수로 둘레가 약
16km나 되어 명사십리에 버금가는 경치를 이
루고 있다.
수천년 동안 조개껍질과 바위가 부서져서 이룩

된 이 호수는 염담호수로 어족이 풍부하다.
호수 주변의 우거진 수림지대는 휴양지로 이용
되고 있다. 호수입구의 백사장은 해당화로 풍치
를 이루고, 동해안에서 모래빛이 하얗기로 유명
하며 곤충류가 살지 못하여 해수욕장으로 최적
지이다.

고성 건봉사지

강원도 기념물 제51호
소재지:강원도 고성군 거진면 법천리
건봉사는 전국 4대사찰의 하나로 월정사와 더불
어 전국 31개 사찰의 본산으로 승려수만 700여
명을 헤아리는 큰 사찰이었다 한다.
이 절은 신라 법흥왕 7년(520)에 아도화상이 금
강산 남쪽 명당을 찾아 이곳에 당시 원각사를 건
립하였다. 그 뒤 경덕왕 17년(758)에 발징화상
이 중수하고 고려 공민왕 7년(1358)에 나옹화
상이 중수하였다고 한다. 건봉사라 이름을 바꾼
것은 이 절의 서쪽에 새 모양으로 생긴 바위가 있
어 건과 봉을 합쳐 지은 이름이다.
임진왜란 때 서산대사가 선조의 명을 받들어 팔
도십육종도총섭 겸 의병대장의 직책을 받게 되
자 그 제자인 사명대사가 승병을 모집하였는데
모두 6,000여 명의 승병이 이곳에 합집, 왜적을
무찔렀다 한다.
6·25동란으로 불타 지금은 옛 절터만 남아 있을
뿐이며 민통선 북방에 위치하여 방문이 제한되
어 있다.

부록 4
찾아보기

부록 5
참고문헌

『강릉시립박물관(도록)』, 강릉시립박물관, 1993.

고강식·김윤식, 『원색 한국식물도감』, 아카데미서적, 1988.

『국보』, 웅진출판, 1992.

김기빈, 『한국의 지명유래』, 지식산업사, 1986.

김병모, 『한국인의 발자취』, 정음사, 1985.

김봉열, 『한국의 건축』, 공간사, 1985.

김원룡·안휘준, 『신판 한국미술사』, 서울대학교 출판부, 1993.

김원룡 감수, 『한국미술문화의 이해』, 예경, 1994.

김추윤, 『한국의 호수』, 대원사, 1992.

리영희, 『역정』, 창작과비평사, 1988.

리화선, 『조선건축사』, 발언, 1993.

『문화재안내문안집』(제3집, 강원도), 문화재관리국 문화재연구소, 1990.

민족문화추진위원회 옮김, 『신증동국여지승람』, 1969.

박영국, 『영월을 찾아서』, 경성문화사, 1983.

박태순, 『국토와 민중』, 한길사, 1983.

안재성, 『타오르는 광산』, 돌베개, 1988.

신경림, 『민요기행』 1, 한길사, 1985.

『실직의 정기』(悉直의 精氣), 삼척군, 1983.

『우리 나라 문화재』, 문화재관리국, 1970.

유홍준, 『나의 문화유산답사기』 1·2, 창작과비평사, 1993·1994.

이기서, 『강릉 선교장』, 열화당, 1980.

이이화, 『이야기 인물한국사』, 한길사, 1993.

이중환 지음, 이익성 옮김, 『택리지』, 한길사, 1992.

이형권, 『문화유산을 찾아서』, 매일경제신문사, 1993.

일연 지음, 이민수 옮김, 『삼국유사』, 범우사, 1986.

임혜봉, 『친일불교론』 하, 민족출판사, 1993.

『정선의 향사』(旌善의 鄕史), 정선군, 1993.

정인국, 『한국의 건축』, 세종대왕기념사업회, 1974.

조동일, 『한국문학통사』, 지식산업사, 1982.

편집부 엮음, 『우리 건축을 찾아서』 1·2, 발언, 1994.

최기철, 『민물고기를 찾아서』, 한길사, 1991.

최동욱, 『한국의 비경 1 — 설악권』, 대원사, 1992.

_____ , 『한국의 비경 2 — 동해안권』, 대원사, 1993.

최순우, 『최순우 전집』, 학고재, 1992.

최승순, 『강원문화논총』, 강원대학교 출판부, 1989.

최영희, 『한국사 기행』, 일조각, 1987.

최완수, 『명찰순례』, 대원사, 1994.

『한국민족문화대백과사전』(전27권), 한국정신문화연구원, 1991.

한국불교연구원, 『월정사』, 일지사, 1977.

한국불교연구원, 『신흥사』, 일지사, 1977.

『한국의 미』, 중앙일보사, 1991.

『한국의 발견—강원도』, 뿌리깊은나무, 1983.

『한국의 인물상』, 신구출판사, 1965.

『한국전통문화』, 국립중앙박물관, 1992.